程　杰　曹辛华　王　强　主编

中国花卉审美文化研究丛书

10

花朝节与落花意象的文学研究

凌　帆　周正悦　著

北京燕山出版社

图书在版编目（C I P）数据

花朝节与落花意象的文学研究 / 凌帆，周正悦著
. -- 北京：北京燕山出版社，2018.3
ISBN 978-7-5402-5109-3

Ⅰ．①花… Ⅱ．①凌… ②周… Ⅲ．①花卉－审美文化－研究－中国②中国文学－文学研究 Ⅳ．① S68-092 ② B83-092 ③ I206

中国版本图书馆 CIP 数据核字 (2018) 第 087823 号

花朝节与落花意象的文学研究

责任编辑：李涛
封面设计：王尧
出版发行：北京燕山出版社
社　　址：北京市丰台区东铁营苇子坑路 138 号
邮　　编：100079
电话传真：86-10-63587071（总编室）
印　　刷：北京虎彩文化传播有限公司
开　　本：787×1092 1/16
字　　数：246 千字
印　　张：21.5
版　　次：2018 年 12 月第 1 版
印　　次：2018 年 12 月第 1 次印刷
ISBN 978-7-5402-5109-3
定　　价：800.00 元

内容简介

本论著为《中国花卉审美文化研究丛书》之第10种。由凌帆硕士学位论文《花朝节文学与文化研究》和周正悦硕士学位论文《中国古代文学落花意象和题材研究》组成。

花朝节是农历二月时令，相传为百花生日的纪念日。《花朝节文学与文化研究》从民俗活动和文学演义两个方面，对花朝节进行全面、系统的考辨、梳理和解读，展示了花朝节丰富的文学和文化内涵。

《中国古代文学落花意象和题材研究》通过广泛搜罗和阅读有关落花意象的文学作品，全面、深入展开主题学的、跨文体的、跨时代的研究，梳理该意象和题材创作的起源、演变，阐发这一特殊题材和意象的审美特征和比兴价值，具体展示了这一题材和意象的文学意义与创作实绩。

作者简介

凌帆，女，1991年11月生，江苏省睢宁县人。2015年毕业于南京师范大学文学院中国古代文学专业，获文学硕士学位。发表《〈安禄山事迹〉的叙事艺术》《花朝节与元代文学》《贺铸词对于李商隐诗的化用》《袁去华辛派词人辨》等多篇论文。

周正悦，女，1990年10月生，湖北省随州市人。2013年毕业于长江大学，同年，考取南京师范大学中国古代文学专业研究生，2016年毕业，获文学硕士学位。现任教于武汉市光谷实验中学。

《中国花卉审美文化研究丛书》前言

所谓“花卉”，在园艺学界有广义、狭义之分。狭义只指具有观赏价值的草本植物；广义则是草本、木本兼而言之，指所有观赏植物。其实所谓狭义只在特殊情况下存在，通行的都应为广义概念。我国植物观赏资源以木本居多，这一广义概念古人多称“花木”，明清以来由于绘画中花卉册页流行，“花卉”一词出现渐多，逐步成为观赏植物的通称。

我们这里的“花卉”概念较之广义更有拓展。一般所谓广义的花卉实际仍属观赏园艺的范畴，主要指具有观赏价值，用于各类园林及室内室外各种生活场合配置和装饰，以改善或美化环境的植物。而更为广义的概念是指所有植物，无论自然生长或人类种植，低等或高等，有花或无花，陆生或海产，也无论人们实际喜爱与否，但凡引起人们观看，引发情感反应，即有史以来一切与人类精神活动有关的植物都在其列。从外延上说，包括人类社会感受到的所有植物，但又非指植物世界的全部内容。我们称其为“花卉”或“花卉植物”，意在对其内涵有所限定，表明我们所关注的主要是植物的形状、色彩、气味、姿态、习性等方面的形象资源或审美价值，而不是其经济资源或实用价值。当然，两者之间又不是截然无关的，植物的经济价值及其社会应用又经常对人们相应的形象感受产生影响。

“审美文化”是现代新兴的概念，相关的定义有着不同领域的偏倚和形形色色理论主张的不同价值定位。我们这里所说的“审美文化”不具有这些现代色彩，而是泛指人类精神现象中一切具有审美性的内容，或者是具有审美性的所有人类文化活动及其成果。文化是外延，至大无外，而审美是内涵，表明性质有限。美是人的本质力量的感性显现，性质上是感性的、体验的，相对于理性、科学的“真”而言；价值上则是理想的、超功利的，相对于各种物质利益和社会功利的“善”而言。正是这一内涵规定，使“审美文化”与一般的“文化”概念不同，对植物的经济价值和人类对植物的科学认识、技术作用及其相关的社会应用等“物质文明”方面的内容并不着意，主要关注的是植物形象引发的情绪感受、心灵体验和精神想象等“精神文明”内容。

将两者结合起来，所谓“花卉审美文化”的指称就比较明确。从“审美文化”的立场看“花卉”，花卉植物的食用、药用、材用以及其他经济资源价值都不必关注，而主要考虑的是以下三个层面的形象资源：

一是“植物”，即整个植物层面，包括所有植物的形象，无论是天然野生的还是人类栽培的。植物是地球重要的生命形态，是人类所依赖的最主要的生物资源。其再生性、多样性、独特的光能转换性与自养性，带给人类安全、亲切、轻松和美好的感受。不同品种的植物与人类的关系或直接或间接，或悠久或短暂，或亲切或疏远，或互益或相害，从而引起人们或重视或鄙视，或敬仰或畏惧，或喜爱或厌恶的情感反应。所谓花卉植物的审美文化关注的正是这些植物形象所引起的心理感受、精神体验和人文意义。

二是“花卉”，即前言园艺界所谓的观赏植物。由于人类与植物尤其是高等植物之间与生俱来的生态联系，人类对植物形象的审美意识可以说是自然的或本能的。随着人类社会生产力的不断提高和社会财富的不断积累，人类对植物有了更多优越的、超功利的感觉，对其物色形象的欣赏需求越来越明确，相应的感受、认识和想象越来越丰富。世界各民族对于植物尤其是花卉的欣赏爱好是普遍的、共同的，都有悠久、深厚的历史文化传统，并且逐步形成了各具特色、不断繁荣发展的观赏园艺体系和欣赏文化体系。这是花卉审美文化现象中最主要的部分。

三是“花”，即观花植物，包括可资观赏的各类植物花朵。这其实只是上述“花卉”世界中的一部分，但在整个生物和人类生活史上，却是最为生动、闪亮的环节。开花植物、种子植物的出现是生物进化史的一大盛事，使植物与动物间建立起一种全新的关系。花的一切都是以诱惑为目的的，花的气味、色彩和形状及其对果实的预示，都是为动物而设置的，包括人类在内的动物对于植物的花朵有着各种各样本能的喜爱。正如达尔文所说：“花是自然界最美丽的产物，它们与绿叶相映而惹起注目，同时也使它们显得美观，因此它们就可以容易地被昆虫看到。”可以说，花是人类关于美最原始、最简明、最强烈、最经典的感受和定义，几乎在世界所有语言中，花都代表着美丽、精华、春天、青春和快乐。相应的感受和情趣是人类精神文明发展中一个本能的精神元素、共同的文化基因；相应的社会现象和文化意义是极为普遍和永恒的，也是繁盛和深厚的。这是花卉审美文化中最典型、最神奇、最优美的天然资源和生活景观，值得特别重视。

再从“花卉”角度看“审美文化”，与“花卉”相关的“审美文化”则又可以分为三个形态或层面：

一是“自然物色”，指自然生长和人类种植形成的各类植物形象、风景及其人们的观赏认识。既包括植物生长的各类单株、丛群，也包括大面积的草原、森林和农田庄稼；既包括天然生长的奇花异草，也包括园艺培植的各类植物景观。它们都是由植物实体组成的自然和人工景观，无论是天然资源的发现和认识，还是人类相应的种植活动、观赏情趣，都体现着人类社会生活和人的本质力量不断进步、发展的步伐，是“花卉审美文化”中最为鲜明集中、直观生动的部分。因其侧重于植物实体，我们称作“花卉审美文化”中的“自然美”内容。

二是“社会生活”，指人类社会的园林环境、政治宗教、民俗习惯等各类生活中对花卉实物资源的实际应用，包含着对生物形象资源的环境利用、观赏装饰、仪式应用、符号象征、情感表达等多种生活需求、社会功能和文化情结，是“花卉”形象资源无处不在的审美渗透和社会反应，是“花卉审美文化”中最为实际、普遍和复杂的现象。它们可以说是“花卉审美文化”中的“社会美”或“生活美”内容。

三是“艺术创作”，指以花卉植物为题材和主题的各类文艺创作和所有话语活动，包括文学、音乐、绘画、摄影、雕塑等语言、图像和符号话语乃至于日常语言中对花卉植物及其相应人类情感的各类描写与诉说。这是脱离具体植物实体，指用虚拟的、想象的、象征的、符号化植物形象，包含着更多心理想象、艺术创造和话语符号的活动及成果，统称“花卉审美文化”中的“艺术美”内容。

我们所说的“花卉审美文化”是上述人类主体、生物客体六个层面的有机构成，是一种立体有机、丰富复杂的社会历史文化体系，包含着自然资源、生物机体与人类社会生活、精神活动等广泛方面有机交融的历史文化图景。因此，相关研究无疑是一个跨学科、综合性的工作，需要生物学、园艺学、地理学、历史学、社会学、经济学、美学、文学、艺术学、文化学等众多学科的积极参与。遗憾的是，近数十年相关的正面研究多只局限在园艺、园林等科技专业，着力的主要是园艺园林技术的研发，视角是较为单一和孤立的。相对而言，来自社会、人文学科的专业关注不多，虽然也有偶然的、零星的个案或专题涉及，但远没有足够的重视，更没有专门的、用心的投入，也就缺乏全面、系统、深入的研究成果，相关的认识不免零散和薄弱。这种多科技少人文的研究格局，海内海外大致相同。

我国幅员辽阔、气候多样、地貌复杂，花卉植物资源极为丰富，有“世界园林之母”的美誉，也有着悠久、深厚的观赏园艺传统。我国又是一个文明古国和世界人口、传统农业大国，有着辉煌的历史文化。这些都决定我国的花卉审美文化有着无比辉煌的历史和深厚博大的传统。植物资源较之其他生物资源有更强烈的地域性，我国花卉资源具有温带季风气候主导的东亚大陆鲜明的地域特色。我国传统农耕社会和宗法伦理为核心的历史文化形态引发人们对花卉植物有着独特的审美倾向和文化情趣，形成花卉审美文化鲜明的民族特色。我国花卉审美文化是我国历史文化的有机组成部分，是我国文化传统最为优美、生动的载体，是深入解读我国传统文化的独特视角。而花卉植物又是丰富、生动的生物资源，带给人们生生不息、与时俱新的感官体验和精神享受，相应的社会文化活动是永恒的“现在进行时”，其丰富的历史经验、人文情趣有着直接的现实借鉴和融入意义。正是基于这些历史信念、学术经验和现实感受，我们认为，对中国花卉审美文化的研究不仅是一项十分重要的文化任务，而且是一个前景广阔的学术课题，需要众多学科尤其是社会、人文学科的积极参与和大力投入。

我们团队从事这项工作是从 1998 年开始的。最初是我本人对宋代咏梅文学的探讨，后来发现这远不是一个咏物题材的问题，也不是一个时代文化符号的问题，而是一个关乎民族经典文化象征酝酿、发展历程的大课题。于是由文学而绘画、音乐等逐步展开，陆续完成了《宋代咏梅文学研究》《梅文化论丛》《中国梅花审美文化研究》《中国梅花名胜考》《梅谱》（校注）等论著，对我国深厚的梅文化进行了较为全面、系统的阐发。从1999年开始，我指导研究生从事类似的花卉审美文化专题研究，俞香顺、石志鸟、渠红岩、张荣东、王三毛、王颖等相继完成了荷、杨柳、桃、菊、竹、松柏等专题的博士学位论文，丁小兵、董丽娜、朱明明、张俊峰、雷铭等20多位学生相继完成了杏花、桂花、水仙、蘋、梨花、海棠、蓬蒿、山茶、芍药、牡丹、芭蕉、荔枝、石榴、芦苇、花朝、落花、蔬菜等专题的硕士学位论文。他们都以此获得相应的学位，在学位论文完成前后，也都发表了不少相关的单篇论文。与此同时，博士生纪永贵从民俗文化的角度，任群从宋代文学的角度参与和支持这项工作，也发表了一些花卉植物文学和文化方面的论文。俞香顺在博士论文之外，发表了不少梧桐和唐代文学、《红楼梦》花卉意象方面的论著。我与王三毛合作点校了古代大型花卉专题类书《全芳备祖》，并正继续从事该书的全面校正工作。目前在读的博士生张晓蕾及硕士生高尚杰、王珏等也都选择花卉植物作为学位论文选题。

以往我们所做的主要是花卉个案的专题研究，这方面的工作仍有许多空白等待填补。而如宗教用花、花事民俗、民间花市，不同品类植物景观的欣赏认识、各时期各地区花卉植物审美文化的不同历史情景，以及我国花卉审美文化的自然基础、历史背景、形态结构、发展规律、民族特色、人文意义、国际交流等中观、宏观问题的研究，花卉植物文献的调查整理等更是涉及无多，这些都有待今后逐步展开，不断深入。

“阴阴曲径人稀到，一一名花手自栽”（陆游诗），我们在这一领域寂寞耕耘已近20年了。也许我们每一个人的实际工作及所获都十分有限，但如此络绎走来，随心点检，也踏出一路足迹，种得半畦芬芳。2005年，四川巴蜀书社为我们专辟《中国花卉审美文化研究书系》，陆续出版了我们的荷花、梅花、杨柳、菊花和杏花审美文化研究五种，引起了一定的社会关注。此番由同事曹辛华教授热情倡议、积极联系，北京采薇阁文化公司王强先生鼎力相助，继续操作这一主题学术成果的出版工作。除已经出版的五种和另行单独出版的桃花专题外，我们将其余所有花卉植物主题的学位论文和散见的各类论著一并汇集整理，编为20种，统称《中国花卉审美文化研究丛书》，分别是：

1.《中国牡丹审美文化研究》（付梅）；

2.《梅文化论集》（程杰、程宇静、胥树婷）；

3.《梅文学论集》（程杰）；

4.《杏花文学与文化研究》（纪永贵、丁小兵）；

5.《桃文化论集》（渠红岩）；

6.《水仙、梨花、茉莉文学与文化研究》（朱明明、雷铭、程杰、程宇静、任群、王珏）；

7.《芍药、海棠、茶花文学与文化研究》（王功绢、赵云双、孙培华、付振华）；

8.《芭蕉、石榴文学与文化研究》（徐波、郭慧珍）；

9.《兰、桂、菊的文化研究》（张晓蕾、张荣东、董丽娜）；

10.《花朝节与落花意象的文学研究》（凌帆、周止悦）；

11.《花卉植物的实用情景与文学书写》（胥树婷、王存恒、钟晓璐）；

12.《〈红楼梦〉花卉文化及其他》（俞香顺）；

13.《古代竹文化研究》（王三毛）；

14.《古代文学竹意象研究》（王三毛）；

15.《蘋、蓬蒿、芦苇等草类文学意象研究》（张俊峰、张余、李倩、高尚杰、姚梅）；

16.《槐桑樟枫民俗与文化研究》（纪永贵）；

17.《松柏、杨柳文学与文化论丛》（石志鸟、王颖）；

18.《中国梧桐审美文化研究》（俞香顺）；

19.《唐宋植物文学与文化研究》（石润宏、陈星）；

20.《岭南植物文学与文化研究》（陈灿彬、赵军伟）。

我们如此刈禾聚把，集中摊晒，敛物自是快心，乱花或能迷眼，想必读者诸君总能从中发现自己喜欢的一枝一叶。希望我们的系列成果能为花卉植物文化的学术研究事业增薪助火，为全社会的花卉文化活动加油添彩。

程　杰

2018年5月10日

于南京师范大学随园

总　目

花朝节文学与文化研究

凌　帆著

目　录

绪　论

花朝，在现代汉语中含义有三：一是鲜花盛开的早晨，亦泛指大好春光。二是花朝月夕（夜），指美好的时光和景物，良辰美景。旧时也特指农历二月十五和八月十五。三即指时令节日花朝节。本课题所研究的是其第三种含义。

花与中国传统文化渊源深厚，中国的花文化实是反映了中国人的精神追求与寄托。古人在潜意识的深处并不把花木当作外在的自然物看待，而是视为与已无异的生命。他们兴之所至，接花为客，拜花为友，尊花为师，惜花如佳人，像为人一样亦为百花过生日，即为花朝节。与花相关的文学作品无不寄托他们的精神追求，鲜有流于玩花弄月、无病呻吟的作品传世。

节日文学是中国古代文学的重要组成部分，节序诗、节序词在唐宋已大量出现，宋人张炎《词源》中即以“节序”作为宋词类别之一。节日文学充分反映了节日活动透射出的历史变迁、社会格局、文化情境等深厚蕴涵，对于当时社会生活中的民俗场景和文化特质有着丰富而细致的描写。因此对于节日文学的研究具有重要的文化与文学价值。花朝节是古代重要的节日之一，其文化与文学意蕴值得我们探究。

一、论文选题的理由或意义

花朝节是一个传统节日，旧俗以农历二月半为花朝节，有相应的民俗活动。本课题欲在广泛查阅方志、诗词文集等资料，在搜寻有关

图 01　花朝。图片取自网络（本书所引用的图片有很多来源于网络。凡图片所在网页明确标注摄影者、作者或上传者真实姓名或其他名号的，均依所见网页注明，称“某某摄，某网站”。若图作者未注明，则径称“取自某网站”。若图片是通过网络搜索引擎检索获得，来源网站不明，则只简注“图片取自网络”。因本书属于学术研究著作，所有图片之征引，皆为学术研究之目的，不用于营利，故相关图片之引用均不向有关作者支付酬金，祈请图片的摄影者和作者谅解海涵。在此谨向图片的摄影者、作者、上传图片的网友等各界朋友表示诚挚的敬意和感谢。本书其他章节有类似引用网络图片的情形，不再详细说明）。

花朝节的文献记载的基础上，梳理花朝节兴衰的变化历程和民俗活动，探究其盛衰变迁的自然和社会原因，分析节日的文化和文学价值，从而达到对花朝节这一传统节日的新的认知，进而在广阔的文化视野上透视花朝节背后的文化内涵。

本课题的研究意义在于：

首先，民俗学与文学关系密切。美国学者阿切尔·泰勒在 1948 年发表的《民俗与文学研究者》[①] 的论文中，提出了“民俗学和文学实属相通的领域”这一论点，并且讨论了民俗与文学的关系：第一，在许多文化中，民俗学与文学难以区分；第二，

① 收入［美］阿兰·邓迪斯编《世界民俗学》第 50 页。

文学中包含着来自民俗的因素；第三，作家们摹拟民俗。我国著名的民俗学家钟敬文先生在1991年的《民俗文化学发凡》①的报告中论述了民俗文化学与文化人类学、民族学、社会学、文艺学、伦理学、宗教学、语言学等的关系。钟先生还专文论述了古典文学在民俗研究中的特殊意义，他在《民俗学与古典文学》②中指出：古代文学创作中所反映的民俗现象，不仅丰富了作品形象本身，同时也是十分珍贵的民俗学资料。民俗学家的观点对我们有一定的启发意义，我们可以借鉴他们的研究方法，对民俗学和文学进行交叉研究。

图02　洛阳花朝。图片取自中新网。

其次，节日文学是民俗节日的直接反映之一。文化视野中的节日，是岁时节序和社会生活相统一的某一时间和日期，往往具有某种风俗活动。岁时民俗是随着时序节令、气候物候的变化在民间形成的风俗习惯。节日民俗是岁时民俗的一种独特表现形式，文化色彩很浓，在许多文学作品中都有反映。节日文学作品不仅仅是记载节日的发展和演变的一种史料，它还承载着当时的时代风尚和社会变迁的信息。本文试图对花朝节的产生、发展和衰落的演变进程进行全面的梳理，力图对花朝节的民俗活动有较为深入地了解，并从民俗的角度探讨有关

① 请见钟敬文《钟敬文学术论著自选集》，第460—488页。

② 请见钟敬文《钟敬文学术论著自选集》，第582—595页。

花朝节的文化与文学内涵。

再次，学科研究视角的转换与方法的借鉴。从民俗的角度来研究文学，能够让我们重新审视一些研究资料，借鉴民俗学的研究方法对文学进行研究，使得我们的研究更加深入全面。

最后，选择花朝节进行研究的原因是：中国是一个花的国度，对于花的纪念性节日——花朝节——作为古代一个重要的民俗岁时节日，在民俗学和文学方面都有着重要的意义，但相关的系统性研究作品却一直没有出现。节日的演变过程、民俗活动、文化意义等，都值得一探。另外，对花朝节的研究具有现实意义。近几年，花朝节在多地复兴，如杭州、南京、常州、武汉、广州、福州等城市重新开始举办花朝节活动，本文的研究可为花朝节的恢复提供一定的支持。

综上所述，将花朝节作为研究对象，从文学及文化角度进行研究阐述很有意义。

二、国内外关于该课题的研究现状及趋势

关于节日民俗文化研究的著作论文很多，其中综合性的著作占多数，例如陈久金、卢莲蓉《中国节庆及其起源》，杨琳《中国传统节日文化》，张晓华《中国传统节日文化研究》，黄道华《清代宜昌地域岁时民俗文化探讨》，董强《中国民俗文化丛书》等，主要论述节日的起源、传说、风俗等民俗文化方面的研究成果。以单个节日为研究对象的专著为数不多，主要涉及的节日有立春、春节、元宵、端午、七夕、中秋、重阳等，专项研究以硕士论文居多，并多是断代研究，集中于某一朝代。例如于莎雯《宋代中秋词研究》、马志付《唐宋中秋民俗文化与文学创作》、俞秀红《宋前元宵习俗与文学创作》、柯敏敏《宋代端午词研究》等。以花朝节为研究对象的专著尚未发现，少有相关的专项研究。

节日文学的研究方面，纵向的历时性的研究著作较少，而对唐宋两朝的节日文学的横向研究的著作和论文相对较多。如研究宋代民俗文化与宋词创作关系的著作有杨万里《宋词与宋代的城市生活》、黄杰《宋词与民俗》、邓乔彬《宋词与人生》、沈松勤《唐宋词社会文化学研究》、吴邦江《宋代民俗诗研究》等。单篇学术论文如张勃《唐代节日研究》、周淑芳《节令词：诗人对理想人生的殷切期盼》、赵维江《唐宋词中的纪时体》、马俊芬《节序映照的文人心绪》等。值得一提的是南京师范大学张丑平博士的毕业论文《上巳、寒食、清明节日民俗与文学研究》，是对上巳、寒食、清明节日的民俗演变和节日文学创作进行了较为细致的研究探讨，对本文的写作具有很大的借鉴意义。

关于花朝节的研究，没有相关的专著或博硕士学位论文，单篇学术论文有张丑平《古代花朝节俗的农耕文化透视》，王蕾《唐宋时期的花朝节》，李菁博、许兴、程炜《花神文化和花朝节传统的兴衰和保护》，赵云芳《红楼“花朝节”小考》等多篇，对花朝节的发展和民俗活动有基础性的介绍。而非学术型的文章更多，倪世俊《民间赏花习俗——花朝节》、葛磊《花朝节与花神庙》、李勋《故乡的花朝节》、徐振宝《二月十五花朝节》、徐敬武《花朝——百花生日》等都是作者对花朝节的纪念。其他如戴雪纷《浅析旧街镇花朝节的流传及特点》、小田《乡村共同体关系的传统构建——以近代徽州仁里花朝会为个案》、张永和《古老花乡的传统花墟——记福建永福乡的百花节日》、石小生《闽台“花朝”习俗与中原文化渊源》、马智慧《花朝节历史变迁与民俗研究——以江浙地区为中心的考察》等，是有关一些地方花朝节的个案研究。

从以上研究现状可看出，许多学者已经对花朝节的节日民俗与文化进行了整理和研究，并取得了一定的成果。但在研究中，还未尽全面系统。第一，在相关的论文中，对花朝节的起源没有进行相应的探讨，对各地区及不同历史时期，节日的日期、地域分布等内容没有全面系统的梳理。第二，相关著作和论文大多停留在对花朝节日风俗的现象描述上，专门对节日众多事象做整体性、深入性的研究较少。第三，大多学者是从民俗学的角度来论述，对节日的文学研究偏少，在花朝节的文化与文学方面的研究，还有待深入。因此，本文试图在前人已有成果的基础上，对花朝节进行全面深入纵向的梳理研究，重点讨论节日的民俗文化与文学的关系。

三、本论文的创新之处

从选题上说，花朝节具有重要的文化与文学价值，然而研究不够，本课题对这一重要的传统岁时节日作专项系统的研究，具有一定的意义。目前花朝节在一些城市逐渐恢复，本专题的研究也具有一定的现实意义。

从方法视野上说，本课题把文学研究与民俗学结合起来，研究更加全面深入。

从内容上说，主要的创新之处在于对花朝节起源的论述及节日发展情况的梳理。林永匡等学者提出过花朝节起源于植物崇拜，但没有进行相应的说明，本课题将针对这一说法进行深入研究。另外，花朝节的历时研究也是前人所未涉及的。

图 03　花朝赏红漫画。图片取自网络。

第一章　花朝节的起源与演变

第一节　花朝节的起源

关于花朝节的起源，目前没有定论，存在着“护花说”“诞辰说”“佛教说”和“植物崇拜说”等多种说法，但都存在不合理之处。笔者根据现存早期文献的记载，推断花朝节最早应该是踏春游赏的节日。

一、护花说

据《广群芳谱》所引《翰墨记》《秦中岁时记》记载，过花朝节的习俗在唐代已经流行于长安、洛阳等地。《博异记》《镇洋县志》还为其起源提供了一个美丽的传说：唐朝天宝年间，有位名叫崔玄微的花迷，远近闻名。某年二月之夜，一群百花之精幻变的艳丽女子入其花园，对他说本欲迎春怒放，可封姨（风神）出头阻挠，故请他帮忙解难。崔氏遵彼指教，置备彩帛，画日月星辰其上。二月二十一日（一说十二日）五更时分，他将彩帛悬于园中的花枝上。届时果然狂风大作，但枝上花卉有彩帛护持，一朵也没被吹落。喜爱花卉者争相仿效，因以成俗。由于悬彩护花的时间必须安排在五更，故称“花朝”。这个传说在北宋李昉等编《太平广记》（卷四一六）之《崔玄微》中记录下来。清末顾禄《清嘉录》卷二、姚福均辑《铸鼎余闻》卷四都有提及：“《镇洋县志》则曰：十二日为崔元微①护百花避封姨之辰。……案：郑还古《博异记》记载。”②明代冯梦龙的一篇话本小说《灌园叟晚逢仙女》也是护花说的观点。恶霸张委欲霸占花农秋先的花园，秋先自号灌园叟，自幼爱花成癖。遇有好花，总要设法买下，有时甚至是典衣买花。日积月累，家中成为一个大花园。宦家子弟张委，一日发现秋翁家花枝艳丽，闯进去就乱采。秋翁向前阻止，张委就与众恶少将花园的花全部砸坏。恶少走后，秋翁对着残花悲哭，感动了花神，花神使落花都重返枝头。张委得知此事，买通官府，诬告秋翁为妖人，把他抓进监狱。张委轻易霸占了秋翁的花园。正当张委得意之时，花神狂风大作，将张委和爪牙吹落进了粪窖而死。

图 04　连环画《灌园叟晚逢仙女》封面。叶毓中绘，福建美术出版社 1986 年出版。

---

① 多做“玄”，至清避圣祖讳改为“元”。

② ［清］顾禄《清嘉录》第 71 页。［清］姚福均辑《铸鼎余闻》，第 390 页。

中国古人爱花，更赋予花以灵性，对花倍加爱护，是花朝节能够流行的重要原因，但并不是起源。护花传说发生在天宝年间，而据文献记载，武则天在位期间，就已经有过花朝节的习俗，武氏嗜花，花朝节当日命宫女采集花瓣和米制作花糕赐给大臣。可见“护花说”不能成立，以此作为花朝节起源显然不妥。

二、诞辰说

在宋元以来的一些史地风俗记载中，花朝是庆贺花神诞辰的祭祀性节日，就是说悬彩花枝的意义并非护花，而是祝诞。如《铸鼎余闻》卷四引《昆山新阳合志》云：“二月十二日，为花朝，花神生日，各花卉俱赏红。”[①]《清嘉录》云：“二月十二日为百花生日。……虎丘花神庙击牲献乐以祝仙诞，谓之‘花朝’。蔡云《吴歈》云：‘百花生日是良辰，未到花期一半春。红紫万千披锦绣，尚劳点缀贺花神。’”[②]清秦嘉谟《月令粹编》卷五引《陶朱公书》载“二月十二日为百花生日，无雨百花熟”，还只是一个有关农事的记载。

诞辰说相比护花说更具有可信性，但是有一个疑问：古人为何要祭祀花神？据《月令粹编》引《陶朱公书》的记载可知，百花生日的传说由来已久，而中国原始的神话谱系中并没有明确的“花神”形象，有关“花神”的记载最早出现在《淮南子》一书中，后来的民间传说花神形象逐渐丰富，道教神话体系中也出现了“百花仙子”这一形象，其身份被定义为玉皇大帝的妹妹，统领百花，负责百花的开放，在小说《镜花缘》和戏曲《天女散花》中也有相关的传说。可见“花神”一直存在于中国的神话传说中，为什么会出现花神这一形象并加以祭祀，

---

① ［清］姚福均辑《铸鼎余闻》，第389页。

② ［清］顾禄《清嘉录》，第71页。

是诞辰说存在的最大问题。只是因喜爱花，并不能上升到祭祀的程度。古人不仅爱花，也爱草爱树，爱凤龙麒麟等神灵的动物，但都没有成为祭祀的对象。祭祀在古代是非常神圣的，祭祀的对象往往也具有实用性和功利性。可以推测花神祭祀也带有古人的某种愿望，希望借神灵护佑而得以实现。如果解决了这一问题，这一说法就顺理成章了。

三、佛教说

此外，还有人认为花朝节的由来与发展同佛教有密切关系。明朝田汝成《熙朝乐事》记载："二月十五为花朝节，盖花朝月夕，世俗恒言。二、八两月为春、秋之中，故以二月半为花朝，八月半为月夕也。是日，宋时有扑蝶之戏。今虽不举，而寺院启涅槃会，谈《孔雀经》，拈香者麕至，犹其遗俗也。"[①]可见该节与佛教的祭祀礼仪有关，钱国旗在《佛教与中国岁时节日》中说"赴会进香、祭神拜佛"是节日期间的重要活动。基于此，花朝又归为宗教性节日了。

在道教神话中，道德天尊之神诞日是农历二月十五。又据《隋书·经籍志》记载："释迦在世教化四十九年，乃至天龙人鬼并来听法，弟子得道以百千万亿数。然后于拘尸那城娑罗双树间，以二月十五日入般涅槃。涅槃亦言泥洹，译曰灭度，亦言常乐我净。"这样日期相同，习俗相混，就有人将佛教节日与传统的花朝节合二为一了，认为花朝节就是宗教节日。但百花生日与花神的传说在佛教进入中国以前就存在了，从时间上佛教说也不能成立。

四、植物崇拜说

宗力、刘群《中国民间诸神》有关于花神以及过花朝节习俗的专论。

---

① ［明］田汝成辑《西湖游览志余》卷二〇，第290页。

图05　［清］黄山寿《花神图》。作于光绪乙巳年（1905）春二月，童大年题识：“楚骚遗韵。乙巳百花生日，心安童大年题于海上寄庐。”

论者以为初民自然崇拜的内容之一，是植物崇拜。到“自然宗教进化至人为宗教以后，这类崇拜形式逐渐消亡。但万物有灵的观念未能彻底从人们头脑中铲除”[①]，遂有花神信仰、花神生日的出现。“植物崇拜说”有其合理之处：

其一，先民对花的崇拜起源很早，认识到了花对于植物的繁殖具有非常重要的意义。植物崇拜是人类最早对大自然中与人类同生息的植物的信仰，它是在原始社会最早的采集生活中形成的。母系氏族时期，人类以采集为生，植物是人类大部分食物的来源。植物最早进入人类生产生活领域，从早期的采集和林栖，到后来的耕作种植和构木为巢，植物旺盛的生命力、较强的繁殖能力以及某些神秘的特性常常引起童年人类的崇拜，他们企图获得与之同构的超自然的神力，以认识自然驾驭自然。最早记载大量植物崇拜传说的是《山海经》，其中共载神草仙药五十余种，除少数医病的药草如黄蓬、雕棠、薯蕷、荣草等，其余皆是具有神奇功效的仙草，如祝余、白转等“食之不饥”，蒙木、文茎等“食之不惑”，还有“服之不忧”的鬼草、“服之不妒”的棺木、“食之不愚”的蔺草等等。这些传说反映了原始初民对植物功效的幻想和向往，这种夸大或创造的幻想和向往，常是崇拜产生的心理基础。

而随着人类生存的发展，植物不仅仅作为食物吸引着人类，花的形状、色泽等美好也从精神层面吸引人类的注意。后来，人类注意到花对于植物的繁殖具有非常重要的意义，被子植物是通过“开花——结果”来繁衍下一代的。对花的原始植物崇拜发展为生殖崇拜，故古时有“花王掌管人间生育”之说。如《诗经》中的《周南·桃夭》《唐

① 宗力、刘群《中国民间诸神》第412页。

图 06　花心。图片取自昵图网。

风·椒柳》等祝婚诗中便有鲜明的比拟植物形态兴生殖繁茂之意。鲁之先民乃以花象征女阴，故祭祀之。而《陶朱公书》中有“百花生日”的记载，陶地在鲁国境内。可以推测，鲁地对花的崇拜是一直延续的。郭沫若《释祖妣》一文中也认为花朵与女性生殖器中的阴蒂大有关联。而在大汶口文化遗址出土的彩陶中，就有一些花卉纹样特别注意花心的表现，体现鲁地先民对花尤其是花心的重视。以花喻女子，先民已认识到阴蒂对于人类的生殖意义。

其二，后来一些地方的花朝节习俗，就是这种生殖崇拜的残留。比如花朝日是结婚的吉期，平时结婚要看日子，查时辰、八字，花朝日则不查，一定大吉，所以是日结婚者甚多。据《广州府志》（光绪五年刻本）记载：“越人祈子必于花王父母。有祝辞云：‘白花男，红花女。’故婚夕亲戚皆往送花，盖取《诗》‘华如桃李’之义。《诗》以桃李二物兴男女二人，故《桃夭》言女也，《摽梅》言男也，女桃而男梅也。华山有石养父母祠，秦人往往祈子，亦花王父母之义也。”①南宋梁元帝有花朝诗云“花朝月夜动春心，谁忍相思不相见”，由此可

① ［清］史澄《广州府志》卷一六三、杂录四。

以看出花朝节与生殖崇拜的密切关系。

另外，“植物崇拜说”也解决了“诞辰说”没有解决的那个问题——为何要祭祀花神。先民因对花的崇拜而祭祀之，祈求花神赐予子嗣，这也符合中国古代祭祀的一贯思想。

但是根据现有的文献资料，我们发现，祭祀花神的习俗并不是花朝节开始就有的，而是后来增加的花朝节习俗。祭祀花神本是芒种的一个节俗，南朝梁代崔灵恩在《三礼义宗》说：“五月芒种为节者，言时可以种有芒之谷，故以芒种为名，芒种节举行祭饯花神之会。”在明代之前，花朝节与祭祀花神是平行发展的两种民俗，明初期开始大量建造花神庙，并有花农、花匠在花朝节祭祀花神，以求群花盛开或花市兴隆，二者才有了交集。

图 07　芒种节大观园祭花送神场景，图片截自电视剧《红楼梦》（1987 年版）第 12 集。

五、踏春游赏说

春为四季之首，万物始生，古人对春天有特殊的情感。春未到，则盼则忆；春来到，则访则问，则咏则画；春已去，则惜则叹。春日踏春习俗古已有之，民间的踏春习俗，在先秦即已存在。蜀中风俗，以二月二日为踏青节。《诗经・郑风・出其东门》云："出其东门，有女如云。"道出了青年男女春日去东门外踏春的情景。汉以后，踏春活动在诗文中经常有所反映。如曹植《节游赋》："于是仲春之月，百卉丛生。萋萋蔼蔼，翠叶朱茎。竹林青葱，珍果含荣。凯风发而时鸟欢，微波动而水虫鸣。感气运之和润，乐时泽之有成。遂乃浮素盖，御骅骝。命友生，携同俦。诵风人之所欢，遂驾言而出游。"[①]江总有诗《庚寅年二月十二日游虎丘山精舍诗》一首："纵棹怜回曲，寻山静见闻。每从芳杜性，须与俗人分。贝塔涵流动，花台偏领芬。蒙茏出檐桂，散漫绕窗云。情幽岂狥物，志远易惊群。何由狎鱼鸟，不愿屈玄纁。"[②]二月十二日正是后来花朝节的日期，虎丘一直是文人士大夫游玩雅集的胜地，也是佛教圣地，同时还是苏州花会场所，至今仍保留花神庙。到了唐代，踏春是在元宵收灯后开始，一直持续到三春之末。唐代踏春又称"游春"或"野步"，有郊外散步游玩的目的。花朝节也是在春季踏春赏花的节日之一。

由此看来，花朝节的具体起源虽不可考，但我们根据现存材料可以推论其是一个春季游赏的节日。感受春光，赏花宴饮，春天总能带给人愉悦。至于花朝节后来产生的内涵，将在下一节阐述。

---

① ［三国魏］曹植《节游赋》，《曹子建集》卷一。

② ［南朝陈］江总《庚寅年二月十二日游虎丘山精舍诗》，《影印文渊阁四库全书》本《古诗纪》卷一一五。

图 08　现代画家傅抱石《游春图》。

第二节　花朝节的形成

“花朝”一词早在南北朝就已出现，南朝梁元帝萧绎《春别应令》四首其一有：“昆明夜月光如练，上林朝花色如霰。花朝月夜动春心，谁忍相思不相见。”此诗作于中大通四年，萧子显作《春别诗》四首，太子萧纲作《和萧侍中子显春别诗》，湘东王萧绎更和太子，作《春别应令诗》。学界认为这是典型的宫体诗，描写男女情爱中的春恨。诗中“花朝”与“月夜”相连，有鲜花的早晨，有明月的夜晚，表示美好的时光和景物。再如南朝时期江总《侍宴玄武观》诗有：“诘晓三春暮，新雨百花朝。星宫移渡罕（一作汉），天驷动行镳。旆转苍龙阙，尘飞饮马桥。翠观迎斜照，丹楼望落潮。”[①]暮春时节的清晨，刚刚下过雨，百花盛开。这里的“花朝”意指百花盛开的早晨。

到了唐代的典籍和诗文中，“花朝”一词的应用逐渐频繁起来。如白居易的《琵琶行》“春江花朝秋月夜”、《祭崔相公文》“竹司

① 江总历仕南朝梁、陈、隋三朝，据钟翠红《江总年谱及作品纪年》此诗应作于南朝陈后主时期。

雪夜，杏园花朝，杜曲春晚，潘亭月高”；司空图的《早春》“伤怀同客处，病眼却花朝”；卢纶的《题念济寺晕上人院》“虚空闻偈夜，清净雨花朝”；方干的《镜中别业》“花朝连郭雾，雪夜隔湖镜”；李商隐的《梓州罢吟寄同舍》“不拣花朝与雪朝”、《重祭外舅司徒公文》“樽空花朝，灯尽夜室”；黄滔《景阳井赋》：“荒凉四面，花朝而不见朱栏；滴沥千寻，雨夜而空啼碧溜。”《旧唐书》列传第一百三十一《罗威传》：“威伏膺儒术，招纳文人聚书至万卷。每花朝月夕，与其佐赋咏，甚有情致。”[①]《旧五代史·韩建传》：“昭宗久在华州，思还宫掖。每花朝月夕，游宴西溪，与群臣属咏歌诗，歔欷流涕。”[②]诗文中皆是取花朝月夜、良辰美景之意。

唐代文献中“花朝”一词开始频繁出现，以花朝喻指美好的时光，与唐代赏花风气密不可分。每当春时花发，都人士庶皆群从出游，赏名花，饮美酒。赏花之余，诗歌相和，文化气息盎然纸上。开元、天宝年间兴起赏牡丹热潮，舒元舆《牡丹赋》曰：“由此京国牡丹，日月寖盛。今则自禁闼洎官署，外延士庶之家，弥漫如四渎之流，不知其止息之地。每暮春之月，遨游之士如狂焉。亦上国繁华之一事也。”[③]甚至以不赏牡丹为耻，如《唐国史补》中记载：“京城贵游，尚牡丹三十余年矣。每暮春，车马若狂，以耽玩为耻。”[④]不仅对牡丹如痴如狂，唐人也观赏其他花卉，不同的花期有不同的赏花活动，如赏桃花、赏莲花、赏菊花等。《唐摭言》载：唐代进士及第，同年诸人相聚燕乐，

---

① 《旧唐书》，第4693页。
② 《旧五代史》卷一五，《梁书》一五《韩建传》，第204页。
③ ［唐］舒元舆《牡丹赋》，［宋］李昉等编《文苑英华》卷一四九、第692页。
④ ［唐］李肇《唐国史补》卷中，《唐五代笔记小说大观》第185页。

初宴在长安城南的曲江杏园，称探花宴，推选其中年龄最小的“少俊”者二人，称为“探花使”，使遍访京城各处名园，探花赏花。若他人先折得名花，则两位探花郎便要被判处罚酒。后世进士中第三名探花，即是出于这个典故。诗人孟郊考试及第，得意忘形，赋诗一首，中有“春风得意马蹄疾，一日看尽长安花”，便是咏他跨马探花，春风得意时的情景。白居易多篇诗作描绘赏花盛况，如《白牡丹诗和钱学士作》：“城中看花客，旦暮走营营。”《买花》：“帝城春欲暮，喧喧车马度。共道牡丹时，相随买花去。”《新乐府·牡丹芳》：“遂使王公与卿士，游花冠盖日相望。庳车软舆贵公主，香衫细马豪家郎。卫公宅静闭东院，西明寺深开北廊。戏蝶双舞看人久，残莺一声春日长。”黄滔《二月二日宴中贻同年封先辈渭诗》云：“桂苑五更听榜后，蓬山二月看花开。”郑谷《蜀中春日》：“和暖又逢挑菜日，寂寥未是探花人。”可见唐人赏花已成为时代风俗。

唐代赏花的兴盛及花卉业的发展有密切的关联。总体看来，唐以前，只是有少量花卉的观赏性被人们发现。人们对花的认识主要还是以其实用价值为主。唐代经济的繁荣和社会的稳定，使上至帝王、下至黎庶，大兴游赏之风，而婀娜多姿、绚丽娇媚的鲜花秀木成为观赏的重要物象，唐人爱花习以为尚，从皇家禁苑到文人园林，从官方驿路到乡野小溪，皆有花卉和秀木美化。在唐以前，花卉并没有被人工培植，也没有进入市场交换，而是基本上处于自然发展的状态。入唐，特别是唐代中晚期，花卉业有了较大的发展，而且这种发展在很大程度上已具有了人为的因素，出现了许多靠出售花卉为生的专业花农。帝王的喜好和社会的追捧使牡丹等花卉成为奢侈消费品，一些花农开始了花卉的培植和育苗，且花卉较多地进入了市场，成为当时城市社

图 09 《簪花仕女图》，辽宁博物馆藏。旧题作者周昉。该图描绘的是春日阳光下几位贵妇赏花游园的场景。

会生活中必不可少的一部分。许多大城市还出现了花市，如白居易《买花》、韦庄《奉和左司郎中春物暗度感而成章》诗中的描写。至此花卉业的发展又进一步推动了赏花之风的盛行，二者又共同推动了花在唐代文人的日常生活和精神文化生活中占据重要地位。

但同时不难发现，唐代赏花风俗虽盛，却没有形成固定的节日。有唐一代的诗文中没有提及花朝节，《旧唐书》也没有花朝节日的记载。《新唐书·李泌传》载唐德宗在贞元五年（789）下令以二月朔为中和节，最主要的原因就是二月没有节日："帝以'前世上巳、九日，皆大宴集，而寒食多与上巳同时，欲以三月名节，自我为古，若何而可？'泌谓：'废正月晦，以二月朔为中和节，因赐大臣戚里尺，谓之裁度。民间以青囊盛百谷瓜果种相问遗，号为献生子。里闾酿宜春酒，以祭勾芒神，祈丰年。百官进农书，以示务本。'帝悦，乃著令，与上巳、九日为三令节，中外皆赐缗钱燕会。"[①]而有关明代《天中记》中花朝词条"二月十五为花朝。《提要录》"[②]的记载，笔者以为并不可靠。《天中记》之前未曾见到这种记录。宋陈元靓《岁时广记》成书于南宋末年，以类书的方式记载了这一时期之前的岁时节日资料，引用了43条《提要录》的内容，却没有花朝节的资料。南宋淳熙十五年刊刻发行的《锦绣万花谷》"二月望日"记载："蜀人二月望日鬻蚕器于市，因作乐纵观，谓之蚕市。二苏各有诗。子由诗序。"[③]也没有提及花朝节。笔者推断，这时还没有形成花朝节日制度。

宋代诗文中，花朝月夕仍是常见的用法，花开时节也成为常用意义。

---

① 《新唐书》卷一三九列传第六十四，第4637页。

② [明]陈耀文《天中记》卷四，《影印文渊阁四库全书》子部。

③ 《锦绣万花谷》前集卷四，《影印文渊阁四库全书》本。

北宋刘弇《春日舟中即事》"花朝水国留题懒，月夜乡园入梦频"，花朝不仅是与月夜对举，也有花开时节的含义。唐张子容《九日陪润州邵使君登北固山》有"新风酒旧美，况是菊花朝"，南宋吴芾（1104—1183）《和陶己酉岁九月九日》："且拼风帽落，聊醉菊花朝。"两首诗中的"菊花朝"，指菊花盛开的时节。吴芾另一首《诗勉及门赴海棠之约》："君与吾游积有年，未曾同醉海棠前。如今君乃先春到，似赴花朝岂偶然。已是诗中参造化，何妨花里见神仙。暂归莫负重来约，未及春风便着鞭。"海棠花期在农历二、三月，诗勉赴约而来，海棠花还未盛开。颈联"似赴花朝岂偶然"，以海棠花开为花朝。洛阳以牡丹花开日为花朝，某某花盛开皆可称为花朝，花朝还不是固定的节日。

花朝一词作为节日开始大量出现在诗文中，始于南宋末年。吴自牧《梦粱录》卷一《二月望》：

> 仲春十五日为花朝节，浙间风俗，以为春序正中，百花争放之时，最堪游赏。都人皆往钱塘门外玉壶、古柳林、杨府、云洞，钱湖门外庆乐、小湖等园，嘉会门外包家山王保生、张太尉等园，玩赏奇花异木。最是包家山桃开，浑如锦障，极为可爱。此日帅守、县宰，率僚佐出郊，召父老赐酒食，劝以农桑，告谕勤勉，奉行虔恪。天庆观递年设老君诞会，燃万盏华灯，供圣修斋，为民祈福。士庶拈香瞻仰，往来无数。崇新门外长明寺及诸教院僧尼，建佛涅盘胜会，罗列幡幢，种种香花异果供养，挂名贤书画，设珍异玩具，庄严道场，观者纷集，竟日不绝。[1]

---

①［宋］吴自牧《梦粱录》，第8页。

孟元老《东京梦华录》卷六《收灯都人出城探春》：

> 收灯毕，都人争先出城探春。……放人春赏，大抵都城左近，皆是园圃。百里之内，并无闲地。次第春容满野，暖律暄晴，万花争出。粉墙细柳，斜笼绮陌，香轮暖辗，芳草如茵，骏骑骄嘶，杏花如绣，莺啼芳树，燕舞晴空，红妆按乐于宝榭层楼，白面行歌近画桥流水。举目则秋千巧笑，触处则蹴鞠疏狂。寻芳选胜，花絮时坠金樽；折翠簪红，蜂蝶暗随归骑。于是相继清明节矣。[①]

这与《梦粱录》所说相互参照，“收灯毕”与“清明节”之间，正是花朝节期游玩的景象。《东京梦华录》创作于宋钦宗靖康二年（1127），是一本追述北宋都城东京开封府城市汉族风俗人情的著作。所记大多是宋徽宗崇宁到宣和（1102—1125）年间北宋都城开封的情况，此时虽有踏春游赏的活动，尚没有正式的“花朝节”的名称。《梦粱录》仿效《东京梦华录》体例，介绍南宋都城临安的城市风貌。该书成书年代，据自序有“时异事殊”，“缅怀往事，殆犹梦也”之语，当在元军攻陷临安之后。由此可以推论，花朝节的正式形成在南宋淳熙年（1174—1189）之后，宋亡国之前。

诗文方面，南宋诗人陈杰[②]《富州花朝用诸老韵》，张辑[③]《贺新郎》

---

① ［宋］孟元老《东京梦华录》，第175—176页。

② 陈杰，生卒年不详，淳祐十年(1250)进士。其生活年代大致在宋宁宗嘉定年间（1208—1224）至宋亡之后。

③ 张辑，生卒年不详，但其曾作《白石小传》，受诗法于姜夔，约宋宁宗嘉定中前后在世。

“后五日，花朝方到”，陈允平[①]《别何橘潭》“回日定花朝”，朱继芳[②]《次韵野水花朝之集》，葛起耕[③]《春怀》“过了花朝日”，李曾伯（1198—？）《入清湘界》“几日是花朝”，陈著（1214—1297）《代单祥卿请期王氏》“过花朝之七日”，戴复古（1167—1248）《花朝侄孙子固家小集》作于南宋嘉熙（1237—1240年）至淳祐（1241—1252）年间，胡仲弓[④]《与杜友定花朝之约》，黄公绍[⑤]《满江红·花朝雨作》，刘辰翁（1233—1297）《花朝请人启》、《答复启》，舒岳祥（1219—1298）《春日即事》“灯夕花朝都已过”，文天祥（1236—1283）《回唐书记》“花朝前四日抵云舍”，萧立之（1203—？）《花朝同刘同年判薄登苏山》，姚勉（1216—1262）《沁园春》“早花朝六日，长庆生申”，郑子思《梁鄱阳王萧恢题记后跋》“嘉定九年（1216）花朝前七日”，欧阳守道（1208—1272）《省题诗序》“即席读数首，如花朝游赏为题，结句乃说农务”。这些诗文中，花朝一词所指正是花朝节。

由此笔者推断，花朝节的正式确立不晚于南宋中期，淳祐年间已经形成。吴自牧与上面所列众位诗人，生活时代大致相同，在南宋中后期，乃至宋元之际，相差最多几十年，均在12世纪至13世纪之间，花朝节在这个时间应该已经形成。并且根据这些资料，可以看出花朝节最初应是产生于民间，此日士庶皆出外游玩，初期只在下层文人之间流行。上述诗人几乎都是江湖诗派的诗人，他们在节日之余，作文

---

① 陈允平，生年约在宋宁宗嘉定八年至十三年间（1215—1220），卒年约在元成宗元贞年间（1294—1297）。

② 朱继芳，生卒年不详，宋理宗绍定五年（1232）进士。

③ 葛起耕，生卒年不详，宋理宗（1224—1264）年间有活动。

④ 胡仲弓，生卒年不详，约宋度宗咸淳二年（1266）前后在世。

⑤ 黄公绍，生卒年不详，南宋咸淳元年（1265）中进士。

作诗以记事。达官显贵几乎不见，其中只有文天祥官至宰相，但他的时代稍晚。在北方文学中，金人元好问（1190—1257）《浪淘沙》中出现“长日篆烟消，睡过花朝”，他也与江湖诗人生活在同一个时代，更早的辽代并没有出现关于花朝的记载，可以说南北方花朝节的形成是同步的，不晚于12到13世纪。

第三节　花朝节的演变

到了元明清时期，花朝节仍为文人雅士们时常提及，史书方志典籍中也常有记载。如明末文学家袁宏道在其《满井游记》一文中即有“燕地寒，花朝节后，余寒犹厉”[①]这样的文字。明代散曲作家施绍莘，是惜花怜花之人，其《秋水庵花影集》经常写到花事，有《花生日祝花》一篇并附长跋，详记其花朝节邀友“祝花”之雅集，且“岁岁为常仪”，种种名目，“典衣沽酒”“杀鸡为黍”“共口衔乱，代花乞命”，直至“夜深花雾冥蒙，座客醉影倾欹而散。予复饮十数杯，嚼梅花数百朵而寝，时斜月在枕矣”[②]。乾隆年间的进士洪亮吉在其《花朝日阻风江口望采石太白楼，咫尺不得上》一诗中亦有“今朝花朝无一花，今夕月夕亦无月”这样的诗句。清代张春华《沪城岁时衢歌・咏花朝》云：“春到花朝碧染丛，枝梢剪彩袅东风。蒸霞五色飞晴坞，画阁开尊助赏红。”蔡云《吴歈》云：“百花生日是良辰，未到花朝一半春。红紫万千披锦绣，尚劳点缀贺花神。”欧七芦的《菩萨蛮》：“晓寒如水莺如织，苔

① ［明］袁宏道著，钱伯城笺校《袁宏道集笺校》，第681页。

② ［明］施绍莘《花生日祝花》，《续修四库全书》第1739册，第249页。

图 10　佚名《花神庙》。

图 11　虎丘花神庙，位于苏州市虎丘风景区，2014 年新建。图片来源东太湖论坛。

香软印沙棠屐。幡影小红阑，销魂似去年。春人开笑口，低祝花同寿。花语记分明，百花同日生。”元代杂剧戏曲中常常出现花朝节，作为事件发生的特定时间。《燕京岁时记》载：“二月十五日曰‘花朝’，小青缀树，花信始传，骚人韵士，唱和以诗。”《帝京岁时纪胜》：“十二日传为花王诞日，曰花朝。”[①]《浙江·新塍镇志》卷二《风俗》：“十二日为花朝，俗称百花生日（嘉兴汤志）。”《明神宗显皇帝实录》有“每年节假照旧历……花朝一日……”这样的记载，《大明会典》卷五十二·礼部十“每年假日”亦载“花朝一日”，明宣宗皇帝还曾制花朝诗赐予大臣尚书张本。《溧阳县志·纪闻》：“马一龙以司业请告家居，仿古香山耆英之义举山林八节，会以上元观灯于城市，以花朝赏花于归得园，以上巳修禊于方丈山，以端午观竞渡于盘龙堰，以七夕乞巧于独秀山，以中秋泛月于湁塘，以重九登高于玉女潭，以长至踏雪于大浮山。”可见花朝赏花一直是文人的喜好。

花朝节在发展过程中逐渐增添了新的内涵，最重要的就是祭祀花神。唐宋的记载多着眼于踏春游玩赏花，明清的记载则有了“百花生日”“祭祀花神”等文字。《铸鼎余闻》卷四引《昆山新阳合志》云：“二月十二日，为花朝花神生日。”明嘉靖间《太仓州志·风俗》（卷二）之记载：“二月十二日花朝，儿女裂彩绡，偏系花果树，曰百花生日。”《清嘉录》卷二《二月·百花生日》条：“（二月）十二日为百花生日。”袁景澜在《吴郡岁华纪丽》卷二中《二月·百花生日》条亦云：“虎丘花农争于花神庙陈牲献乐，以祝神厘，谓之花朝。”[②]花神在明清时期发展成为花卉行业的行业神，花农、花匠、花商都祭祀花神以求百

① ［清］潘荣陛《帝京岁时纪胜》，第 14 页。
② ［清］袁景澜《吴郡岁华纪丽》，第 165 页。

花繁盛或生意兴隆。花神庙在明代开始大量修建，北京、南京、苏州虎丘、杭州西湖等地现在仍存留，这些都是当地举行花市、花会的地方，汇集了大量的花农、花匠、花商。例如苏州虎丘花神庙为清道光年间所建，据地方志记载，虎丘地区农民历史上曾大多以种植茶花为主，到道光年间最盛。故建造花神庙，每年二月十二日为百花生日，花农聚集在一起供奉花神，祈求花神保佑茶花旺盛。

第四节　花朝节的衰落

清末以来，有关花朝节的诗作数量逐渐减少，也有少数诗人仍吟咏花朝，但已不是全社会的风气；民间祭祀花神也逐渐不再盛行，花朝节已不再受重视，渐渐衰落。近代中国经济衰退，战乱不断，动荡不安，民不聊生，百姓无心于花事。长达一个世纪的战乱使花朝节失去了存在的环境，基本的生存已无法保证，再无花朝月夕之良辰美景，何谈赏花吟咏？民间则因为很多花神庙毁于战火，如北京的几座花神庙皆遭侵略者毁坏，花神祭祀无法进行。新中国成立后，花朝节祭祀花神被认为是封建迷信而遭到禁止，至此花朝节基本消亡。只有少数地区在近年开始重建花朝节。

另外，中国气候的变化也是花朝节衰落的影响因素之一。根据竺可桢《中国近五千年来气候变迁的初步研究》，隋唐至北宋末年，我国气候处于温暖期，仲春二月踏青赏花正和时宜。北宋徽宗年间开始进入寒冷期，但由于政权南移，临安气候相对而言还是温暖的，二月百花依旧可以开放，因此花朝节在此时初步兴起。南宋末年又进入一个新的温暖期，此时花朝节也有了新的发展——祭祀花神的兴起。从明代开始，我国历史时期的气候变化进入最为漫长的一个寒冷期，直至清末。这段时期，二月是寒风凛冽甚至风雪交加，根本无花可赏，花朝节赏花早已不可能。太平时期人们热衷于节日的欢快，花朝节尚可一如既往，而至清末的战乱，加之寒冷的天气，花朝节就慢慢被遗忘了。

图 12　南京雨花台区花神庙社区花神庙博物馆的花神庙历史展示墙，凌帆摄于 2016 年 8 月。博物馆成立于 2012 年，位于花神大道 9 号阅城国际花园小区内。面积只有二十余平方米，不仅介绍了花神庙的来历，还向周边居民征集了 50 多种花农使用的农具和近 30 张老照片。图片左下方就是花农捐赠的部分农具。

第五节　花朝节的地区差异

花朝节日的时间有多种说法，主要有农历二月二日、二月十二日、二月十五日等多种，各地各时日期因时因地而异。唐代多在二月十五，与八月十五中秋节相对应，称“花朝月夕”。宋代有十五日、有十二日，明清各地日期也不统一，集中在二日、十二日、十五日。

花朝节在我国的空间分布很广，地方志上有记载较多的地区就有今天的东北、北京、河南、陕西、河北、安徽、山东、江苏、浙江、湖南、广东、四川、湖北、山西、台湾等地。如《湖广志·巴陵县》（同治十一年刻本）：“二月望日花朝节，谓是日晴则土饶木棉。”《山西志·永宁州》、《河南志·罗山县》（乾隆十一年刻本）等记载：“二月二日花朝。”山东《曹县志》（光绪十年刻本）：“花朝日大雪盈尺。”安徽《广德州风俗考》（乾隆五十七年刻本）：“花朝，士女踏青。”《江南志·通州》：“花朝郊游访花。”浙江《淳安县志》（天一阁明嘉靖刻本）：“花朝二月二日。”江西《瑞州府志》（同治十二年刻本）：“二月十五花朝节。”在此不一一列举。

时间上，花朝节在二月二日的地方有浙江淳安、会稽、洛阳等地。《广群芳谱·天时谱二》篇引《翰墨记》云：“洛阳风俗，以二月二日为花朝节。士庶游玩，又为‘挑菜节’。”《正音撮要》亦曰：“花朝，即二月二。”清光绪《光山县志》云：“二月二日，俗云‘小花朝’，十五日云‘大花朝’。”《淳安县志》《嘉泰志》：“花朝二月二日。”

二月十二日过花朝节，清人顾铁卿《清嘉录》曾有考证：“《翰墨记》以二月十二日为花朝、《诚斋诗话》东京（今河南开封）亦以二月十二日为花朝……《昆新合志》云，二月十二日为花朝、花神生日，各花卉俱赏红。《镇洋志》以十二日为崔元微护百花避封姨之辰。

故剪彩条系花树为幡。”[1]而顾氏所居住的苏州，也以十二日为花朝。清代京师（顺天府）以十二日为花朝，此外，据方志记载，陕西临潼，浙江桐卢、德清县，江苏丹阳、昆新两县、靖江县，上海宝山、松江、嘉定、崇明县等，也均以十二日为花朝的。以十二日为花朝的，也多因《陶朱公书》“二月十二为百花生日”（《月令粹编》引）一语，上述地方都将花朝节作为花神生日，此日有祭祀花神的风俗。

以二月十五日为花朝的，吴自牧《梦粱录》记临安（今杭州）：“二月望：仲春十五日为花朝节。”《成都志》：“二月十五为花朝，为扑蝶会。蜀人又以是日鬻蚕于市，作乐纵观，谓之蚕市。”《日涉编·宣府镇志》：“二月十五为花朝。”其余如广东广州、茂名县，江苏如皋，江西瑞州，湖北武昌，河北宣化，山东兖州，东北，台湾等地，都以二月十五日为花朝节。方回《二月朔大雪已五日》道“侵寻半月是花朝”，方回所写花朝当在二月十五日。

还有其他日子，如宋毛滂《忆秦娥》二月二十三日夜作词：“夜夜，夜了花朝也。……明朝花落知多少，莫把残红扫。愁人，一片花飞减却春。”是以二月二十四日为花朝节。宋潘牥《寿士人》：“花朝清晓雨初收，瑞气祥风满玉楼。蓬矢重逢三八日，椿龄再祝一千秋。飞黄去逐冲霄凤，诏紫来从入谷驺。富贵光荣皆分事，早盾名姓动金瓯。”“三八日”即二十四日，也是以二十四日为花朝节。一地一俗，以花盛为节。

综上所述，花朝节的形成始于南宋，元代以后一直沿袭，明清乃至民国时期仍是重要的节日之一。节日初始，总体而言还只是下层文

---

① ［清］顾禄《清嘉录》，第72页。

人士大夫的节日，民间活动相对偏少。花朝节在宋代兴起，与宋代花卉业的发展有一定的关联。《梦粱录》《东京梦华录》《武林旧事》等宋人笔记中都记载了节日的盛况。历经元明清三代发展，花朝节步入了成熟期，盛行于社会各阶层，每到花朝节都要举行隆重的庆祝与祭祀活动，经常出现在文学作品中。花朝节的兴起、发展直至衰落，与花卉业的发展、气候的变化、社会稳定性等外在原因密不可分。

花朝节期虽多变，也有一定的规律：以二月二为花朝，多是与社日、二月二、中和等节日相互融合为一个节日，习俗也相混，中原地区多如此；十二日取《陶朱公书》“二月十二为百花生日”，当地多有祭祀花神活动，江浙一带最为明显；十五则取二八月半、花朝月夕之日，继承唐代传统。此外还与各地气候、花信相关，如洛阳为二月二，牡丹花开日为花朝。

图 13 ［明］仇英《花神图》，题跋为文徵明书《花神赋》。

第二章　花朝节的民俗活动

花朝节因地域分布广泛和长时间的传承发展，其民俗活动也因地而异，丰富多彩。大致可分为三类：一类是踏青游赏，主要有赏红、扑蝶等。这是花朝节自形成就存在的节俗。其次是饮食方面，有花朝酒和百花糕。第三是祭祀花神和劝农等农业性质的活动。这类节俗是元代以后逐渐形成的。此外一些地方以花朝节为闺中女子郊游的日子，还是嫁娶的吉日。

第一节　游赏节俗

踏春游赏是花朝节最原始最基本的风俗，值花朝之日，“争先出郊，谓之探春。画舫轻舟，栉比鳞集”（见万历七年刊《杭州府志》），如王逢诗“谷雨亲蚕近，花朝拾翠莲”一句，就是反映踏春游赏的风俗。拾翠，意为拾取翠鸟羽毛以为首饰。后多指妇女游春。语出三国·魏曹植《洛神赋》:“或采明珠，或拾翠羽。”南朝·梁纪少瑜《游建兴苑》诗：“踟蹰怜拾翠，顾步惜遗簪。”唐吴融《闲居有作》诗：“踏青堤上烟多绿，拾翠江边月更明。”元赵善庆《落梅春·暮春》曲：“寻芳宴，拾翠游，杏花寒禁烟时候。”舒頔《花朝雨》诗：“细细花朝雨，问花何日开。寻芳幽径去，拾翠曲堤回。”方回《二月十五晚吴江二亲携酒》:

“今日山城好事新，客来夸说齿生津。喜晴郊外多游女，归暮溪边尽醉人。鲜笋紫泥开玉版，嘉鱼碧柳贯金鳞。一壶就请衰翁饮，亦与花朝报答春。”也是描写花朝日人们出外游玩宴饮的情形。士庶之家，置备酒肴，合家饮宴。或宴于郊野花圃之中，或宴于家园栽花之处，称为花朝宴。花朝节的踏春，除了有寻常踏春的欣赏百花春色、宴饮作乐，还有其独特的节俗，最重要就是扑蝶和赏红。

“扑蝶”之俗由来已久，唐代画家周昉有《扑蝶图》（已失传）对此描述，直到明清之际依然盛行，从明代剧作家汤显祖的《花朝》一诗中即可得证。其诗云：“妒花风雨怕难销，偶逐晴光扑蝶遥。一半春随残夜醉，却言明日是花朝。”可见直至明中叶后“扑蝶会”仍盛行。《如皋县志》（清嘉庆十三年刊本）卷十：“十五日花朝名扑蝶会，好事者置酒园亭，或嬉游郊外。人家咸剪碎彩为百花挂红，又以是日阴晴卜果实繁稀。”清袁景澜于《吴郡岁华纪丽》之《二月·百花生日》条中，对于“扑蝶会”亦有云：“今吴俗以二月十二

图 14 ［清］费以耕《扑蝶图》，浙江省博物馆藏。

日为百花生日……是日，闺中女郎为扑蝶会……”[1]春日繁花盛开，燕莺彩蝶飞舞，扑蝶会给人们的生活带来了无限生机，许多文人还对此做了诗意的描摹，《红楼梦》二十七回“滴翠亭杨妃戏彩蝶，埋香冢飞燕泣残红”中，作者在描写宝钗扑蝶、饯别花神等情节时就吸取了花朝节俗的内容，又做了诗意化的想象和整合。可见扑蝶风俗之盛，历时宋元明清四朝皆不歇。

“赏红”是花朝节又一最具代表性的风俗习惯。在该日，于各类花树的枝条上系上各色绸缎，随风飘逸，美不胜收。这也是妇女孩童们于花朝当日所主要进行的活动。“赏红”的由来，源自上文所提及的崔玄微护花的传说，等到传说逐渐流传开来之后，许多喜爱花卉者争相仿效，因而成俗。依此以往，人们仿效崔玄微护花，把彩绸与五色纸剪成小旗（即俗称“花幡”），或是剪成条状，各地花幡的形状各有所异，但其作用与意义是一致的，只是与原先的立幡之意已有所差异。按传说，花朝应属追溯崔玄微立幡护花的纪念性节日。但是在宋元以来以至明清之际的一些史地风俗记载中，花朝节立幡赏红却是为了庆贺花王生日。换句话说，于花卉、树枝、果树上系上彩绸的意义已非为了护花，而是祝诞。毕竟，没有神仙相助，系于花枝上的彩条几乎没有护花的功效，其装饰花卉的意义更胜些。因此，转化为祝贺花王生日以求百花茂盛、果实累累的意义来得更大了。这样的传统习俗一直沿用到清末民初之际，直至花朝节消逝为止，一直是极重要的节庆活动。如《嘉定县志》（光绪八年刻本）中有记载此俗，其云：“二月十二日剪彩系花，曰‘赏红’。”同样位于江南地区的松江府也有同

① [清]袁景澜《吴郡岁华纪丽》，第165页。

样的习俗。《松江府志》（嘉庆二十二年刻本）云：“二月十二日花朝，群卉遍系红彩，以祝繁盛。”除此之外，不只民间流行，“赏红”也是贵族欢度花朝节的活动之一，徐珂在《清稗类钞·孝钦后宫中之花朝》中有记载，其文云：“二月十二日为花朝，孝钦后至颐和园观剪彩。时有太监预备黄红各绸，由宫眷剪之成条，条约阔二吋，长三尺。孝钦自取红黄者各一，系于牡丹花，宫眷太监则取红者系各树，于是满庭皆红绸飞扬。而宫眷亦盛服往来，五光十色，宛似穿花蛱蝶。”[①]可见在花朝节系幡赏红，不分贵族平民，亦是风行全国的风俗习惯。清人张春华在其《沪城岁事衢歌》一诗中亦云：“春到花朝碧染丛，枝梢翦彩袅东风。蒸霞五色飞晴坞，画阁开尊助赏红。”便是描绘花朝节遍于枝头上彩幡纷飞撩乱的美景。又清末上海《点石斋画报》有一张《百华生日》，画面即描绘了当时上海人家欢度花朝节时系幡赏红的情景，其有序文曰：

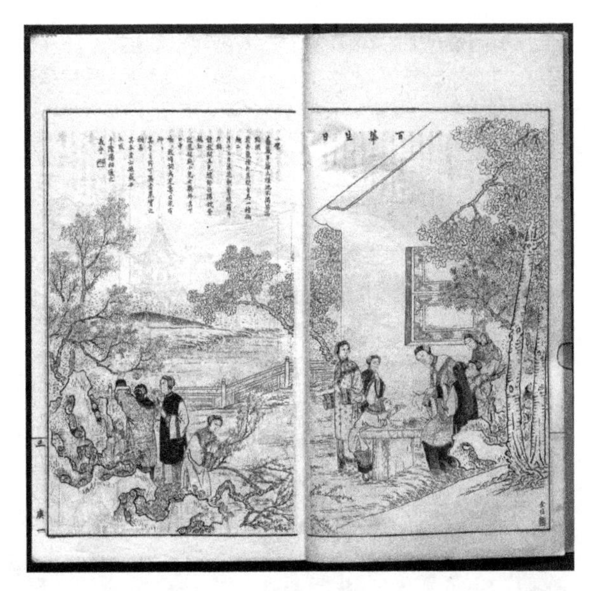

图 15［清］金桂《百华生日》。图片取自《点石斋画服》庚集一、第三页，上海申报馆编印，映雪斋主人藏本。

……二月十二日为花朝。剪绫罗片片，黏诸枝间，五色

① ［清］徐珂编《清稗类钞》“时令类”。

缤纷，仿佛姹紫嫣红，迎风招展。小儿女膜拜其下，口中喃喃，致颂词为花寿……

总而言之，清代可称得上是“赏红”风俗最为鼎盛的时期，每至花朝佳节，系于花枝上的彩幡随风起舞，成为花朝期间的美景之一。时至今日，诸城市复兴花朝节日，“赏红”因其形式简单而意义特殊，依然是节庆中最流行的活动之一。众多少女身着汉服，手持各色花幡系于枝头，随风摇曳，成为近年花朝节的一景。

图 16　2014 年福州花朝节，少女们将五彩丝帛挂在花树枝头。图片取自新华网。

第二节　饮食节俗

中国的节日文化往往与饮食文化相结合，重大节日都有美食相伴，如春节之饺子、上元之元宵、端午之粽子、中秋之月饼、重阳之菊花酒等。

花朝节的美食自然与花相关，最典型的是由花制成的百花糕与花朝酒。

依据《山堂肆考》所言，花朝节时武则天会在宫中制作花糕来犒赏群臣："唐武则天花朝日游园，令宫女采百花和米捣碎蒸糕以赐从臣。"[①]我们知道，武则天时期花朝节还未形成，此条记录不尽可信。不过至迟宋代，花糕已经成为人们常用点心，《梦粱录》《武林旧事》等都有记载。花糕因其兼具花瓣与谷物的香气，受到人们的喜欢，持续流传，逐渐成为花朝节俗之一。《青浦县志》（清光绪四年刊本）卷二载："二月十二日花朝，群卉遍系红彩，家食年糕可免腰疼，谓之撑腰糕。"《嘉定县续志》（民国十九年铅印本）："（二月十二日）是日蒸年糕食之，谓之'撑腰糕'。"

百花酒最早见于梁代《舆地志》："镇江出酒，号曰'京清'，黄者为'百花'，黑者为'墨露'。"民间对百花酒赞誉有加，"百花酒香傲百花，万家举杯誉万家。酒香好似花上露，色泽犹如洞中春。"清代，镇江百花酒曾作为贡酒进奉皇帝，故又名"贡酒"，北京的镇江会馆甚至因此更名为"百花会馆"，1909 年百花酒还获得南洋劝业会金奖。山东《曹县志》（光绪十年刻本）有关花朝节酿花酒的文献中有云："春分为花朝，赏花酿酒。"又浙江《新昌县志》（万历刻本）记："二月十五日花朝，采百花酣饮，谓之赏花。"同治年间《瑞州府志》（同治十二年刻本）卷二《风俗》中有"采百花酣饮赋诗，各学徒争饮谒长，谓之花朝酒"之记载。宋释智圆《寄隐者》"瓶尽花朝酒，扃残寒夜棋"，清舒位《花生日诗魏塘道中作》有"啼莺如梦送归艎，日子平分夜未央。愿取鸳鸯湖里水，酿成春酒寄花尝"，均写此俗。良辰美景之

---

① ［明］王路《花史左编》卷一〇《花之味》，［明］彭大翼《山堂肆考》卷一九四《饮食·糕》。

际，怎能缺酒？花朝酒是采百花酿制，花朝节赏百花，吃花糕，饮花酒，一众人怡然闲适，花前月下，如此欢度佳节，可谓美哉。关于百花酒、百花糕的传说给花朝节增添了浓郁的人文色彩，用百花、谷物、水果酿制而成的芳香馥郁的饮食也体现了古代农业文化的特点。

第三节　农业节俗

随着花朝节由上层社会流传到下层劳动人群中，在农业社会，其节俗也同农业生产有了联系：一是花朝占卜，二是花朝劝农，三是祭祀花神。

一、花朝占卜

农家以花朝日的天气卜收成，民间流传以该日晴则百花多实、天雨则为不吉的风俗，如《嘉兴县志》（明崇祯十年刻本）卷十五：“十二日为花朝，俗呼百花生日，以是日晴雨占果实盛衰。”嘉善县“二月十二曰百花生日，风雨则五谷皆少”，山东《曹县志》（光绪十年刻本）将花朝日大雪认定为“灾异”。《莲花厅志》（乾隆二十五年本）：“二月十二为花朝。晴则多果，雨则多鱼。又云十二日夜间宜晴。”《巢县志》（清道光八年刊本）卷七曰：“十二花朝定要晴，晴明月半看丰登。”《明诗综》载：“花朝日晴，则百果多实。”《湖广志书·巴陵县》：“二月望日花朝节，谓是日晴则土饶木棉。”江苏《昆新两县续补合志》卷一《占侯》（民国十二年刻本）：“十二日为花朝，是夜宜晴（越人陈元义云：二月内得十二个夜晴，则一年雨晴调匀；若十二夜中有雨，为水潦年岁矣。）。”陈淏子《花镜》卷一：“十二为花朝，天晴百果实，最忌夜雨。若得是夜晴，一年晴雨调匀。十三为收花日，亦须晴明。花朝二云十五，又为劝农之日，晴明主百花有成，风雨主岁歉，月无光有灾异。”[①]吴谚“有利无利，但看三个十二”[②]。三个十二是：“正月十二晴，官运亨通；二月十二晴，花果丰登；三月十二晴，生意兴隆。”河南《罗山县志》（乾隆十一年刻本）“二月二日花朝，小儿蓄顶留发，名小名，农夫垦田地种春菜”。尽管古代的农业占卜活动有一定的迷信成分在内，但也是人们在日常生活劳作中根据气象观测所得的经验，这些日常经验以谚语的形式传播，为古代农业生产起到了一定的指导作用。

二、花朝劝农

图 17　[清] 王云《劝农图》卷，雍正己酉年（1729）新春制。此卷绘古代春季东郊劝农的场景。

春日劝农古已有之，中国的劝农制度始于周代，《吕氏春秋》卷六有文：“仲吕之月，无聚大众，巡劝农事。”[③]汉代以后形成了皇帝亲耕、皇后亲桑的礼仪制度，劝农成为地方官员的职责之一，也是考察官员政绩的内容之一。早期劝农并无固定日期，二月、三月、四月抑或芒种，在春夏农忙季节即可。宋代时劝农政策更为完善，各地设专门的劝农官员进行

① [清] 陈淏子辑《花镜》，第 4 页。

② [宋] 周密《浩然斋视听钞》引吴谚“有利无利，但看二月十二”。张应武《（万历）嘉定县志》卷二《疆域考》下也有记载。

③ [战国] 吕不韦《吕氏春秋》卷六季夏纪第六。

劝农活动。《宋史》卷一百七十三《食货上》载："朝议置劝农之名……劝恤农民，以时耕垦。"花朝节兴起后，一些地方官员选择此日下乡巡视，既训示农桑，又与民同乐，一举两得。《梦粱录》云："此日帅守、县宰，率僚佐出郊，召父老赐酒食，劝以农桑，告谕勤劬，奉行虔恪。"劝农从最初就是花朝节俗之一。《通海县志》有"士人每于花朝，挈榼登山，听布谷声，以课农事"。欧阳守道《省题诗序》也说"即席读数首，如花朝游赏为题，结句乃说农务"。

明清时期，花朝节劝农习俗仍沿袭前朝，明朝宣宗皇帝在花朝节还曾写诗赠送大臣，诗中体现了对农事的关注之情，并借此告诫官员及时进行劝农活动，《山东通志》（明嘉靖刻本）卷三十七记载其诗《花朝诗赐兵部尚书张本》。古人认为花朝节是种植瓜果蔬菜的最佳时节，此时的辛苦耕作将会带来秋季的收获，所以朝廷官员借此时机劝农耕种。《八义记·宣子劝农》描写："（末上）万紫千红二月天，花含宿雨柳拖烟。光阴不觉人憔悴，寒日清明在目前。今日却是二月十五，该劝课农民。自家乃赵府中程婴是也，我老相公分付安排酒，在十里长亭劝农。你看……墙南村北，果然桃李弄精神。……（外）好景艳阳天。花烂熳芳草芊芊。"[①]邱濬《五伦全备记》第十七出《民间疾苦》："今日是二月十五日，乃花朝之辰，故事合当劝农。"此与风俗史所记正符合。清丁宜曾《农圃便览》："十五日为花朝，又为劝农日，晴吉，风雨主歉。"自元代始，历朝都存有花朝劝农文，明管时敏《吴农四时歌》其一："家有田庐泖水东，门前九朵翠芙蓉。邻翁报我田官至，明日花朝侯劝农。"花朝劝农已然成为节日里农家的重要活动。

---

① ［明］徐元《八义记·上》第八出，［明］毛晋《六十种曲》。

三、祭祀花神

元代以后，花朝节又被赋予了新的内涵，说成是“花神生日”“百花生日”，节期则演为对花神的奉祀庆典了。清代蔡云有诗云：“百花生日是良辰，未到花朝一半春。红紫万千披锦绣，尚劳点缀贺花神。”讲的正是百花盛开为花神祝寿的景象。例如东北以二月十五为百花生日，要为花神设置神位，用素馔祭之，莳花者于该日酬酒祭祀。湖南攸县花朝节祭花神习俗特盛，据载，攸县城郊自明代开始，每逢花朝节，花农就立牌位，上书“唐朝敕封旺花尊神”。入夜，人们开始祭花神，焚香秉烛，礼拜祷祝，祈求花神保佑花木茂盛，花开艳丽。

图18　佚名《劝农》。右上有边跋：“宋画院祗侯楼观劝农图真迹。”

花神，从文献资料来看，目前最早有记载可查的便是“女夷”之说。汉刘安《淮南子·天文训》云：“女夷鼓歌，以司天和，以长百谷禽鸟草木。”古人认为女夷与春天有着密切的关系，是春天之神。而到明代冯应京所撰的《月令广义·岁令一》中有云：“女夷，主春夏

花神議

余嘗同曹醉菴於花誕辰至虎邱花神廟拜謁花神見面目甚陋頗以為憾欲集古來才子佳人作一司花公議別建一廟祀之昨閱曲園雜纂有花神議一種因節錄之如左

正月梅花何遜按梅為林處士所專原議以逋仙爲梅花之神然考梁何遜作揚州法曹廨有梅一株常吟詠其下後居洛思之再請其任抵揚花正盛遜對樹彷徨終日不能去然則愛梅成癖者固無如水部矣杜詩云東閣官梅動詩興還如何遜在揚州宋趙蕃詩云梅從何遜驟知名自唐前至宋言梅事者首推此人孤山處士尚其後輩以俎豆讓之或亦首肯○二月蘭花屈平原議二月爲杏花然蘭爲香祖未敢重桃易杏而蘭重國香也後花者爲蕙雖香亦不減然不能先芳奉屈子爲神則固滋蘭而又樹蕙焉○三月桃花劉晨阮肇原議以東方朔祀之然此老饞涎可厭且志桃實非愛花也易以劉阮賻洞口桃花為有主矣○四月牡丹花李白原議四月芍藥花以韓魏公主之按古無牡丹之名統謂之芍藥魏公詩云鄭詩已取相酬贈不見諸經載牡丹自唐始別其名且有花王花相之說故改四月爲牡丹以其開獨先也兹以謫仙爲神三首清平何異一圍金帶哉○五月榴花孔紹安原議以博望侯為榴花之神蓋以使西域而得此種也然考博物志張騫西域所得尚有胡桃蒲桃諸種非僅石榴故不可專祀舊唐書孔紹安傳因侍宴應詔詠石榴詩曰只爲時來晚開花不及春且詠榴花非榴實詩意自喻甚深非泛賦一花者比也薦以馨香得其主矣○六月蓮花王儉原議周茂叔以茂叔已從祀尼山未可以花神祀之南史庾杲之傳王儉用泉之衛將軍長史安樂侯蕭緬與儉書曰盛府元僚實難其選庾景行汎綠水依芙蓉何其麗也時以入儉府爲蓮花池故緬書美之韓偓詩蓮花幕下風流客趙嘏詩一從開署芙蓉幕並述此典為美談是則當富蓮花神而無愧若謝靈運有初日芙蓉之目然止論其詩非言其人也至於陸郎狐媚遠公緇流雖有涉於蓮花竟無關於祀典○七月雞冠花陳後主原議七月秋葵而以鮑明遠主之因明遠嘗賦此耳按謝靈運亦有園葵詩即秋葵花似鮑謝宜並祀而於鄙意皆未甚協考楓窗小牘云雞冠花汴中名洗手花中元節兒童唱賣以供其先即古之玉樹後庭花也蘇黃門詩云後庭花草盛憐汝繫興亡即詠雞冠花碧雞漫志非之然其云吳蜀有一種小雞冠高五六寸目為後庭花則仍與黃門詩合玉樹後庭花曲係陳後主所作風流亡國詞客憐焉今以此當之或者雞口猶勝牛後乎○八月桂花郤詵如原議○九月菊花陶潛如原議○十月芙蓉石曼卿如原議○十一月山茶花湯若士原議以石季倫為山茶之神猶嫌未協擬改臨川雖名輩較晚而玉茗風流固勝金谷園之奢侈也○十二月蠟梅花蘇東坡黃山谷原議允協蠟梅本名黃梅其改今名由蘇黃始也○總領羣花之神迦葉尊者原議無然既有羣花宜有總領之主昔迦葉尊者於靈山會上百萬眾前因世尊拈花迦葉獨破顏微笑世尊遂以正法眼藏付之今爲總神色色空空一以相貫矣

正月梅花壽陽公主原議以梅妃為之允符公論考海錄碎事宋武帝女壽陽公主人日臥含章殿簷下梅花落額成五色花拂之不去自後有梅花妝其事甚豔然則移祀壽陽亦公論也○二月杏花阮文姬原議二月梨花以謝道韞為花神亦未妥擬改杏花叙小志云阮文姬插鬢喜用杏花今以配之紅輕粉薄占斷風流矣○三三月桃花息夫人原議允協○四月薔薇花麗娟原議亦當麗娟事見賈氏說黃金買笑誠韻事哉○五月榴花魏安德王妃李氏原議以石醋醋祀之出博異志崔元徽事然醋醋止是寓名並無其人亦猶楊氏李氏陶氏即楊柳桃李也考北齊書魏啓傳安德王延宗納趙郡李氏女爲妃妃母宋氏薦二石榴於帝隱寓子孫眾多意此榴雖果非花而舍妃別無其人者姑以為神洵吉祥善事也○六月蓮花晁采原議西子主之以有錦帆涇采蓮故事也惟自梨園傳唱其事遂俗考唐大歷中有女子晁采小字試鶯少與生文茂有伉儷約及長茂寄詩通情采以蓮子達意[illegible]於盆開花並蒂母聞之歎曰才子佳人自應有此遂以[illegible]歸茂此事欽定全唐詩中載之亦豔絶矣○七月玉簪花漢武帝李夫人原議允協玉簪得名夫人始也本以鳳仙爲六月花然六月既有蓮花無庸兼及鳳仙或移祀於七月宋光宗李氏諱鳳宮中命鳳仙爲好女兒花若七月改鳳仙而以李鳳配於議亦得又考花史云李玉英秋日采鳳仙染指甲於月中調絃或比之落花流水亦韻事也附登薦章用備采菲八月桂花唐太宗賢妃徐氏本以嫦娥配之然嫦娥乃常儀之誤實無其人即俗說嫦娥爲月仙究不得即以爲花神也考唐書太宗宗徐賢妃傳八歲能文父孝德使擬離騷小山篇曰仰幽巖而流盼撫桂枝以凝想然則淮南叢桂不得專美矣○九月菊花晉武帝左貴嬪本議九月菊民以賈佩蘭為花神用西京雜記事也惟九月不及菊花終有遺憾故改菊花而以左官嬪主之菊花一頌允宜俎豆三秋耳○十月芙蓉花飛鸞輕鳳原議允協事見杜陽雜編所謂寶帳香重重一雙紅芙蓉是也○十一月山茶花楊太真原議妥山茶有一種名楊妃山茶不嫌牽合也○十二月水仙花梁玉清原議以洛妃爲之似稍嫌附會按瓶吏云水仙神骨清絶織女之梁玉清也因以主之○總領羣花之神魏夫人原議無之按南岳魏夫人女仙中之最貴者南史鄭郁傳稱神仙魏夫人忽來臨降則事見正史矣庶物異名疏曰花神名女夷乃魏夫人之弟子則夫人明明為花聖矣尊以總領庶傳香發韻統攝有資何懼封家十八姨乎

图 19　清邹弢《三借庐赘谭》卷九《花神议》（局部），中国基本古籍库截图。内容是关于十二月令花及其花神选择的探讨，文章前半部分节录了清俞樾《曲园杂纂》卷四〇的《十二月花神议》，后半部分是邹弢的看法。十二月花神有诸多版本，特取此文的两种版本，以供了解。

长养之神，即花神也。”表明女夷转化为专门司花的花神。而历代文人墨客玩味和吟咏百花，弄出许多趣闻轶事来，从而造就出十二个月的花神，正所谓“日日有花开，月月有花神”了。何小颜先生在《花的档案》一书中提到：

人花沟通的一个结合点，在古人那里便是灵魂的转化。古代民间有许多传说，说某某花是由人的灵魂变化而成，或者人死后灵魂升天，成了某某花的主管。作为主宰花开花落命运的主管，人称“花神”或“司花之神”，算起来大多是人间的凡人死后被敬奉而来的。①

将花卉之美与神投射到历史人物身上，十二月花神有不同的版本，但共通的是每月的花神与月令花都有故事相连，从而被文人墨客推崇为月令花之神。民间对花神的信仰于明清时期大盛，各地纷纷修建花神庙以祭祀，受到文人推崇的影响，很多花神庙中供奉的花神正是“十二月花神”。苏州虎丘花神庙最早建于明洪武年间，“桐桥内花神庙祀司花神像，神姓李，冥封永南王，旁列十二花神。明洪武中建，为园客赛愿之地。岁凡二月十二日百花生日，笙歌酬答，各极其胜”②。北京丰台花神庙有西庙、东庙之分，西庙建于明万历年间，由京城各花行及附近花农集资而建，清道光二十三年重修。庙门上悬有“古迹花神庙”匾额，前殿供有花王诸神及各路花神的牌位。花农都在花神诞辰的二月十二到花神庙进香献花；三月二十九，附近各档花会照例到此献艺，谓之“谢神”，甚至要搭台唱“野台子”戏。东庙也建于明代，大殿中有三位花神的塑像，墙上还绘有各种花神像。清麟庆《鸿雪姻

① 何小颜《花的档案》，第26—27页。

② [清]顾禄《桐桥倚棹录》，第272页。

图 20 ［清］钱慧安《十二花神图》。钱慧安，晚清画家，字吉生，号清溪樵子，上海宝山人。善画人物仕女，间作花卉和山水，光绪、宣统年间与倪田等人在上海卖画，名重一时。著有《清溪画谱》。

缘图记·丰台赋芍》："村中有花神庙二：一花王为春社所，一花姑为卖酒名。"正是对丰台花神庙的记述，前一庙是花农祭祀，求花木繁茂；后一庙是制花艺人祭祀，以求利市。南京有花神湖和花神庙，南京南郊在历史上就以花木繁多而著名，明朝时，郑和下西洋带回很多花种，种子就分布在牛首山、铁心桥等处，至此铁心桥的花神庙地名已有500多年。《江宁县志》记载花神庙建于清乾隆年间，占地约5亩，庙内有一间大殿和10多间配殿，供奉着花神百余尊，主供三头六臂的善事菩萨。在庙门外的广场上建有城南最气派的"凤凰大戏台"，每年农历二月十二日百花生日那天，要在这里唱戏三天。在二月十二日的百花生日和九月十六日的菊花生日这两天，花农们都纷纷前来敬香拜佛，祈祷花神保佑人花两旺。

图21　南京凤台门花神庙遗址照片，凌帆2016年8月摄于南京花神庙社区。

花神还专管植物的春长夏养，所以，祀奉她的不仅仅限于花农，还包括耕种庄稼果蔬的农人。江南一带多有花神庙，旧时吴越花农家还常供奉着花神的塑像。花朝节当日除了祭祀庆典外，有的地方还要演戏娱神，通常是由十二伶优分扮每年十二月的各月花神故事。人们纷至沓来，就此形成庙会。这天夜里，要提举各种形状的“花神灯”，在花神庙附近巡游，以延伸娱神活动。

第四节　其他节俗

花朝节还有不少独特的、地方性的节俗，如花朝庙会，最著名的当属湖北新洲旧街花朝庙会。花朝节期间，正值春节结束、备耕开始之际，有些精明的庄稼人乘赴庙会之机，自发地带些日常耕作用具做交易。随着时代的延续，其影响渐大，以至于邻近的黄陂、黄冈、麻城以及安徽、河南等地农民也慕名而来，顺便带些竹木器、铜铁制品等来出售，形成一种习惯，后演绎成俗，沿袭至今。

再如花朝点灯，宋易士达《花朝燃灯》：“莺花世界春方半，灯火楼台月正圆。”清郝浴《唐城二月二日河灯竹枝词》描写了这一节俗：“花朝龙气，晓来升龙躍。花开好放灯，点点瑠璃推入水，下看星斗绿波澄。”再如江西建昌府花朝节“人家多行婚礼，仿古仲春合男女之判之意”。湖北德安“女郎穿耳，年十二三以上者留发。及纳采问名，多以是日为吉”。《浏阳县志》（嘉庆二十四年刻本）“二月十五日穿幼女耳，或取花朝饰容如花之意”。《紫钗记》有“花朝日好成亲”的唱词，小说《白圭志》也有“于是商量既妥，乃取二月花朝日，与女儿成亲”的说法，俗话有“童养媳，你莫焦，不是腊八，就是花朝”，这说明旧时童养媳大多于腊八、花朝两个吉日完婚。花朝节成为嫁娶的吉日，正是对花的生殖崇拜的遗留。

图 22　武汉新洲区旧街花朝会人群，游家祥摄。图片取自湖北图片库。

中国自古即以花比喻女子，花朝节是花的节日，也就成了女子的节日。是日，士女可出门踏青，为花木立幡。清徐葆光《中山传信录》载："二月十二日花朝；前二日，各家俱浚井，女汲取井水洗额，云可免疾病。"《浮生六记》有文可与之印证，卷五《中山记历》载："（二月）十二日，浚井，汲新水，俗谓之洗百病。"[①]江苏亦有"花朝郊游访花，闺中幼女以是日穿耳"的节俗。河北宣化府"村民以五谷瓜果种相遗，谓之献生。城中妇女剪丝为花，插之鬓髻，以为应节云"。江西民俗

① ［清］沈复《浮生六记》第 163 页。本卷并非出自沈复之手，是后人根据李鼎元《使琉球记》改编而成，则此应是琉球风俗。

当日女子要戴鲜花，有谚云：“花开先百草，戴了春不老。”

第五节　节庆意义

中国古代节日丰富，不单除夕、中秋、重阳等是节日，立春、立夏、冬至等也是节日。花朝节作为岁时节日，远不如春节、元宵、上巳等历史悠久，又不像立春、芒种等具有鲜明的特征，花朝节的很多节俗都是由其他节日的风俗发展而来，例如“立幡”类似立春的“幡胜”。这是一种用金银箔纸绢剪裁制作的装饰品，有的形似幡旗，故名幡胜。旧俗于立春日或挂春幡于树梢，或剪缯绢成小幡，连缀簪之于首，以示迎春之意。南朝陈徐陵《杂曲》：“立春历日自当新，正月春幡底须故。”前蜀牛峤《菩萨蛮》词之三：“玉钗风动春幡急，交枝红杏笼烟泣。”王安中《蝶恋花》：“雪霁花梢春欲到。饯腊迎春，一夜花开早。青帝回舆云缥缈。鲜鲜金雀来飞绕。绣阁纱窗人窈窕。翠缕红丝，斗剪幡儿小。戴在花枝争笑道。愿人常共春难老。”幡胜本是人们戴在头上来迎春的，花朝节里人们就将幡戴在花枝上来迎接百花盛开。

很多学者认为花朝节还有“挑菜”的习俗，据《翰墨记》曰：“洛阳风俗，以二月二日为花朝节，士庶游玩。又为挑菜节。”不过，有关二月二日为花朝的记载，找不到节日的来源依据，可能是由于此日自有佳节，相重相混，节日便合而为一了。挑菜，南北朝宗懔《荆楚岁时记》载：“寒食挑菜。”挑菜节，唐宋时期民间乃至宫廷均甚重视。如唐李淖《秦中岁时记》载：“二月二日，曲江采菜，士民游观极盛。”宋周密《武林旧事》卷二则记载了上流社会在聚宴中形成的一种特有的“挑菜酒令”游戏，专于此节玩乐，载：“二日，宫中排办挑菜御宴。先是内苑预备朱绿花斛，下以罗帛作小卷，书品目于上，系以红丝，上植生菜、荠花诸品。俟宴酬乐作，自中殿以次，各以金篦挑之。后妃、皇子、贵主、婕妤及都知等，皆有赏无罚。以次每斛十号，五红字为赏，五黑字为罚。上赏则成号真珠、玉杯、金器、北珠、篦环、珠翠、领抹，次亦铤银、酒器、冠鋜、翠花、段帛、龙涎、御扇、笔墨、官窑、定器之类。罚则舞唱、吟诗、念佛、饮冷水、吃生姜之类，用此以资戏笑。王宫贵邸亦多效之。”[①]贺铸《二月二日席上赋》：“仲宣何遽向荆州，谢惠连须更少留。二日旧传挑菜节，一樽聊解负薪忧。向人草树有佳色，带郭江山皆胜游。载酒赋诗从此始，它年耆老话风流。”郑谷《蜀中春雨》诗：“和暖又逢挑菜日，寂寥未是探花人。”宋韩维《夫人合四首》其三：“薄暖正当挑菜日，轻阴渐变养花天。君王勤政稀游幸，院院相过理筦弦。”张耒《二月二日挑菜节大雨不能出》等都记载了二月二日为挑菜节，而不是花朝节。但诗作中又有提及赏花一事，后人因节日相重，便将节俗合在一起，认为挑菜也是花朝节俗，其实不然。从记载中看，挑菜节应是一个独立存在的节日，与花朝节无关，挑菜不是花朝节俗。

此外，还有一些各具地方特色的节俗定于二月二日的，如河北、江苏、安徽的龙抬头节等，春社也在二月二日前后（立春后的第五个戊日），这些节日都与农耕相关。社日是为了祭祀土地神，认为是土神诞日，有庙宇专祀。仿之，花朝节就成了花神诞日，建花神庙祭祀花神。

农历二月有踏青习俗，节日还有中和节、二月二、挑菜节、社日等，

---

① ［宋］周密《武林旧事》，第35页。

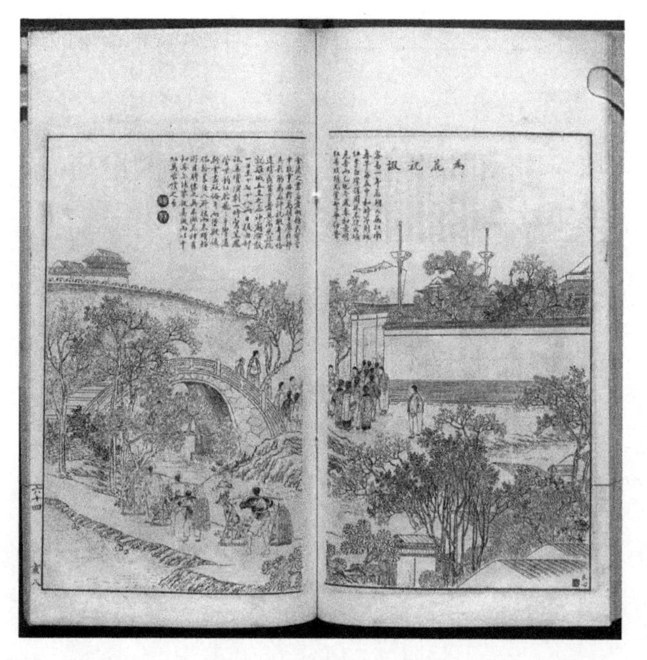

图 23 ［清］民心《为花祝嘏》。图片取自《点石斋画报》亥集八、第六四页，上海申报馆编印，映雪斋主人藏本。

花朝节同其他节日有着剪不断的联系，节日的产生同踏青节相连，节俗更是与其他节日相混，如崇祯年间浙江《乌程县志》就记载了二月二赏花与社祭同时举行的景况：“二月二日，东西坊市为会，多以花丽相高，其间有露台，甚奇巧，然亦观上人好尚而为之。乡间于是日祭里社。”花朝节的特殊意义就在于这是“花”的节日。古时文人有八大雅事：琴棋书画诗酒花茶。中国人爱花，认为花与人一样是有灵性生命的，每每以人的感情世界去关照花的世界，赋予其人格内涵，清人褚人获曰：“田子艺于花开日，大书粉牌，悬诸花间曰：名花犹美人也，可玩而不可亵，可赏而不可折。撷叶一片者，是裂美人之裳也。掐花一痕者，是挠美人之肤也。拗花一枝者，是折美人之肱也。以酒喷花者，是唾美人之面也。以香触花者，是熏美人之目也。解衣对花、狼籍可厌者，是与裸裎相逐也。近而觑者谓之盲，屈而嗅者谓之 。语曰：‘宁逢恶圹，无杀风景，谕而不省，誓不再请。’”[①]

① ［清］褚人获《坚瓠集》壬集卷二《看花谕》条，第 1390 页。

可见花之于古人有着亲情般的密切关系，更是精神之寄托。袁宏道《瓶史·引》有言："夫幽人韵士，摒绝声色，其嗜好不得不钟于山水花竹。夫山水花竹者，名之所不在，奔竞之所不至也。天下之人，栖止于嚣崖利薮，目眯尘沙，心疲计算，欲有之而有所不暇。故幽人韵士，得以乘间而踞为一日之有。"[①]他们像为人一样为百花祝寿，很多节庆都有花的点缀，花也应该有自己的节日。这一日，人们除了赏花，更重要的是护花、贺花，因此花朝节才得以产生并流传开来。

① ［明］袁宏道著，钱伯城笺校《袁宏道集笺校》，第 817 页。

第三章　花朝节与文人

第一节　文人与花朝节活动

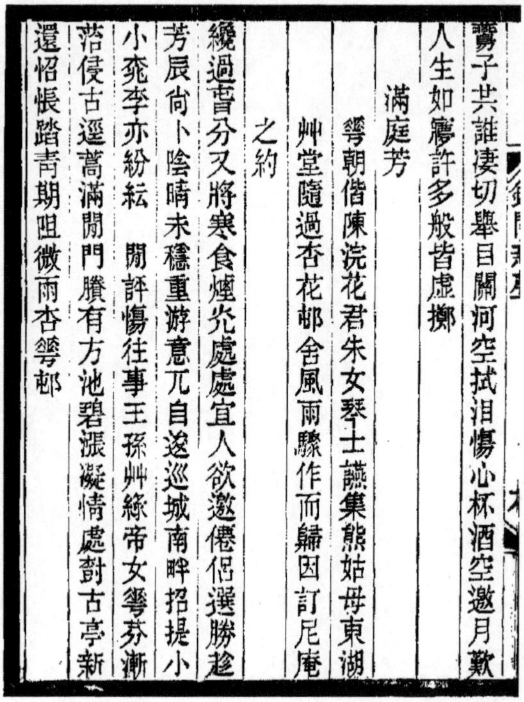
夢子共誰淒切舉目關河空拭泪傷心杯酒空邀月歡
人生如夢許多般皆虛擲
滿庭芳
花朝偕陳浣花君朱女琴士燕集熊姑母東湖
艸堂隨過杏花邨舍風雨驟作而歸因訂尼庵
之約
纔過春分又將寒食煙光處處宜人欲邀儔侶選勝趁
芳辰尚卜陰晴未穩重游意兀自逡巡城南畔招提小
小苑李亦紛紜　閒評傷往事王孫艸綠帝女花芬漸
蓓侵古逕蒿滿閒門賸有方池碧漲凝情處對古亭新
還悄悵踏青期阻微雨杏花邨

图 24　[清] 朱中楣《镜阁新声》书影，哈佛燕京图书馆藏本。

一、文人的花朝节活动

花朝节当日活动丰富，士庶争相游玩，踏青郊外。对于文人而言，此日“韵士多相邀饮”，常常早就定下花朝之约，如宋胡仲弓有诗《与杜友定花朝之约》、明李东阳有《邃庵以诗来定花朝之约次韵趣之》记录，刘辰翁集中还收录一则《花朝请人启》；“骚人韵士倡和以诗”，踏春之余饮酒吟诗是文人雅化的节日活动。节日当天，文士的活动分为两种：个人活动和群体活动。个人活动或是居家过节，或是独自游赏；群体活动或是友朋小聚，或是参加集会，或是与人唱和。居家如郭柏苍《沁园花朝》：“朝朝看柳上吟台，池馆佳晨得屡开。花底歌残泉已沸，雨中灯尽月初来。（外孙女陈闺瑜姐妹剪采作灯球，连夕悬树阴间，雨过月上而灯不灭。）此身强健堪长夜，尔辈清闲合举杯。莫讶东皇无藻饰，诗成珠玉不须催。”独自游赏如叶矫然《花朝夕宿净慈寺》：“碧月临金界，朱光漏碧纱。春声沉贝叶，夜色静桃花。灵籁钟将发，荣名梦已赊。重贪佛日胜，又过梵王家。啜茗春风入，携尊绣佛前。由来高士饮，不碍远公禅。鸟唱提壶急，花开解语妍。杖头岩壑在，应笑买山钱。”蔡征藩《红雨山房花朝》：“七城晓日灿桃花，烂醉未醒月又斜。春色那能长海国，客情容易各天涯。莫将襟抱酬宦况，忍使文章负岁华。正是高人能觞客，何妨修禊亦山家。”友朋小聚如沈周《花朝雨中与王汝和小聚》：“与君将短发，惭愧柳条春。白日急换岁，黄金忙杀人。渐怜知已少，独觉老怀真。把酒不在醉，看花聊此晨。”群体活动将在第二部分介绍。

二、花朝节集会活动

花朝节群体活动最具有代表性的是宴饮集会，如明人施绍莘《秋水庵花影集》卷一《乐府・元宵》记载：“灯夕花朝为初春令节，子野每走尺一相招，留连觞咏。……今岁花朝，拟集名姬韵士为花神谱曲，称觞坐上，岂可少足下？”[①]明代徐旭旦《义犬记》载：“越岁花朝，余方宴客张灯演剧，正笙歌鼎沸之际……”《隆化县志》（民国八年）：“自上元至花朝，为请春酒期，彼此相聚会宴，累累不绝。花朝后无故不轻会宴矣。”可见花朝节是文人士大夫阶层宴饮集会的重要契机之一。

---

① ［明］施绍莘《秋水庵花影集》，《续修四库全书》第1739册，第257页。

（一）花朝集会情况统计

根据笔者检索，南宋末年即出现花朝日宴集的习俗，元代仍有延续，明清两代集会、结社盛行，花朝节就成为社集日之一了。现将部分花朝集会统计如下：

花朝节集会统计表

集会时间	集会地点	参与者	代表诗作
宋嘉熙至淳祐年间	戴子固家	戴复古及其侄孙	《花朝侄孙子固家小集》
南宋末	西湖	朱继芳、陈谔等	《次韵野水花朝之集》
元		黄真仲等	《二月十五日草堂张灯宴集分题赋清夜游曲》
明	留云阁	李梦阳等	《二月望留云阁雨集》
明	丰厓草堂	朱朴等	《花朝丰厓草堂社饮得迟字》
	西园	陆之裘等	《花朝张太学西园小集》
	任峄峰司谏宅	骆文盛、任峄峰等	《花朝宴集任峄峰司谏宅》
	高深甫湖上园亭	胡应麟、吴孝文、高深甫等	《花朝吴孝文邀集高深甫湖上园亭》
	李氏园亭	胡应麟、李思伯等	《花朝思伯邀同诸子集李氏园亭》
	霞村别业	佘翔、林晋伯等	《集林晋伯霞村别业》

（续表）

集会时间	集会地点	参与者	代表诗作
		徐熥、佘宗汉等	《花朝社集送佘宗汉明府之南康访杨使君》
万历二十七年（1599）	白苏斋	袁宏道、袁宗道等	《花朝日白苏斋看梅》《花朝日伯修初度》
	南城楼	崔世召等	《花朝小集南城楼》
天启元年辛酉（1621）	曹学佺家淼轩	曹学佺、郑孟麟、陈鸿等	《闰月花朝集淼轩》
崇祯元年（1628）花朝		徐于王、魏仲雪、邵僧弥、张叔维、仲范等	《花朝魏仲雪徐于王诸人宴集赋诗用花朝二字排韵余闭关不得与仲雪枉诗见示依韵奉和兼简于王》
崇祯四年（1631）花朝	南园	曹学佺、郑汝交等	《花朝郑汝交南园宴集》
崇祯十六年（1643）花朝		曹学佺等	《花朝社集诗》
清顺治三年（1646）	秋岳斋	曹溶、龚鼎孳、李雯、王崇简、赵进美、张学曾等	曹、龚、李各赋诗一首《十体诗（花朝社集秋岳斋限韵）》
	黑窑厂	龚鼎孳等	
	王氏园	成文昭等	《花朝宴集王氏园限花朝二字为韵二首》

（续表）

集会时间	集会地点	参与者	代表诗作
	尊水园	卢世榷等	《花朝社集次韵》
	六益斋	冯鐩、陆孝曾、计子山、金天石、钱虞邻、吴日千等	《花朝集六益斋与陆孝曾计子山金天石钱虞邻吴日千分韵得花字》
	汪氏园亭	王嗣槐等	《花朝汪氏园亭赋诗宴饮序》
康熙十五年（1676）	荆溪阳羡署斋	林鼎复、陈维崧、史惟圆等	《满庭芳》
	谭西草堂	张廷枢、刘国黻等	《花朝集禹美潭西草堂即以潭西为韵》
	含真斋	沈广舆等	《花朝集含真斋》
		陈恭尹等	《珠江春汛》
	西禅寺	屈大均等	《花朝社集西禅寺》
	汤氏园亭	屈大均等	《花朝宴集汤氏园亭作》
	如皋水绘庵（见图 25）	冒襄等	《花朝宴集水绘庵是日诸友沓至独颜子不践夙约座有姬人佐酒陈九挝鼓月下》
	忍冬斋	查慎行等	《花朝集忍冬斋月下饮汜光春用东坡定惠院月夜韵》
	秋水轩	吴绮、殿闻等	《花朝集殿闻秋水轩观演邯郸梦剧用长儿韵》

（续表）

集会时间	集会地点	参与者	代表诗作
	竹里	林廷和、刘易谷等	《和刘易谷前辈花朝集饮竹里韵》
	徐德甫园亭	沈季友、徐德甫等	《花朝集徐德甫园亭》
	狄立人甲园	黄梦麟、蒋景祁等	《满园花》
		沈德潜等	《花朝宴集》
	香树斋	钱香树、沈叔埏等	《花朝夜集香树斋限韵咏盆梅天竹》
	鹤山堂	沈叔埏、魏明府等	《花朝集魏明府鹤山堂次韵癸丑》
	皋亭	周京等	《花朝皋亭看桃花分韵》
	晋川寓园	陈兆仑、周煌等	《花朝集王廷尉晋川寓园即席分得深字》《花朝集王大廷尉晋川寓斋以韩诗饮酒宁嫌盏底深题诗尚倚笔锋劲为韵得底字》
		汪学金、熊谦山、李宁圃、沧来等	《花朝邀谦山方伯宁圃观察沧来州守雅集小园九叠为字韵代柬》
		汪学金、沈学博、吴茂才等	《花朝谯集分韵得眠字》
	程晋芳寓斋	张埙、程晋芳等	《花朝集程鱼门编修寓斋分赋水仙得斋字》

（续表）

集会时间	集会地点	参与者	代表诗作
乾隆三十八年（1773）	苏米斋	翁方纲、钱载等	《花朝雪，集苏米斋，限雪字》
乾隆四十一年丙申花朝（1776）	法源寺	温汝造、冯敏昌、朱筠、翁方纲、程晋芳、洪楪、李威、黄景仁、何青等	
乾隆四十五年（1780）	程晋芳三长物斋	翁方纲、程晋芳等	《花朝集鱼门三长物斋分赋月季花得三字》
		吴省钦、严长明、程晋芳、曹仁虎、陆锡熊、沈初、赵文哲等	《闰花朝小集联句》
	一卷石斋	赵怀玉、程景传等	《花朝集一卷石斋次程丈景传韵》
癸亥年闰花朝（1803）	湖舫	查揆、频老等	《闰花朝小集和奏和》
己卯年花朝（1819）	饮燕园	孙原湘等	《翠楼吟》
		孙原湘等	《花朝小集》
	灵芬馆	郭麟等	《闰花朝集灵芬馆》

（续表）

集会时间	集会地点	参与者	代表诗作
	竹栢山房	梁章巨等	《花朝集林鉴塘竹栢山房次笏軿韵》
戊午年花朝（1858）	顾氏养福斋	张文虎、顾韦人等	《顾韦人作伟招同人花朝小集适以事阻不往赋》
		梁逸等	《花朝社集》
	苍翠庵	先著等	《花朝集苍翠庵玉兰花下》
	比部宅	张际亮、孔宥函、潘德舆等	《花朝集宥函比部宅以我能拔汝抑塞磊落之奇才分韵得才字》《花朝同人集孔生斋分韵得拔字》
		季芝昌等	《花朝集同人为伯田寿》
	小仓山房	周介福等	《燕归来》
	可园	张应昌、陈作霖等	《花朝日集可园分韵得百字》
		沈学渊等	《河闲道中花朝即事偕秫芗式庭仙九子滂诵孙少坪曼卿九方陈仰山鏻何南屏朝恩黄经香凡十二人以花朝字为韵各赋二首》
	明道书院	陆镇等	《花朝日集节溪明道书院》
	花之寺	陈衍、罗掞东等	《花朝集花之寺忆与叔疋旧游示掞东》

（二）集会所反映的节日状况

文人集会在《诗经》中已有记载，《小雅》中即有多篇描写宴饮

图25　南通如皋水绘园。图片取自网络。水绘园始建于明朝万历年间，为冒一贯的别墅，历四代到冒辟疆时始臻完善。明朝灭亡后，冒辟疆心灰意冷，于是把水绘园改名为水绘庵，决心隐居不仕。当时名士钱谦益、吴伟业、王士祯、孔尚任、陈维崧等纷纷前来如皋相聚，在园中诗文唱和。时人说：“士之渡江而北，渡河而南者，无不以如皋为归。”水绘园盛极一时。

集会情形的诗歌。西汉吴王刘濞、梁孝王刘武、淮南王刘安招致文士，置酒高会，游赏唱和。尤以梁孝王为中心的梁园唱和最盛，成为后世好文之主与文学侍臣游集的示范，而吟诗作赋的活动内容又为后世的文人集会定下了风雅基调。东汉时文人集会开始与节日民俗有了交集——上巳修禊，节日民俗开始被文人吸纳成为集会的新主题之一，反之文人的雅致活动使节日民俗的文化内涵得到了提升。目前所存较早的花朝诗南朝江总《侍宴玄武观》就是宴饮集会时所作："诘晓三春暮，新雨百花朝。星宫移渡罕，天驷动行镳。旆转苍龙阙，尘飞饮马桥。翠观迎斜照，丹楼望落潮。鸟声云里出，树影浪中摇。歌吟奉天咏，未必待闻韶。"这是踏春时应制诗，宫廷宴集赋诗是南朝时期文人集会的新特征。随着南朝皇权的崛起，文人集会的中心开始向宫廷转移，文人集会以宫廷为中心的现象一直延续到初唐时期。唐宋以后，文人集会变得普遍，其中一方面原因就是节假日增多，使因岁时变化、节日民俗而集之会变得频繁，唐代的情况是："凡曹司休假，例得寻胜地宴乐，谓之旬假，每月有之。遇逢诸节，尤以晦日、上巳、重阳为重，后改晦日，立二月为中和节，并称三大节。所游地推曲江为最胜。……朝士词人有赋，翌日即留传京师。当同倡酬之多，诗篇之盛，此亦其一助也。"[①]宋代一年假期更多达76日。岁时节日民俗的集体活动本是全体社会民众都参与的，文人举行这类主题的集会，一方面是跟从世俗，同时也以不同的活动方式表现出脱俗的一面，使得节日民俗活动具有了文雅特质，平添了风雅韵味。北宋中期以后，文人集会的风气渐渐浸染到地方，集会主体从以馆阁名公为代表的精英文人扩大到

① ［明］胡震亨《唐音癸签》卷二七。

整个文人群体，最底层的士子也常常参与地方集会。集会形式也更加多样化：有文艺集会、有以诗歌创作为主题的诗社集会、有诗酒风流的随兴酬唱等等，不过主体的文人特质和以诗歌作为集会活动形式又相对稳定。

图 26 ［明］陈洪绶《雅集图卷》，上海博物馆藏。

据笔者统计的60余次花朝集会（见表1）分析：集会有的是家族聚会，如戴复古与诸侄孙花朝聚会；有的是诗社组织集会（社集），如曹学佺《花朝社集诗》、梁逸《花朝社集》、屈大均《花朝社集西禅寺》等诗作描写即是花朝社集的情形；有的是宴集赋诗，兴之所至又遇佳节，如陈作霖《花朝日愚园宴集即席有作》、沈德潜《花朝宴集》等则是宴集所作；更多的是好友间相约小集，如冒襄《花朝宴集水绘庵》就是早有约定的，然“是日诸友沓至，独颜子不践夙约”，作者还将此事写入诗序中。花朝集会规模都不甚大，多不过十几好友，少则只有二三朋侪。因规模不大，集会地点也就多设在东道主的私家斋堂园亭，几个好友围炉而坐，饮酒品茶，赏花赋诗，花朝节就不仅仅是民众简单的赏花护花，更有了诗性雅气，更符合花的高雅气质。也有一些集会在当时著名的宴游场所举行，如《藤阴杂记》载龚芝麓曾在黑窑厂举行花朝宴集：“黑窑厂登高诗充栋，不过写景。……国初亦是宴游之地。

芝麓尚书花朝宴集，又招汪苕文、王阮亭、李湘北、陈其年饯董玉虬，以秦州杂诗分韵。”[1]黑窑厂（位于现在北京西城区）是明永乐年间设立的制造砖瓦的窑厂，因所成制品色皆灰黑，有别于其他彩釉、琉璃，故叫黑窑。清康熙三十三年（1674）窑厂撤销，原有的窑台，文人墨客称其为“瑶台”，成为清初登高去处。

三、花朝节唱和活动

唱和，亦作“唱酬”、“酬唱”，是诗人相互间应答酬谢。诗词唱和是中国文学史上一种极为普遍的现象，以诗歌形式进行的唱和，可追溯到东晋时期陶渊明、刘程之、慧远等人的诗中。南北朝时期，君臣唱和的作品很多，为唱和诗词的发展准备了充分的条件。至唐、宋时期，随着诗歌格律的定型，诗词唱和发展到鼎盛，达到很高的水平，取得了很高的成就。唐宋以后，唱和之风不衰。花朝节也为文人雅士的诗酒交欢和往来酬唱提供了很好的时机，节日前后文人之间唱和活动频繁。宋元时期花朝节唱和活动较少，留下的诗词不多，可查的如宋王之道《和刘于可二首》，元张之翰《方虚谷见和花朝复用韵》等。明清时期花朝节唱和更为繁盛，不仅有大量唱和诗留存，也有相关记载，如清戴璐《吴兴诗话》卷五记载：“先叔祖永檏……互与孙约亭、张秋水倡和联句，孙有《花朝和韵诗》，原倡未见集，亦未编。”[2]戴永檏作花朝诗，孙约亭和之。清袁翼《邃怀堂全集》文集卷四《廪膳生刘君墓志铭》记载：“君尝作《摸鱼儿·花朝词》私以示予，予窃和之，先生见之喜。”[3]可知刘孟眉作花朝词，袁翼和之。

---

① ［清］戴璐《藤阴杂记》，第118页。
② ［清］戴璐《吴兴诗话》，《丛书集成续编》，第155册，第544页。
③ ［清］袁翼《邃怀堂全集》，《清代诗文集汇编》，第564册，第213页。

图27 ［清］爱新觉罗·弘历《花朝图》。落款为："壬午花朝，经塔湾行宫，春景初融时，花应旧兴至辄。尔放歌。久不作设色，几上适修有丹青，不觉技痒，聊尔写生，以志逸趣。御笔并识于庵画窗。"乾隆壬午，即公元1762年。

花朝节唱和活动形式多样，从唱和对象分，有诗人自和，有文人之间互和，互和居多。清李星沅在花朝前一日作《对月柬雨楼》二首，花朝日又作诗《花朝叠前韵》二首自和前诗；赵雨楼因病不能相会，故送来答柬诗，李氏又作和诗《和雨楼病中代柬韵》二首；还有友人来访作和诗《和芝樵花朝见访韵》四首。孙原湘花朝日曾应赵子梁之请作《赵子梁索和花朝词》，闰花朝日又用前韵作诗一首。再如郭濬《花朝新雨和金季真韵即效其体》，袁宏道《花朝和坡公韵》等等。从交流方式来看，有聚会时唱和，陈杰《富州花朝用诸老韵》、查揆《闰花朝小集和奏和》、邓显鹤《次韵和石梧花朝小酌》；有见面示诗后和之，钱谦贞《仲雪见示花朝二诗依韵奉和》，钱谦益《和履之花朝见示》；有书信寄诗以和，明刘崧《花朝和王伯衢寄示》，杨基《春日山西寄王允原知司》，陈维崧《得阮亭渔阳道中花朝四绝句和韵却寄》。

还有一类应制和诗，主要产生于清代乾隆年间，乾隆皇帝花朝节常邀群臣于御花园赏花，留下多篇诗作，文学侍从免不了奉和，如尹继善有《恭和御制花朝元韵》五首，钱维城文集中也有一首《恭和御制花朝作歌元韵》。一般来说唱和诗在创作时间上距离较短，但也有“和古”诗，如袁宏道《花朝和坡公韵》：“丝丝新柳飏堤门，早晚南村又北村。风信暖寒观树色，药苗深浅记竿痕。行来渐觉姑㺃重，静里频将姹火温。是物逢春皆作语，子规未必是啼魂。”押十三元中“门、村、痕、温、魂”字，苏东坡《正月二十日往岐亭郡人潘古郭三人送余于女王城东禅庄院》、《正月二十日与潘郭二生出郊寻春忽记去年是日同至女王城作诗乃和前韵》、《是日偶至野人汪氏之居有神降于其室自称天人李全字德通善篆字用笔奇妙而字不可识云天篆也与予言有所会者复作一篇仍用前韵》、《六年正月二十日复出东门仍用前韵》等诗押此韵，这几首都有关寻春，故袁作花朝诗用其诗韵。又林廷和《和刘易谷前辈花朝集饮竹里韵，即坡公二月三日点灯会客韵》，与苏轼《二月三日点灯会客》同是集会，故用其韵。近代朱祖谋《扫花游·花朝微雪和梦窗》，缘于吴文英有《扫花游·春雪》，故和之。

第二节　文人的花朝节创作

一、节日集会个案研究

（一）宋代两次集会

戴复古早年大部分时间在外游历，晚年返回家乡台州，家居期间时常与诸侄孙聚会出游，据《台州府志·文苑传》记载，戴复古“……或携从孙昺、槩、服辈探梅观鹤，为诗酒之乐”。在家乡常常与族中后辈一起登山临水，诗歌酬答，留下了大量诗歌作品。戴昺《东野农歌集》卷四有《己亥九日屏翁约诸孙登高西屿阻风舟行不前遂舍于吾家山海图之上酒边屏翁有诗留题因次韵》《次韵屏翁壬寅九日再题小楼》两首诗分别记载了嘉熙三年（1239）与淳祐二年戴复古参与重阳节活动之事。戴东野还有诗歌《侍屏翁游屏山分得水字》《春日携兄弟侍屏翁游晋原分得外字因集句而成》《屏翁领诸孙小集以龙弟野亭君玉即席有诗次韵》等记录出游。可见，归家以后，戴复古喜与侄孙辈聚集出游。戴复古自己亦有诗歌写到聚会，如《诸侄孙登白峰观海上一景》《竹洲诸侄孙小集永嘉蒋子高有诗次韵》以及《花朝侄孙子固家小集》：

今朝当社日，明日是花朝。佳节唯宣饮，东池适见招。
绿深杨柳重，红秀海棠娇。自笑鬓边雪，多年不肯消。

社日与花朝相连，可见当时台州以二月二日为花朝节。佳节要饮酒作乐，正好也有人邀请。这里戴复古以“东池”代指侄孙家，源自唐代戴简的东池戴氏堂。公元805年，柳宗元岳父弘农公杨凭由湖南观察使兼潭州刺史改任江西观察使，离任之时把东池赠送给了门客戴简，然后戴简在东池之边建造戴氏堂并邀请柳宗元作文以记，当时（806年）柳宗元因被贬永州恰好路过潭州写下了《潭州东池戴氏堂记》。戴复古另有《东池》一首，诗序曰“戴叔伦隐居之地”，东池当来源于此。

朱继芳，生卒年不详，字季实，号静佳，建安（今福建建瓯）人，宋绍定五年（1232）进士（明嘉靖《建宁府志》卷一五）。尝与陈起、周弼等唱和，为江湖派中知名诗人。又与同岁诗人张至龙往来，“张至龙，字季灵，建安人。博经史，工文章，一时江湖诗人多与倡和。与静佳朱继芳居同建安，生亦同岁，投契尤笃。”（《宋百家诗存·小传》）张氏有《登东山怀朱静佳》云：“照池传古貌，借著数同庚。”

其事迹见于《江湖后集》卷二三、《宋百家诗存》卷一三。陈谔，字古直，号野水。尝为越学正。理宗景定二年（1261）曾作《襄鄂百咏》，已佚。事见《癸辛杂识》续集卷下。今录诗二首。（《全宋诗》小传）此次集会所作诗歌，陈谔原诗已佚，据朱继芳诗《次韵野水花朝之集》：

睡起名园百舌娇，一年春事说今朝。秋千庭院红三径，舴艋池塘绿半腰。苔色染青吟屐蜡，花风吹暖弊裘貂。主人自欠西湖债，管领风光是客邀。

“一年春事说今朝”，花朝节是百花盛开的时节，此日春光最盛。诗中尽写花朝时节西湖的美景，可以看出花朝节当天朱继芳、陈谔等人在西湖集会并作诗。朱继芳另有《用前韵谢野水郎君招饮》诗亦写与陈谔的交往，恰与此诗用韵相同：

为有台池无限娇，游人歌舞尚朝朝。清漪浴日开金面，晴哢调风衮绿腰。骚客五花唐殿马，主家七叶汉庭貂[①]。丁宁红紫休开遍，约住春风待见邀。

两诗相比，不仅同韵更是用相同的韵字，内容上也相关，所谓用“前韵”当是用《次韵野水花朝之集》的韵了。笔者推测当是陈野水曾相邀喝酒赏春，遂在花朝日小集赋诗唱和，日后朱氏又作诗答谢。立春后百舌鸟开始鸣叫，一年春光最盛的时节就是花朝日了，且是领受西湖春光，让主人欠了西湖的风光债，自当多谢主人相招。

宋代的这两次集会还是围绕踏春宴饮而作，集会规模都不大，地点一在自家一在西湖，代表了花朝宴集的两种选址：私家园阁和风景名胜。

---

① 汉时中常侍冠上插貂尾为饰，金日磾一家自武帝至平帝七朝，世代皆侍中，为内庭宠臣。后因以“七叶貂”喻世代显贵。

（二）曹学佺与花朝集会

曹学佺（1574—1647 年），字能始，福建侯官（今郊区洪塘）人，明万历二十三年（1595）进士，官至礼部尚书，加太子太保。万历三十七年（1609），任四川右参政。遇灾荒，奏准发放三百万赈济款。又集资修桥铺路，后被蜀王中伤，于万历四十一年（1613）削职归里。在乡与诗人徐、赵世显等结社唱和；又创剧社“儒林班”。其为人尚气节，以著《野史记略》，直书挺击时弊，为魏忠贤党羽刘延元所劾，被削职，唐王朱聿键立于闽中，被起用，至事败，投缳以殉，终年 74 岁。曾罢官居家 20 余年，著述 30 余种，诗文总名《石仓全集》，国内已佚，日本内阁文库有藏本。其中《石仓十二代诗选》收录福州文人遗诗甚多，清代被编入《四库全书》。

曹能始一生参与的花朝集会，有记载的共 8 次，分别是万历三十年壬寅年（1602）二月花朝，与吴稼澄、吴梦旸等游夹山瀁；万历三十一年癸卯（1603）赵世显首开芝社，二月社集作《花朝》；万历三十七年庚戌（1610）二月十五日，于青羊宫宴集[1]；天启元年辛酉（1621）闰花朝同郑孟麟、陈叔度集于淼轩；崇祯二年己巳（1629）有《花朝洪中翰汝含直社》；崇祯三年《花朝能证舍弟西园社集》[2]；崇祯四年辛未（1631）花朝集于郑汝交南园；崇祯六年（1633）癸酉花朝后一日社集。其中曹能始留下诗作的有 6 次，万历三十年及万历三十七年的两次集会未见其有诗作记载。明代文人结社现象非常普遍，为历代之最盛，曹学佺一生热衷于参加各种文人集团，他参加的花朝集会

① 陈庆元《曹学佺年表》，《福州大学学报》，2012 年第 5 期，第 77 页。

② 陈庆元《日本内阁文库藏曹学佺〈石仓全集〉编年考证》，《文献》，2013 年 3 月第 2 期，第 161 页。

也分为两类，一是朋友间的聚会，集中在早期万历年间；二是所在诗社的社集活动，天启、崇祯年间参加的多是社集。曹学佺花朝诗多写对春光的留恋及良辰美景易逝的无奈与叹息：

懒起见迟日，媚如川上霞。画船犹隐树，红袖远疑花。一水牵情出，群山当面斜。所期空阔处，行乐意无涯。

图 28　曹学佺印。图片取自福州家园网。

寒暄何遽别，昨夜与今朝。雪迹间苍翠，波光连动摇。雁归空有塔，虹断已无桥。是处应登陟，呼人且击桡。

花开与花落，消息问花神。不见一枝出，差过二月春。潇潇松树古，拂拂柳条新。载酒浑难醉，因之见我真。

风日他虽好，花朝爱此名。故知犹有闰，未必再能晴。石岂虚供醉，村应尽可耕。萍踪怜不定，明发复南征。

——《花朝游夹山漈同用花朝春晴四字》

二月春欲半，百花朝旧名。此中开已落，不复较阴晴。列烛幽林影，疏钟隔水声。他乡行乐处，独有故园情。

——《花朝》

独访青羊肆，相从绿蚁杯。仙期千载逝，民俗四方来。

藉草皆为席，因丘此作台。春阴松柏里，今日向人开。

——《二月十五日青羊宫宴集》

今日喜看闰，不然为暮春。花开渐欲落，霁发更疑新。月色行堪汎，泉声坐觉亲。客来同理咏，才不负佳辰。

——《闰月花朝集淼轩　同郑孟麟陈叔度》

八年四十五春光，惜此佳辰为举觞。花向美人如解语，茗分僧供到来香。林阴演泳看盈亩，月色微茫忆上方。试问今朝晴雨意，几翻游兴阻仍狂。

——《花朝郑汝交南园宴集》

其友人吴稼澄也有《花朝》诗："日气朝青池上波，交交啼鸟傍池多。三春花事终难负，二月风光半未过。土俗岁时存旧记，闺人单夹制轻罗。正怜一树樱桃放，桃李相催奈若何。"情感相似。

明代文人的生活理念和日常生活方式出现了很多改变，雅集、结社风行全国，活动频繁，间隔日期更为缩短。花朝节作为适于游赏吟咏的节日，是集社的良辰吉日之一，故而明代的花朝节唱和很多都是社集中的作品。曹学佺的几次花朝社集活动均有诗作流传，可见诗社活动对花朝节文学有着重大的推动作用。

（三）清代《闰花朝小集联句》

清曹仁虎《刻烛集》、吴省钦《白华前稿》卷三十六、沈初《兰韵堂诗文集》诗集卷五·城南联句集载有同一首长篇联句诗《闰花朝小集联句》，是由吴省钦、严长明、程晋芳、曹仁虎、陆锡熊、沈初、赵文哲等七位诗人在闰花朝日集会所作，全诗如下（每句末小字为作者名）：

新雨迎寒食（省钦），街尘晓乍消（长明）。重来寻酒社（晋芳)，两度得花朝(锡熊)。院静双鸠唤(仁虎)，帘虚一燕招(初)。
泥痕融药甲（文哲），烟色润兰苕（省钦）。草草流光驻（长明），
迟迟闰气调（晋芳）。旬初期未准（锡熊），月半候仍遥（仁虎）。
此日乡风旧（初），今年节物饶（文哲）。叶增桐暗觉（省钦），
芽熟菜频挑（长明）。直卯芳时又（晋芳），生辰故事聊（锡熊）。
何神司长养（仁虎），有客惜漂摇（初）。多谢寒轻勒（文哲），
相逢信久要（省钦）。间情风共祝（长明），小影月同邀（晋芳）。
胜采看犹结（锡熊），深杯试更浇（仁虎）。听余莺管滑（初），
扑后蝶衣娇（文哲）。响认金铃护（省钦），阴添锦伞标（长明）。
勾留禁细蕊（晋芳），漏泄倩长条（锡熊）。缓缓穿林屐（仁虎），
愔愔出巷箫（初）。侧行披密径（文哲），圆坐敞疏寮（省钦）。
短榼嘉厨荐（长明），明灯冷榭飘（晋芳）。欢悰应易醉（锡熊），
绮序本难料（仁虎）。一倍春堪恋（初），三分景正韶（文哲）。
阴晴缘亦偶（省钦），消息理偏超（长明）。岁律空延伫（晋芳），
家园漫阒寥（锡熊）。天涯萋绿草（仁虎），昔昔梦吴船（初）。

全诗共24联48句，吴省钦、严长明、程晋芳、曹仁虎、陆锡熊、沈初各作7句，赵文哲作6句。联句前四句交代了集会的原因——“两度得花朝”，又以六句描写春光节侯，中间还简要介绍了花朝节的一些情况。“旬初”指一些地方以二月二日为花朝，“月半”是以二月十五为花朝，“此日乡风旧”则是说他们当地旧俗以二月十二为花朝，“菜频挑”有挑菜节俗（此为节俗相混，上文已谈到），“生辰故事聊”一说花朝节为花神生日。之后便转入诗人们情感的抒发，韶光堪恋，然事事无常因缘难定，最后更引起了诗人们的思乡之情。

曹仁虎《刻烛集》为上述7人加上王昶、阮葵生、董潮、吴省兰、

汪孟绢共12人的联句诗，记录了他们的诗事活动，有18题唱和之作。“刻烛”出自《南史·王僧孺传》：“竟陵王子良尝夜集学士，刻烛为诗，四韵者则刻一寸，以此为率。萧文琰曰：‘顿烧一寸烛，而成四句诗，何难之有？’乃与丘令偕，江洪等共打铜体立韵；响灭则诗成，皆可观览。”后世以此喻诗才敏捷。清张丙燠在其《晚翠轩笔记》中对他们的联句评价颇高：

图29　佚名《刻烛赋诗》。图片取自华夏收藏网。

近见《刻烛集》载：曹仁虎、王昶、赵文哲、吴省钦、严长明、沈初、陆锡熊七人有觉生寺大钟联句诗，铿轰炳缛百八韵，俨然百八杵也。排律难于运气，七公独能以议论驱使典实，起伏转折，一气挥洒如一手所成，尤为难事。而对仗之工、锤炼之巧，犹其余技。

多人联句而能浑然一体，也是当得起“刻烛”二字了。

（四）集会特点小结

宋以前的节日集会如上巳、清明，多是大型的宫廷宴会或文人集会，著名的东晋穆帝永和九年（353）兰亭集会、唐中宗景龙四年（710）拔禊渭滨、唐文宗开成二年（837）河南尹李待价举行洛水修禊等，都是大规模的文人集会。宋代以后，节日文人集会趋向个别文人举办的小型集会，如北宋西园雅集，英宗治平三年（1066）安焘邀众人寒食节压沙寺观梨花，南宋孝宗淳熙十三年（1186）杨万里与友人上巳日张氏北园赏海棠等，规模都较小。宋代花朝节日集会案例并不多见，只是亲友间小集。宋代以后文人集会不断发展，顾瑛的玉山雅集从至正八年到至正十九年一直持续了十二年。花朝节日集会也逐渐增加，除了亲友小聚外，更多了诗社、文社的社集活动。地点一般在环境优美的自然风景或私家园林中举行，内容主要是赏春宴饮，吟诗唱和，创作多是唱和诗、赠答诗以描摹春光、抒发个人情怀，体现节日民俗与文人雅趣相结合的文人节日活动。

二、花朝节唱和

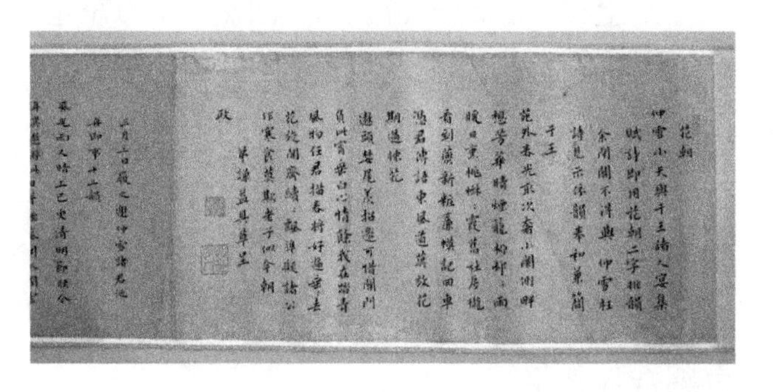

图 30　钱谦益手书《与仲雪等唱和诗》（局部），为崇祯元年（1628）钱谦益与好友徐于王、魏仲雪等人唱和诗墨迹。

唱和诗词也是中国古代文学史上一种奇观，唱和又分为和诗、依韵、用韵、次韵、分韵等五种。和诗，只作诗酬和，不用被和诗的原韵。依韵，亦称同韵，和诗与被和诗同属一韵，但不必用其原字，如钱谦贞《仲雪见示花朝二诗依韵奉和》。用韵，既用原诗的字而不必顺其次序。次韵，亦称步韵，也是用的最多的一种；就是用其原韵原字，且先后次序都须相同。下面将谈到的陈维崧和王士祯、陈瑚和王长源都属此类。分韵，指作诗时按照先规定若干字为韵，各人分拈韵字，依韵作诗，叫作“分韵”，也称“赋韵”。上节花朝集会统计中一些诗题有“分韵得某字”，就是这种。

唱和诗词其特点有：在形式上后写者往往刻意模仿先写者，体裁、格律通常保持一致；创作内容相连属，在创作时间上往往距离较小，但也有“和古”之作，如上节提到的朱祖谋《扫花游·花朝微雪和梦窗》、袁宏道《花朝和坡公韵》。“唱和诗词”多为交流思想，表达友谊，切磋技艺，催发诗情。题材相对狭窄、雷同，作用也有一定的局限性。所以传播范围不定，好作品知晓的人相对更少，许多唱和诗词我们往往只知其一，不知其二或全然不知，花朝节唱和诗词也不例外，笔者能力有限，所见和与被和俱存的诗作不多，暂以以下几例来作分析。

（一）王士祯与陈维崧的唱和

王士祯（1634—1711），新城（今山东桓台县）人，常自称济南人。顺治十五年（1658），王士祯赴京参加殿试，考中二甲进士。顺治十六年（1659），出任江南扬州府推官，康熙三年（1664），扬州任满，因政绩突出被总督郎廷佐、巡抚张尚贤、河督朱之锡等保举入京供职。北上后，仍不忘江南，在花朝日再次想起江南的春色，遂作《花朝道中有感寄陈其年》：

渔阳三月无芳草，客思离情不奈何。此日淮南好天气，青骢尾蘸鸭头波。

三月嬉春射雉城，钵池新水谷纹生。紫云低唱灵雏拍，爱忍春寒坐到明。

风俗淮南古禁烟，红桥解禊雨晴天。酒徒散尽杨枝别，说着花朝一惘然。

陈维崧（1625—1682），宜兴（今属江苏）人。顺治十五年（1658）到康熙六年（1667），陈维崧寄食于如皋冒襄家。陈维崧在此八年间往来于扬州、金陵间，参与王士祯倡导的广陵词坛，与王士祯诗酒征逐，社集酬唱。接到王士祯的花朝诗后，陈维崧即和诗以答，《得阮亭渔阳道中花朝四绝句和韵却寄》：

前年寒食春无赖，人在红桥唤奈何。记得壁郎偷擫笛，鹧鸪天破定风波。

钵池水竹映名蓝，去岁逢君酒半酣。小作棠梨花下语，教人那便忆江南。

今年高卧阖闾城，君在渔阳草未生。春暖春寒入去久，更何情绪度清明。

柳采着水细于烟，檀板银罂二月天。忽接王郎诗一纸，春光好处倍凄然。

陈维崧《湖海楼诗集》中显示这组和诗作于丙午年，应是康熙五年（1666）春二月。康熙三年 (1664)，王士祯扬州任满，离开了供职五年的扬州。扬州岁月是王士祯一生中重要的转折点。江南的秀美风光，大大开阔了他的眼界，尤其是太湖湖畔的渔洋山，更是使他流连忘返。从此，他就以“渔洋山人”为号，体现了他对江南秀丽风光的痴迷和对这段岁月的怀念。同时，他还在江南结识了很多志士高人、遗民隐逸，他们志同道合，共同集会唱和。王士祯北上后依然不忘江南景色，仲春时节北方却了无春意，走在渔阳道中，恰逢花朝，诗人不禁想起此时淮南的春色应该很好了。北方的春寒与远离江南的怀念，让作者在这个花朝节心情低沉，遂作诗寄给身在江南的好友陈维崧。陈维崧和诗，江南总是让人念念不忘的，纵然春光明媚，却也因王士祯的来诗而变得凄凉。内容相连属，既有劝慰之语，又体现了诗人深厚的友谊。且陈维崧后诗与王士祯诗同韵，形式一致。

（二）陈瑚与王长源唱和

陈瑚《確庵文稿》卷五下有《花朝舟至郢城渡口和长源韵》一首：

阳春亭上足高歌，白雪风流比若何[①]。车马去来招渡急，山川今古感人多。嫩寒花信惊无定，小半春光看又过。且喜君才正强健，簿书余力有吟哦。

诗后附长源原韵：

不寐烧灯听柝歌，宵来酒醒意如何。事当易世传闻异，情到中年感慨多。诗律故人老更细，山川旧迹远频过。只怜江上舟边月，偏照西窗夜咏哦。[②]

陈瑚（1613—1675）明末清初学者，与同里陆世仪、江士韶、盛敬齐名，被人合称为“太仓四先生”。字言夏，号确庵、无闷道人、七十二潭渔父，尝居江苏太仓小北门外。崇祯十六年（1643）举人。顺治十七年（1660）冬至湖广学政王长源幕，第二年秋复归。王长源，名登善，字发祥。这次唱和当在顺治十八年（1661）春花朝，泛舟郢城渡口，生发感慨。王长源叹人到中年世事多变迁，作起诗来也更小心；陈瑚和诗就针对王的思虑加以劝慰，说他是春秋正富身体强健，大有余力来写诗。这次的唱和不仅仅是朋友间的宽慰，更带有幕僚与长官的交流性质。

三、集会诗词与唱和诗词的比较

在形式上，唱和诗词后写者往往刻意模仿先写者，体裁、格律通常保持一致，创作内容相连属，创作时间有前后之别。集会诗词通常

---

① 郢城左右有养春亭、白雪楼，故有此二句。

② ［明］王长源《花朝舟至郢城渡口》，《四库禁毁书丛刊》第184集，第270—271页。

是同题作品，在集会时几乎同时现场创作，也有相互唱和，如《次韵野水花朝之集》、分韵唱和。“唱和诗词”虽然一定程度上也是同题，但也有一些差别。前者偏重于人与人之间的交流、沟通，就是“和古”之作，也往往是建立在与古人情趣相投的基础上。读者往往能从作者们的唱、和诗词中寻找出他们相同或相近的人生情趣。后者则只追求题材的相同，各诗篇之间的关联性有时较小，仅是为同一个集会而作，立意、情感各人不一，在形式上和表达思想情趣的相关性上并不强，各说各话，有的甚至完全相反。如丙辰花朝（1676）林鼎复、陈维崧、史惟圆等人阳羡宴集，作《满庭芳》词，林鼎复《满庭芳·花朝宴集阳羡署斋同云臣其年赋》：

二月如秋，梅花作雨，春疑未到江南。兰舟蜡屐，山水阻幽探。陶写全凭丝竹，素心侣、永夜高谈。凭谁和，清歌艳曲，是处有何戡。　琴尊，群彦在，主人揖客，十又兼三。更任诗沈笔，逸兴方酣。争说西溪胜溉，宜晴日、斗酒双柑。待游遍，烟霞洞壑，觞咏不为贪。

陈维崧《林天友别驾招饮同云臣赋赠》曰：

荔浦楼台，榕城甲第，相门群羡贤甥。诗篇宦迹，双斗早梅清。几度桃花浪暖，贤劳最、转饷神京。才归也，楚天在望，又听夜猿鸣。　山城，父老说，孝侯一去，蛟虎纵横。忆使君前事，千载齐名。昨夜张筵召我，行春暇、绿酒红笙。刚过雨，新莺语滑，唤起月盈盈。

两首词内容风格都不同，陈维崧这首词是对林鼎复的夸赞溢美之词，林鼎复则表达与他们饮酒畅谈的愿望，应是与词人接触不久，尚未深交。史惟圆，字云臣，号蝶庵，又号荆水钓客，宜兴人。阳羡派重要词人，蒋景祁《瑶华集》选其词多至四十五首，仅次于陈维崧与朱彝尊，可见其当时在词坛的地位与影响。曹贞吉《摸鱼儿·寄赠史云臣》将其与南宋词人蒋捷并提，称其能“平分髯客（陈维崧）旗鼓”。林鼎复，字道极，一字天友，福建长乐人，顺治年间辟为常州府通判，任职常州期间常与陈维崧、史惟圆等阳羡词人唱酬，曾在平远堂、兴福庵、虎丘等地招集。陈维崧还有《满庭芳·丁巳元夕后三日谒别驾林天友于长洲官署赋赠》《水调歌头·平远堂雨中即事》等记载他们的交游。后陈维崧另有一首《满庭芳》（花朝后一日，林天友邀同云臣为南岳之游词以纪事），当是再次花朝游赏所作：

翠榜敧烟，红船委浪，水帘低卷晴晖。晓山欲笑，迎我在春矶。歇马谁家园子，游丝静、懒上人衣。凭栏望，楼台易主，金粉未全非。　　霏微，小雨过，花笼寺阁，瀑溅僧扉。正使君爱士，野客忘机。斜日仍摇画艇，纱窗掩、玉碗频挥。城头望，半溪灯火，争认醉翁归。

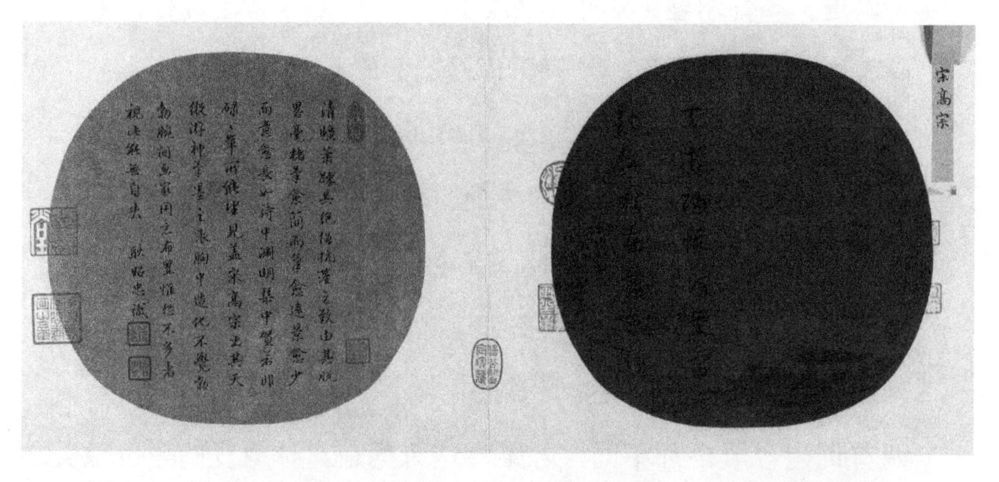

图 31　佚名《天末归帆图》，故宫博物院藏。旧题宋高宗作。

第四章　花朝节与文学

在文学创作中，花朝节有着特殊的意义。首先花朝节作为固定日期被用于记时间，文下常属“花朝日作”；或与前后相近的节令并用，形成对应。宋以后很多文人会用“花朝节”记写作时间，其中大部分作品内容与节日无关，仅仅是时间标志。例如方回作《沧浪会稽十咏序》，最后属“甲午花朝方回序”；赵孟頫《摹张僧繇翠嶂瑶林图跋》书“延祐二年（1315）花朝日，子昂记”；杨维桢《题张外史书杂诗》记“至正二十有一年（1361）花朝日，抱遗叟杨维桢在清真之竹洲馆书”；吕师顺《武当福地总真集跋》后记“德至辛丑花朝节，奉训大夫、前佥淮西江北道肃政廉访司事古寿吕师顺谨跋”。

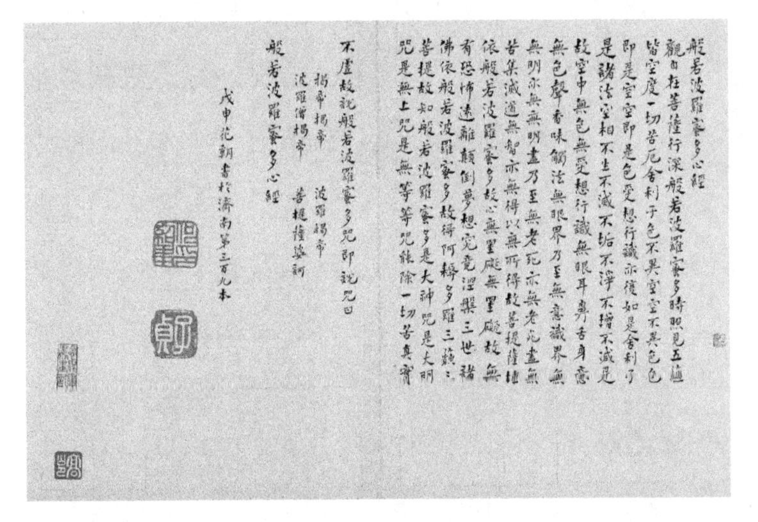

图 32　何绍基《般若波罗蜜多心经》，戊申年（1848）花朝书于济南。

还常有诗句将花朝节与其他节日、时间词并连，形成对应。如杂剧《赵氏孤儿记》第十一出“闺帏叙乐”出现过“富贵日日如元夕，奢华夜夜似花朝”这样的对白，元夕、花朝对应。王逢《宫中行乐词六首》其一云“谷雨亲蚕近，花朝拾翠莲”，谷雨、花朝同时作为节令时间连用，且形成对仗。宋褧《点绛唇·沔阳道中》中“阴遇元宵，晴望花朝转”是元宵与花朝连用。谢应芳《田家谣》首句“花朝一雨连寒食”又是花朝与寒食并称。张翥《摸鱼儿·临川春游连日病酒赋此止之》：“过花朝，淡烟疏雨。东风还，又春社。”花朝与春社对应。樊思道《重修龙王庙记》文中有“……增广一新，经营于花朝之前，落成于蕤宾之后……”，意为重修工作在花朝二月开始，五月结束，表示一个时间过程。以花朝日作为记载时间，意味着花朝节已经成为被普遍接受的一个节日。

图33 ［清］华岩《玉山雅集图》，台北故宫博物院藏。

其次，花朝节的游赏、宴饮等活动往往伴随着文学创作，诗词文曲都有反映。自江总《侍宴诗》，花朝一词就与诗文结缘，宋代以来描写花朝节的文学作品不断增多。经笔者不完全检索，“花朝”词条（意指花朝节）在宋代诗词里还只有十多条，元代也只有二十条左右，明代却有了上百条，清代花朝节走向衰落，花朝节文学作品却有增无减。历代还都留下了不同数量的《花朝劝农文》。作于花朝节、与节日相关而不见花朝字样的则更多。明清文人雅集也常在花朝节，自然写作了不少的唱和之作。元代著名的玉山雅集的第一次活动原本也定于花朝节，顾瑛于二月十二日买船，欲邀杨维祯、张漫、于立诸人游虎丘，但因天气骤变，未果此行。顾瑛《游虎丘未果和杨铁崖韵》附录杨维祯诗题对此有记载曰："至正八年二月十二日，玉山人买百花船，泊山塘桥下。呼琼花、翠屏二姬招余与张退叔厚、于立彦成游虎丘。俄而雪截交作，未果此行。先以此诗写寄，就要诸公各和。"在戏曲、小说中，花朝节是男女相识相会的节日之一，花朝劝农还是人物行动、剧情推演、情节发展的关键一环，花神庙还可以是故事发生的地点与环境。明清中有不少于40种小说涉及花朝节，《红楼梦》中黛玉的生日就是花朝节当日，之后还有张恨水《金粉世家》中的冷清秋生辰也在花朝节，古典小说中也唯有这两位女子适宜出生在这个节日了。《花月痕》卷一、卷四、卷九、卷十都有花神庙的场景，《侠义传》第四十四回的故事也发生在花神庙中。

第一节　花朝节与诗文

花朝节与文学之间关系密切，花朝文学伴随着节日兴起，几乎同时出现，在花朝节式微之后仍有大量诗词，民国时期乃至今天都有文人为花朝节创作。花朝文学兴盛的原因主要有两点：一是节日本身的特殊性。花朝节时间在农历二月，正月有除夕元宵，三月有寒食清明上巳，唯二月没有大型节日，唐德宗为此设中和节，民间有二月二、社日等，但都是农业性质的节日，于文人创作兴味不大。花朝节从产生之初就是为了踏春游赏，又在节日偏少的二月，为士人提供了一个抒怀的时机。花朝节又是在百花盛开的仲春，良辰美景始终是诗歌的一大主题，或歌咏或伤怀，总之容易引起文人的创作欲望。二是唐宋以来节序诗词的发展。时令节序的变化会引起人们内心情感的波澜，诗词作为抒情的产物而大量出现。南宋范成大感慨说"但逢节序添诗轴"（《满江红·冬至》），也道出了节序对诗的催发作用。毋庸置疑，日常生活中的时令节序对于诗词创作有着密切的关系和特殊的意义，在这种大背景下花朝节日文学也繁盛起来，宋以后相关作品日益增加。

一、花朝节序诗词

（一）花朝诗词内容

作为节序文学之一的花朝节诗词，其创作的内容主要是描摹节日、伤春怀吊、抒发情感，还有少量的农事诗。

花朝节时值春日，民俗众多，故历代诗人多有对节日景况的描摹诗句，如描写节日民俗的有："花朝此夜晴明好，何虑连绵夜雨倾。"南宋易士达《花朝燃灯》："莺花世界春方半，灯火楼台月正圆。"明杨孟载《山花子·花朝》："鸾股先寻斗草钗，凤头新绣踏青鞋，衣裳宫样不须裁。"描写节日景观的有：宋吕渭老《望海潮》："新燕又双，兰心渐吐，嘉期趁取花朝。"南宋钱时《二月望游齐山呈仓使》："春到花朝花未多，小梅才作玉婆娑。"宋刘公子《虞美人》："才先四日花朝节，红紫争罗列。"宋末元初方回《二月十五晚吴江二亲携酒》："喜晴郊外多游女，归暮溪边尽醉人。鲜笋紫泥开玉版，嘉鱼碧柳贯金鳞。"

花朝节若春光明媚，自是佳节。然天公往往不作美，常常飘雨甚至下雪，花朝节的诗词就有了很多伤感之作。南宋王之道《和刘与可》："压花朝雨重，酾酒夜泉鸣。"南宋洪咨夔《对门》："一帘霏雨暗花

图 34 ［明］周臣《春山游骑图》，故宫博物院藏。

朝，焙药炉边拥破貂。”元舒頔《花朝雨》：“细细花朝雨，问花何日开。寻芳幽径去，拾翠曲堤回。屐齿沾香草，篱根卧落梅。因思去年事，愁苦遁山限。”宋末元初俞德邻《怀林绍先三首》其三：“羁怀不自憀，明日又花朝。我畏杖藜远，君难折简招。愁长怜发短，室尔叹人遥。剪尽西窗烛，凭谁慰寂寥。”

时令节序的变迁，节日的轮回，节物的改易，不能不引起人们对自我人生的反思和感慨。宋末元初杨公远《花朝》：“花朝恰了一分春，雨雪阴霾占两旬。物态未妍寒瑟缩，人生易老事因循。洗瓷杯酌浮蛆酒，拥地炉烧带叶薪。翻忆昔年成感慨，长官出郭劭耕民。”南宋葛起耕《春怀》：“过了花朝日渐迟，相将又是禁烟时。寒留柳叶凄迷处，春在梨花寂寞枝。牛角横书孤壮志，鹿门采药误幽期。自怜白发成何事，说与啼莺未必知。”南宋陈著《二月十五日酴醿洞醉中》：“百年此乐能几日，今日何日是花朝。”南宋周密《花朝溪上有感昔游》：“探芳走马人虽老，岁岁东风二月情。”

花朝节虽是娱乐的好时机，依然有一些关心农事的士人，不忘花朝劝农的民俗。如明管讷《吴农四时歌》之一：“家有田庐泖水东，门前九朵翠芙蓉。邻翁报我田官至，明日花朝后劝农。”清赵希璜《花朝日劝农》：“二月十五春风和，百花竞放同绮罗。轻骑出城劝农事，欣看牛背披烟簑……”

（二）花朝闺情文学

花朝节既是花的节日，也就成了古代女子的节日之一，这天她们可以彩幡护花、拜花神。才女们触景生情，留下了闺阁中写下的诗篇，《晚晴簃诗汇》收录了清代几位女性诗人所作的花朝诗，如陈长生《花朝曲》、周之瑛《花朝雨》、李瑛《花朝早书毕以余沈作墨花一枝》、锁瑞芝《花朝口占》等。

去岁花朝花已落，十丈残红飘绣幕。今岁花朝花未开，春风不到蛾原来。蛾原已作经年住，欲觅春花无觅处。空余芳草绿萋萋，愁说王孙从此去。王孙欲归归得无，孤灯深夜听啼鸟。此时却忆故园柳，绿到门前第几株。遥知柳绿无人折，都为年年不知别。今朝洒酒酬花神，定祝春花堆似雪。春花似雪不归家，却看他乡雪作花。莫怪花神无赖甚，不移春色到天涯。

——陈长生《花朝曲》

微风细雨酿春朝，红杏枝头渐放娇。不惜苔痕黏绣履，金铃亲自繋花梢。

——周之瑛《花朝雨》

风风雨雨到花朝，沉水香清毕绮寮。仿得兰亭墨华润，更将芳意写生绡。

——李瑛《花朝早书毕以余沉作墨花一枝》

晓日迟迟露未收，红绡翦采祝添筹。二分春色催新句，一片花魂寄远愁。画扇烟凝杨柳岸，琼箫声暖木兰舟。妆成小坐帘初卷，乳燕翩跹傍玉楼。

——锁瑞芝《花朝口占》

同是闺阁中词，感情基调却大不同。陈长生曲悲情，其余三首则明媚许多，表现出花朝节闺阁女子的不同生活与情怀。

除了闺中女子的诗作，花朝节闺情诗词还有一类是由男性诗人所作，献给自己的爱人，如董元恺《苍梧词》卷四有《蝶恋花·花朝和内》，可见花朝日董夫人曾作《蝶恋花》，董元恺和之。原词不存，和词如下：

屈指春光将过半，又是花朝，花信春莺唤。情绪繁花花影乱，护花花下将花看。　拈花笑倩如花伴，细读花间，花也应肠断。花落花开花事换，编成花史山妻管。

图 35　[清] 陈枚《庭院观花》，绘于乾隆三年，故宫博物院藏。选自《月曼清游图》册，描绘的是宫廷嫔妃们一年 12 个月的深宫生活。

这首词用了多个“花”字，王阮亭对此评价颇高，曰：“望望春春，昔人便谓绝唱。似此一花事屡唼珠联丝贯，恨不使于鳞见之。”再如嘉庆七年 (1802)，孙原湘第三次参加会试，北行途中正值花朝，感今念昔，写下《花朝寄内》：

剪彩风光忆去年，绿窗红袖擘蛮笺。天含细雨春如梦，人对梅花淡欲仙。铃索自摇心荡漾，炉烟不断意缠绵。销魂禁得思量著，况在天涯更惘然。

想想去年与妻子席佩兰共度佳节的欢快场景不禁神伤。于敏中《花朝舟中寄内》也是旅途中的寄内诗，诗云："青山曲曲水迢迢，红白山花拥画桡。寄语归潮将信去，富春江外过花朝。""梁燕双栖二月中，小桃庭院又东风。凭栏忆到春山外，可系花间一道红。"这些和内、寄内诗，除了显示闺阁内欢度花朝节的景象，还让后人看到了夫妻唱和情谊之深。

二、应用文

花朝节与农业关系密切，农家以花朝日的天气卜收成。吴谚"有利无利，但看三个十二"。三个十二是："正月十二晴，官运亨通，二月十二晴，花果丰登，三月十二晴，生意兴隆。"《陶朱公书》曰："（花朝节）无雨百花熟。"或许对于文人骚客而言，花朝遇雨只是扫了他们的兴致，而对农家而言则是整个年成不好的预兆，因此农家关注花朝节，官家重农，官吏也就在此日下乡劝农。舒頔己亥岁（元顺帝至正十九年）作《绩溪县劝农文》：

> 夫农者衣食之本，王政系焉。非农则衣食缺，非政则教化衰，二者不可偏废。故郡有守而县有令，职以农事，所系不为不重。方今青阳布令，万物发生，雨旸以时，花朝之日，令出郭，载酒肉为尔农劝者，重农事也。邑父老为我呼诸农而告之："近年以来，南北变乱，兵革不息，田畴荒芜，民多饥馁，非政不行，时势然也。今将祸息乱定，竢于清宁，或逃窜山林者率皆归来，或荒废田畴者悉皆开垦，毋无以乏牛而堕耕作，无以充军而起妄想，勿作祸恶，勿欺善良，勿酗酒作盗，勿纵欲不孝，有一于此，官有常刑！暇日教子弟习诗书，俾知礼义，艺桑麻供衣服，以遂生理，岁时鸡豚共乐田野。此皆尔农之美事，亦县令之所乐闻也。"言未既，诸

父老进酒而谢曰：“咸愿听教劝，无敢怠！”

图36　湖南省文物《劝农碑》，曹隽平摄。图片取自雅昌博客。

舒頔现存4篇劝农文，另三篇分别为丁酉年（至正十七年）、癸卯岁（至正二十三年）、癸丑年（洪武六年）作，其中丁酉、癸卯两篇只有残文，丁酉《劝农文》前半首云：“四民之中，农居其一。夫农者衣食之本，生殖系焉。苟不务农则饥寒生，饥寒生则盗贼作，此理之必然。农可忽乎？故每岁仲春之月，邑长率父老僚吏出郭，具酒撰，为尔农劝者，重农事也。”癸卯《劝农文》起手云：“仲春之月，花朝之辰，邑令率父老僚吏……”从这几篇劝农文可以看出，花朝节下乡劝农已经形成惯例，官吏要向乡民宣读劝农之文，鼓励农民勤勉于农事，还准备酒食，与民同乐。舒頔是绩溪人，曾任贵池教谕、台州学正，遭逢乱世，奉亲隐居。这几篇文章是他代绩溪县令作的，表明的是下层官员及乡绅父老的态度，而接近同时期诗人谢应芳在《田家谣》中反映的则是另一番景象：

花朝一雨连寒食，水没吴田深三尺。田家壁立杼轴宜，逃亡半作港中瘠。农官令下星火飞，劝农膢车农苦饥。产灶之鼍断烟续，藜苋煮来青叶肥。商羊舞如独脚鬼，天瓢倒倾濩未已。水车恨不化渴龙，一口吸尽西畴水。我谓尔农毋怨天，尧田水溢亦九年。但有人能极饥溺，即令四海无颠连。请君试听腊车鼓，冬冬声中含疾苦。天门九重路修阻，此声何由彻明主。

花朝雨下了半个多月，淹没农田，无法春耕，农官劝农却不解决农民饥饿的现状，此诗反映了劝农只不过是一种例行公事，并不是真的关心农事及百姓疾苦。

还有一些请宴类的应用文，如刘辰翁有《花朝请人启》及《答赴启》[①]各一则：

亲朋落落，慨今雨之不来；节序匆匆，抚良辰而孤往。辄修小酌，敬屈大贤。因知治具之荒凉，所愿专车之焜燿。春光九十，又看二月之平分；人生几何，莫惜千金之一笑。引领以俟，原心是祈。

——《花朝请人启》

燕语春光，半老东风之景；蚁浮腊味，特开北海之尊。纪乐事于花前，置陈人于席上。相从痛饮，但惭口腹之累人；不醉无归，幸勿形骸而索我。

——《答赴启》

陈继儒《捷用云笺》卷四也有《花朝请》及《答》的文两则：

风和景媚，红紫竞芳。九十春光，今朝已半。敬遣童汲新泉煮春茗，邀君寻花开草，乐此良辰。

——《花朝请》

花神献巧，春色可人。愧我寂寞，惭负良辰。荷君宠召，抠衣以趋。笑插名花，醉眠芳草，庶不令花神鼓掌也。

① ［宋］刘辰翁《须溪集》卷七。

——《答》[1]

两篇《请》、《答》内容大同小异，《请》文的意思是值此花朝良辰，邀请友朋相聚，及时行乐。《答》文则是感激主人相招，一定赴约，不负良辰。

第二节　花朝节与戏曲

元明戏曲中经常以花朝节作为故事发生的时间背景，从而衍生出一段才子佳人的美好爱恋；或是以劝农为主题，讲述一段民间疾苦的悲情故事；再或以劝农为借口离家，由他人代替出面做一些事情，从而推动情节发展。

花朝节在戏曲中是才子佳人结合的吉日，汤显祖《紫钗记》、孙柚《琴心记》等都以花朝日成亲。《紫钗记》唐代陇西士子李益（十郎）赴长安应试期间，在元宵夜长安灯市拾得霍小玉遗下的紫玉燕钗，并以钗定情。他得友人崔允明鼓励，直访霍小玉求亲，当晚成其好事。第九出，李益托媒婆鲍四娘向霍小玉求亲，霍小玉应允后，鲍四娘对李益说："十郎，花朝日好成亲。"第十出中李益也向友人崔允明说道："花朝之夕已注佳期。"《琴心记》中第二十九出《花朝举觞》，卓王孙为女儿卓文君与司马相如另造一院，也要"趁此花朝吉日，特备喜筵，送女归院"，花朝节又家有喜事，难怪上场就唱"不妨绿酒醉花朝，人共青山老"。民间节俗以花朝日为婚嫁吉日，戏曲中也选择在这天玉成好事。

花朝节也是戏曲中生旦相会见面的佳期。如叶宪祖《鸾鎞记》演

① ［明］陈继儒《花朝请》《答》，《四库未收书辑刊》第3辑第30册，第503页。

绎唐代诗人杜羔与赵文姝、温庭筠与鱼玄机（鱼蕙兰）喜结良缘事。先是十五出《品诗》小旦鱼玄机在太和公主花朝日邀赏牡丹之时，赋诗一律，公主大为称赏，才貌双全，因此名播京师。乞诗送诗的倾慕者络绎不绝，温庭筠也通过侍女绿翘投诗表意。鱼玄机也倾心飞卿诗才，赠以碧玉鸾鎞一支。第十八出《喜谐》，温庭筠求助鱼玄机侍女要见一见鱼玄机，侍女说："二月花朝，太和公主每年接至园亭赏玩牡丹。去时人众不好相见，傍晚回来，你到宾贤坊口相候，可图一面。"第二十一出《途逅》二人在花朝日相见，后在杜羔和赵文姝的帮助下终成眷侣。《鸾鎞记》中鸾鎞虽是两对姻缘的信物，花朝节才是温、鱼相识相恋的"媒人"，鱼玄机因花朝节作诗而声名鹊起，温、鱼也因花朝节才得以相见，花朝节对二人情感故事的发展起着至关重要的作用。

再有梅鼎祚《玉合计》，演绎才子韩翃与名姬柳氏的爱情故事。1576年梅鼎祚与汤显祖在宣城开元寺结识，便契若金兰，成了莫逆之交。梅鼎祚谢绝入仕，汤显祖也十分厌恶官场生活，曾挂官归隐，埋头著述，志向相投。梅氏的代表剧作《玉合记》一经问世，汤显祖随即写了《玉合记题词》为之张扬，晚年在《寄梅禹金》中，还写道："每念少壮交情，常在吾兄。"《玉合记》第二出，韩君平到长安求取功名，流寓京师，与李王孙相交，二月中旬韩君平与小生李王孙相约花朝节郊游。花朝日韩君平在郊外邂逅出游的李王孙蓄妓柳氏，二人一见钟情，互相爱慕。李遂将万贯家资与柳氏悉赠韩翃，自己前往华山学道。韩应试中探花，因安禄山反，别柳氏赴侯希夷节度使处任参军。番将沙吒利恃平反有功强抢柳氏，柳拒不从。郭子仪军收两京，韩翊还长安寻柳不遇。青州勇将许俊许虞侯感韩柳诚挚之爱，纵马抢回柳氏，遂使韩柳夫妻团圆。这里梅鼎祚将花朝节游赏作为韩柳相见的契机，成就一段爱情佳话。

图 37 《新唱“紫钗记”》剧照，广东音乐曲艺团演出。云彩摄，图片取自红船粤剧网络。

郑若庸《玉玦记》讲述的是南宋户部侍郎王粉之子王商与两名女子的感情经历。王商赴京应试，妻子秦庆娘在饯别时赠以玉玦。不料王商落第，羞于回归故里，在临安结识了青楼女子李娟奴，在癸灵神庙约为婚姻。后王商为娟奴母李翠翠所骗，两人分离。当时张安国叛投金邦，大掠山东，庆娘被掳获。王商得吕公资助应试，状元及第。庆娘待夫无望，决意自尽，癸灵庙神救她还魂。李翠翠毒死富豪昝喜，被告到官，任京兆府尹的王商审理此案，将她处斩。王商奉旨勘问俘囚妇女，见到庆娘，因玉玦得以夫妇团圆。《玉玦记》作者郑若庸，字仲伯，号虚舟，昆山玉山镇人。《玉玦记》文辞典雅，骈俪华美，吕天成在《曲晶》中说：“《玉玦》典雅工丽，可咏可歌，开后人骈绮之派。”在第二出中秦氏在花朝日劝丈夫王商入京赴试，却开始了生离死别；第十六出王商与李娟奴的婚期也被称为“花朝”，（净唱）“蜂媒曾订，恨花朝屡作变更”，上文说过民间以花朝为婚嫁吉日，这里就用花朝代指王李的婚期，却也是王商被骗的时间了。郑若庸一反常规，不以花朝为良辰美景，或者说只是表面上的良辰美景，实际上前后两个花朝分别开启了王商两段悲惨的感情经历。

图 38 ［民国］《竹坞听琴》挂屏，图片取自网络。此组挂屏采用浮雕技法，画面中苍松翠柏挺拔；道姑拂尘引路；书生风流儒雅，雕工精致流畅，人物生动传神。

元石子章《秦修然竹坞听琴》和赵氏孤儿题材等杂剧中，花朝劝农对推动故事情节发展有重要的作用。《竹坞听琴》秦修然在郑州尹梁公弼处攻读，踏青晚归，欲投宿竹坞，偶闻彩鸾弹琴。二人互通姓名，各自叙述经历，知为未婚夫妇，于是暗中往来。梁公弼担心秦修然因此耽误学业，就借口下乡劝农离开家，而让家中嬷嬷谎称道观有女鬼迷惑少年男子，秦修然惊慌不已，匆忙赴京赶考。在赵氏孤儿题材的杂剧中，赵盾下乡劝农时救了一个桑树下垂死的饿夫，此人即后来拼死保护赵盾的勇士。花朝劝农为故事情节的发展埋下了伏笔，并且在赵盾遇难时才点明勇士的身份就是当年赵盾所救，可谓匠心独运。

花朝节作为一个特殊的节日，成为戏曲情节发展的时间节点，自是良辰美景，便该有佳人来会，大多也像这个节日一样，开启一段美好的故事。

第三节　花朝节与小说

话本小说中冯梦龙《醒世恒言》第四卷中的《灌园叟晚逢仙女》、凌濛初《二刻拍案惊奇》卷十七《同窗友认假作真》，古典小说中曹雪芹的《红楼梦》，近代张恨水的《金粉世家》中都涉及花朝节，尤以后两本小说为最，花朝节的时间背景，对于主人公的塑造具有非同一般的价值意义。

《同窗友认假作真》故事写道：二月花朝日，孟沂要归省父母。步行回去的路上，幽僻处望见桃花盛开，还有一个美人掩映花下。此后半年，孟沂与美人赏花玩月，酌酒吟诗，曲尽人间之乐。这里也是将花朝节作为男女主人公相见的时间背景，与上文戏曲中情形相同。《灌园叟晚逢仙女》则是写花神形象，花神是明清时期的花朝节最为重要的节日内涵，建花神庙、祭祀花神是后期主要的节日活动之一。

曹雪芹在《红楼梦》中将林黛玉的生日定在二月十二，吴地以二月十二为花朝节，是花神生日，也就是说曹公以林黛玉为百花之神。

曾杨华在《末世悲歌红楼梦》中也认为："曹雪芹特意安排这一天为林黛玉的生日，就隐喻着黛玉为百花之神的意思。"中国传统节日经过长期的积淀，已经成为意蕴丰富的人文符号。当这些符号被中国古典通俗小说家娴熟地运用在小说人物的生日中时，就使人物形象变得更加丰满，有利于揭示人物的性格特征，表达作者对人物的情感倾向。把人物的生日安排在某些特定的节日，有时可以含蓄暗示其性格特征，表达作者对人物的褒贬爱憎态度。林黛玉、花袭人生日都在二月十二日。黛玉在作者的笔下，是袅娜风流、忧伤流泪的花神，因为花朝节诞生的她是为还情债而来；她的任性率直、真挚缱绻、多心多窍、行动爱恼、忧伤喜乐，几乎无一不是与情相关。故作者不写她过生日时百花盛开的烂漫，只写落花时她的哀愁、她对落花的怜悯、把自身身世命运以花作比的悲叹。作者还用生日衬托黛玉心境，《清嘉录》中关于苏州花朝节习俗的记载也可以看做黛玉生日氛围的参照："二月十二日为百花生日。虎丘花神庙击牲献乐以祝仙诞，谓之'花朝'。"相比身在故乡生日时的热闹非常，独居异乡寄人篱下的黛玉连生日都会被最精明最有心的探春忘记，她心中的失落与悲切一定是有的。全书既没有直接描写过黛玉的生日，"花朝节"这三个字也在全文中完全被隐去，并且也没有任何的作诗活动，作者应是为了烘托黛玉寄人篱下的落寞，让她对"花谢花飞飞满天，红消香断有谁怜"有着更感同身受的体验。花袭人本名珍珠，但宝玉因知他本姓花，又曾见旧人诗句上有"花气袭人"之句，遂回明贾母，更名袭人。袭人，一般我们认为是"宝钗"的影子，另一个与黛玉性格相反的"百花之神"，温柔和顺，明媚灿烂，令人心神俱悦。作者恋花、惜花的情怀便这样一分为二，一明一暗，寄托在了林黛玉和宝钗的影子袭人身上。曹公将宝钗的生日放在正月

图 39　当代画家刘旦宅《黛玉葬花》。

二十一，这一天是古时的“穿天节”，与宝玉“补天”之说对应，遂将袭人与黛玉同辰，代表了花朝节的两种情怀。《鸡肋编》中记载：“襄阳正月二十一日，谓之穿天节，云交甫解佩之日。”[①]有关郑交甫解佩的传说见于《文选》李善对郭璞《江赋》“感交甫之丧珮”一句的注引：“《韩诗内传》曰：‘郑交甫遵彼汉皋，台下遇二女，与言曰：愿请子之佩。二女与交甫，交甫受而怀之，超然而去。十步循探之，即亡矣。回顾二女，亦即亡矣。’”宝钗的花名签是牡丹，牡丹向来被看作“花中之王”，刘禹锡有“唯有牡丹真国色，花开时节动京城”。黛玉的花名签是芙蓉，签上注“牡丹陪饮一杯”，可见二人地位相当。曹公分别将薛、林比作“花王”“花神”，艳冠群芳，统领大观园群钗。

薛、林分别出生在正月和二月，十二月令花有不同的说法，但多以梅花为正月月令花，杏花为二月月令花。花神的说法更是繁多，一月梅花神有寿阳公主、北宋文人林逋、柳梦梅、唐玄宗的妃子江采苹等，寿阳公主、柳梦梅都与梅花有故事，林逋、江采苹却能体现梅花品格，林逋终生无官、无妻、无子，隐居西湖孤山，植梅为妻，畜鹤为子。他的“疏影横斜水清浅，暗香浮动月黄昏”诗句，被赞为写梅的神来之笔。梅花被誉为“国魂”和“花魁”，把它视为高洁的象征。宝钗素净自清的风格在文中多有表现，小说第22回，宝钗就曾以一首《更香谜》，引得贾政大为扫兴。所谓“焦首朝朝还暮暮，煎心日日复年年”，这些诗句是那样的悲凉露骨，竟与当时元宵佳节的气氛全然不合。果然，贾政读了宝钗此诗以后，也不禁大觉丧气，以为“此物还倒有限，只是小小之人作此词句，更觉不祥，皆非永远福寿之辈”。第40回，

① ［宋］庄绰《鸡肋编》卷上，第24页。

图 40　一、二月花神，图片取自网络。

在贾母携刘姥姥参观大观园的时候，宝钗蘅芜苑那“雪洞”一般朴素的室内布置，又引起了贾母的大为不满，以为是亲戚面前扫了她的面子。贾母对宝钗，一则曰“使不得”，二则曰“不象”，三则曰“忌讳”，四则曰“不要很离了格儿”，五则曰“我们这老婆子，越发该住马圈去了”。往往读者都以为梅花象征林黛玉的品格，殊不知钗黛都是清冷孤傲的，二人不仅是互补，更有诸多相同的内在。

杏花神一说是燧人氏，传说中发明钻木取火的人，他教人取杏之火煮食。《九州论》云：“燧人氏夏取枣杏之火。”一说为唐代杨贵妃，安史之乱时，唐玄宗不得已杀了杨贵妃，她的尸体悬挂在佛堂前的杏树上。平乱之后，玄宗派人取回尸骨移葬，却只见一片雪白的杏花迎风而舞，杨贵妃已在仙山上司职二月杏花的花神了。杏花，又名丹杏。树大花多，在仲春时节开放，《瓶史月表》称它为二月的花客卿，《花经》和《瓶史》把它列为四品六命。二月春近何畏寒，半褪冬皑半喜春，草长莺飞何处见，不若杏花闹春来。杏花虽美，可结出的果子极酸，杏仁更是苦涩。开头美好，而结局潦倒，杨贵妃如此，林黛玉更是如此。自小与宝玉耳鬓厮磨，在大观园度过了美好的几年时光，而他们的爱情结局却是那样酸楚苦涩，黛玉在生日之夜孤独地含恨而终，宝玉也在家破人亡后遁入空门。宝钗的结局亦是如此，与宝玉成婚却无夫妻恩爱，最终“金簪雪里埋”。

张恨水《金粉世家》中的冷清秋生日也在二月十二花朝节，人物性情都是那样清冷孤傲高洁，冷清秋最喜欢《红楼梦》，或许她一早就明白自己会和黛玉一样。

第四节　花朝节文学创作心理

一、踏春游赏的感受

花朝节在阳春二月，春意盎然，是踏春游玩的好时机，诗人们怀着喜悦的心情迎春、赏春，也用诗文记录下了这些美好的时刻，如清曾习经《花朝江亭宴集》曰：“兹晨始妍暖，条风递林梢。旷朗兀崇基，栖冲秘神皋。远瞩春稍稍，侧听鸣交交。招邀饮文字，酌略窥吏巢。”孙原湘《花朝小集》云：“天放新晴助古欢，帘波犹自滞余寒。红绡击树通身艳，绿酒倾尊到手干。”舒頔《花朝雨》：“细细花朝雨，问花何日开。寻芳幽径去，拾翠曲堤回。屐齿沾香草，篱根卧落梅。因思去年事，愁苦遁山隈。”花朝节本是游玩赏花的节日，却下起了细细小雨，引起作者的丝丝春愁。可纵使遇雨，作者还是要探春寻花，一番探寻，只有木屐上留有青草的香气，还有墙根已经凋落的梅花。至此诗人不禁想到去年今日的欢乐事，那探春不得的愁闷也消失在山山水水中了。明吴稼竳《花朝》："日气朝青池上波，交交啼鸟傍池多。三春花事终难负，二月风光半未过。"花事不负人，我自不负花，鸟

图 41　[宋]马远《春游赋诗图卷》（局部），美国纳尔逊·阿特金斯艺术博物馆藏。

语花香令人心怡。

花朝节的游赏有群体游宴也有独自游览。群体活动主要是聚会、游玩、宴饮，文人们与民众一起参加节日丰富的节俗活动，感受节日热闹的气氛。如方回《二月十五晚吴江二亲携酒》："今日山城好事新，客来夸说齿生津。喜晴郊外多游女，归暮溪边尽醉人。鲜笋紫泥开玉版，嘉鱼碧柳贯金鳞。一壶就请衰翁饮，亦与花朝报答春。"尽写节日的喜乐，诗人更是郊外游玩至晚方归，还要与亲友饮酒，如此才不辜负了花朝春色。在节日里，也有一些文人没有参加群体性宴饮游乐活动，而是自己一个人独自去领略节日的风景，此时，总会产生个体的孤独感以

及由此而来的绵绵愁绪。元吕彦贞《丙辰丁巳即事》:“莫怕春风似剪刀，花朝独自步平皋。明霞彩散红千叠，细雨溪添绿半篙。绕砌芳枝空烂漫，投林好鸟任喧嚣。东京扑蝶成佳话，想见名流兴睚豪。”中间两联的描写，也只有“二月春风似剪刀”,才能裁出这样的美景。最后一联“东京扑蝶”,《广群芳谱》曰：“东京以二月十二日曰花朝，为扑蝶会。”作者独自一人探春，想起历史上的东京扑蝶会，羡慕不已。

二、花朝节的生活形态

花朝节若是有喜事发生，就更增添了节日的喜悦氛围，如生辰或为他人祝寿，生辰恰逢花朝节似乎有特殊寓意。宋潘昉《寿士人》:“花朝清晓雨初收，瑞气祥风满玉楼。蓬矢重逢三八日，椿龄再祝一千秋。”刘辰翁《法驾导引・寿治中》:“棠阴日，棠阴日，清美近花朝。共喜治中持福笔，春当霄汉布宽条，兰蕙雪初消。　　和气满，和气满，生意到渔樵。清彻已倾螺子水，黑头宜著侍中貂，天马拟归朝。”元张伯淳《寿何右丞》:“结来桃实逾千岁，此去花朝恰两旬。”寿辰距花朝尚远，诗人依然要联系起来，可见花朝于生辰的意义非比寻常。

然而花朝节若有悲苦事，节日就蒙上了凄凉之感。如患病在身，不知春色。元张之翰《方虚谷见和花朝复用韵》:“忙里有诗聊信笔，病余无力更登楼。两高峰在栏干外，恨不携壶好处游。”元郭奎《开岁卧病》:“多病文园渴未消，自从人日遇花朝。不知杨柳将春色，绿到淮南第几桥。”因病不能游玩宴饮，实为大憾。顾瑛《云林席间怀铁笛简草堂》:“闲居尚肆浮云志，老病难趋卜夜筵。”刘诜《次友人花朝韵》:“此日晴暄自不多，窗明递隐有云过。山深听雨人犹卧，病里逢春意若何。四海交游无古道，百年风雨得狂歌。东林草木多生意，飞杏青青过薜萝。”花朝节，有雨，卧病，整个春天似乎都没了光彩。

幸好诗人豁达乐观，尚能从草木的盎然生机中得到安慰。或朋友别离，更添惆怅。范梈《赠郑元泽别》："燕城闭门百花节，郑郎骑驴索我别。"《花朝行》："春到花朝花满烟，烟花催发渡湖船。行人欲渡且回首，送客踏歌仍劝酒。酒酣似觉别离轻，醒却复牵足女情。儿女情怨春好好，

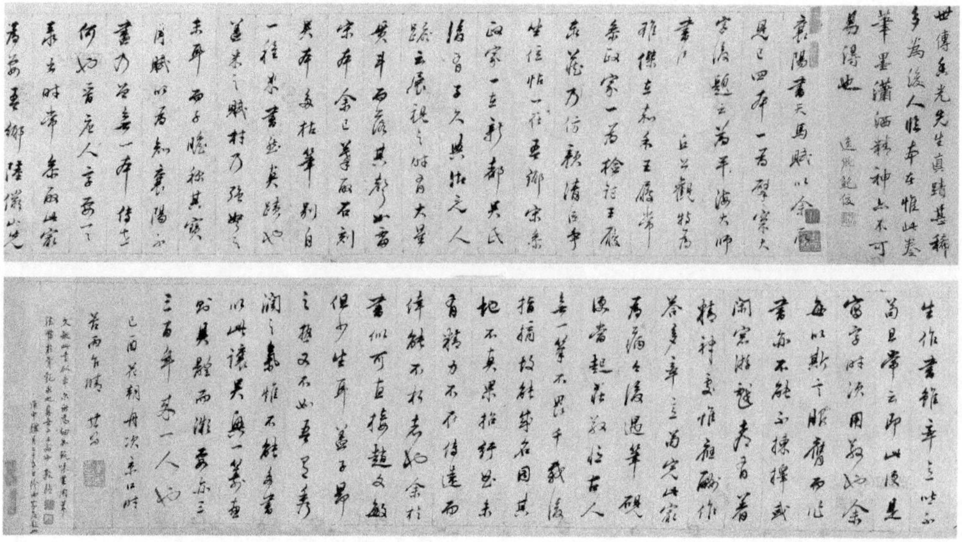

图 42 ［明］董其昌行书手卷，卷末落款："己酉花朝，舟次京口，时苦雨乍晴。"己酉年，为公元 1609 年。

岁岁春从客边老。"花朝日出门远行，别离之情让花朝增添了几分伤感。

三、节日里的感伤情怀

花朝节在仲春二月，然去冬不远，每年天气状况变化很大，有时春光明媚，有时寒风凛冽，有时雨雪霏霏，故明媚时有踏春之乐，阴雨时则怅然伤感。明范景文《赋得花朝遇雨》：

> 春阴偏是趁今朝，炉暖余寒尚自饶。花意如人初中酒，柳容似冻未舒条。踏青游屐方微湿，听雨吟魂却暗销。烟里空濛飞翠冷，总无红紫亦堪描。

在阴郁的天气刺激之下，诗人们节日中的心情如同天气一般阴沉。佳节非良辰，节日诗歌中常有表达积压已久的不如意、一吐心中块垒的作品。如明顾潜《花朝大雪记事一首》：

春及花朝未见花，皑皑积雪遍天涯。寒欺病骨羔裘薄，势托狂飚翠幔斜，卜瓦湖农难自慰，剪琼天女谩相夸。调元莫问岩廊事，且办青钱向酒家。

顾瑛《云林席间怀铁笛简草堂》所说“花朝无花也可怜”，本应众芳吐艳，莺歌燕舞，良辰美景，无奈大雪纷飞，花朝无花可赏、无春可赏，“繁华时节却萧条”不仅是当时天气的直观描写，更是作者心理的写照。张之翰《花朝雨中漫书》：“料峭余寒尚未收，客中怀抱又杭州。人生百岁五十过，春事三分一半休。落笔云烟生迭嶂，满帘风雨卷层楼。儿童问得湖船价，拟待新晴作醉游。”花朝日的雨雪总能引起诗人的感慨，花朝在仲春二月半，此时春色三分已过一半，无法在节日出门寻春，等到天晴，怕是春事不再。不能探春之憾，时光流逝、人生易老之无奈，充斥着阴霾的节日。

四、节日里的情感探索

时令节序诗词更重要的文学价值还体现在丰富的情感内容上，时令节序的变迁，让人们清醒地意识到了自身的存在，节日的轮回，节物的改易，不能不引起人们对自我人生的反思和感慨。如杨公远《花朝》诗云：“花朝恰了一分春，雨雪阴霾占两旬。物态未妍寒瑟缩，人生易老事因循。”葛起耕《春怀》：

过了花朝日渐迟，相将又是禁烟时。寒留柳叶凄迷处，春在梨花寂寞枝。

牛角横书孤壮志，鹿门采药误幽期。自怜白发成何事，说与啼莺未必知。

过了花朝日，不久就是寒食节了，天气依然寒冷，梨花还没开，枝头寂寞。作者想起自己已经白头却一事无成，还无法倾诉，啼莺未必能懂得自己的心思。时间一直在流逝，时不待我，节日的轮回，总能让人想起人生的不如意。不如意之人多，但不能一直沉寂在里面，反思之后还要有豁达的情怀，及时行乐方不负春光花事，如元梁寅《谢池春·花朝》：

薄寒山阁，当亭午、潇潇雨。鸟静桃花林，水坐兰苕渚。玉勒骢稀出，油壁车何处。欲簪花、簪不住。花红发白，应笑人憔悴。春过一半，东去水、难西驻。前半伤多病，后半休虚负。白醴匏尊满，紫笋山肴具。心无累，皆佳趣。自辞觞酌，劝客须当醉。

春已过半，人生也过半，人老了，“白头搔更短”，花都簪不住了，毋须被外物牵累，人生苦短，要及时行乐了。杨维桢《城西美人歌》曰“旧时美人已黄土，莫惜秉烛添红妆。”丙戌花朝后一日，杨维桢与客游长城灵山，酒酣作《城西美人歌》。美人易迟暮，以此自喻，表示要珍惜当下、及时行乐。

人生无常，韶华易逝，常有物是人非之恨，在花朝节怀吊更增其一倍哀。俞德邻《怀林绍先三首》其三：“羁怀不自憀，明日又花朝。我畏杖藜远，君难折简招。愁长怜发短，室尔叹人遥。剪尽西窗烛，凭谁慰寂寥。”朋友早逝，花朝节再也不能一起赏花饮酒了，也没有人能和自己西窗下秉烛夜谈，寂寞无人能慰藉。诗人对朋友的怀念在这个节日越发强烈。

综上，花朝节日文学创作中的文人心理大致有四类：一是踏春游赏的心理感受，春光明媚的喜悦，群体游宴的热闹，也有独自游览的寂寥。二是花朝节下的生活状态，寿辰的喜上加喜，患病、羁旅的凄凉。

图 43 ［宋］赵佶《文会图》，台北故宫博物院藏。

三是节日的感伤情怀，花朝无花或者遇雨雪天气，使节日增加阴沉的气氛，诗人伤春、伤节。四是文人们丰富的情感内容在节日当下的抒发，时光流逝、事物改易的感慨和及时行乐的豁达。

结 论

中国古代传统节日众多，几乎每月都有，仲春二月，古来唯有社日，但这是一个祭祀性质的节日，祈祷农事而已。然而节日发展到唐代，人们更青睐的是娱乐礼仪型的节日，真正的欢度佳节良辰。唐德宗贞元五年以前，二月附近的晦日是唐代的一个重要节日。唐德宗贞元四年（788年）九月诏说："今方隅无事、烝庶小康，其正月晦日、三月三日、九月九日三节日，宜任文武官僚选胜地追赏为乐。"（《旧唐书·德宗纪下》）把正月晦日作春游的节日提倡，德宗向官员赐钱，并"永为常式"。但到了贞元五年正月即废晦日，改立二月初一为中和节，二月方有重大的游乐节日。由于皇帝的推行，中和节在唐代盛极一时，到了宋代也是官方节假日之一，但是流行程度远不及唐代。周密在《武林旧事》中说："二月一日谓之中和节。唐人最重，今惟作假及进单罗御服、百官服、单罗公裳而已。"

取而代之，更为流行的是二月二日挑菜节。挑菜节在唐代民间已然流行，只不似中和节因皇帝设立而影响更大。唐李淖《秦中岁时记》说："二月二日，曲江采菜，士民游观极盛。"在唐人的诗中有很多吟咏挑菜节的，刘禹锡《淮阴行》之五说："无奈挑菜时，清淮春浪软。"说的就是江淮一带的挑菜节。郑谷《蜀中春雨》也说："和暖又逢挑菜日，寂寥未是探花人。"白居易《二月二日》诗："二月二日新雨晴，草芽菜甲一时生。青衫细马青年少，十字津头一字行。"没说挑菜，但菜在其中，描写的也是挑菜节的景象。迄宋，北宋贺铸《二月二日席上赋》诗即道："仲宣何遽向荆州，谢惠连须更少留。二日旧传挑菜节，一樽聊解负薪忧。"由此诗可知，到北宋时，二月二日已经是"旧传"的挑菜节了。张耒《二月二日挑菜节大雨不能出》："久将松芥芼南羹，佳节泥深人未行。想见故园蔬甲好，一畦春水辘轳声。"写出诗人对挑菜节的情深。及至南宋，挑菜节已经进入宫廷。《武林旧事》卷二载："二日，宫中排办挑菜御宴。先是内苑预备朱绿花斛，下以罗帛作小卷，书品目于上，系以红丝，上植生菜、荠花诸品。俟宴酬乐作，自中殿以次，各以金篦挑之。后妃、皇子、贵主、婕妤及都知等，皆有赏无罚。以次每斛十号，五红字为赏，五黑字为罚。上赏则成号真珠、玉杯、金器、北珠、篦环、珠翠、领抹，次亦铤银、酒器、冠鋜、翠花、段帛、龙涎、御扇、笔墨、官窑、定器之类。罚则舞唱、吟诗、念佛、饮冷水、吃生姜之类，用此以资戏笑。王宫贵邸亦多效之。"这个挑菜节已不是为了挑菜，而是借挑菜节进行的一次娱春活动。但不管怎样，宫廷内苑举行这样的活动，毕竟是对挑菜节的重视和提倡。民间也以二月二日踏青挑菜为乐，陆游《水龙吟·春日游摩诃池》词："挑菜初闲，禁烟将近，一城丝管。"史达祖《夜行船·正月十八日闻卖杏花有感》词："草色拖裙，烟光惹鬓，常记故园挑菜。"陈允平《相思引》："踏青挑菜又相将。"高观国《祝英台近》："几时挑菜踏青。"可见挑菜节颇为盛行。

然而，自元入明清，挑菜节与中和节都不再流行，《吴郡岁华纪丽》和《清嘉录》都没有记载，只是记载中的历史旧俗了。花朝节却在此时成为二月又一大流行的娱乐节日。二月二春耕节、龙抬头等节日，也是民间二月里的节日，更加贴近农事，岁时民俗中虽有记载，却少有文学作品的歌咏，在整个社会阶层中的影响不及花朝节。这一时期，花朝节不再是简单的游赏踏春，更是文人墨客赋予了感情的花之节，是百花生日日。建立花神庙祭祀花神等，成为花朝节的新内涵，由广义范畴的祈祷农事渐变为花卉业的行业神祭祀。花朝节日文学也不仅仅是游春之乐，还增添了劝农、节日里的各种情感等内容。在漫长的历史长河中，历代的文人雅士、诗人墨客，为一个个节日谱写了许多千古名篇，这些诗文脍炙人口，被广为传诵，使中国的传统节日渗透出深厚的文化底蕴，精彩浪漫，大俗中透着大雅，雅俗共赏。花朝节，也正是有了文人的自觉参与才能够得到发展、流传，由民间进入宫廷，得到官方的青睐，在众多的仲春节日中大放异彩。在清末花卉业衰落的环境中，祭祀花神等民俗活动也渐渐消失，花朝节文学却依赖着骚人墨客的创作一直被延续下来。

图44 ［清］郭岱《十二花神图》。

征引文献目录

说明：

一、图书类按书名汉语拼音字母顺序排列；

二、论文类按作者姓名汉语拼音字母顺序排列。

一、图书类

1. 《曹子建集》，[三国魏]曹植撰，《影印文渊阁四库全书》本。

2. 《戴复古诗集》，[宋]戴复古著、金芝山点校，杭州：浙江古籍出版社，2012年。

3. 《帝京岁时纪胜》，[清]潘容陛著，北京：北京古籍出版社，1981年。

4. 《铸鼎余闻》，[清]姚福均辑，台北：台湾学生书局有限公司，1989年。

5. 《东京梦华录注》，[宋]孟元老撰、邓之诚注，北京：中华书局，1982年。

6. 《浮生六记》，[清]沈复著、苗怀明编注，北京：中华书局，2010年。

7. 《古诗纪》，[明]冯惟讷编，《影印文渊阁四库全书》本。

8. 《广群芳谱》，[清]汪灏编，上海：上海书店，1985年。

9．《古今图书集成》，[清] 陈梦雷编，北京：中华书局，1985 年。

10．《汉族风俗史》，徐杰舜主编，上海：学林出版社，2004 年。

11．《花镜》，[清] 陈淏子辑，北京：中华书局，1956 年。

12．《花史左编》，[明] 王路，《续修四库全书》本。

13．《花与中国文化》，何小颜著，北京：人民出版社，1999 年。

14．《花与中国文化》，周武忠、陈筱燕著，北京：农业出版社，1999 年。

15．《花の民俗学》，[日本] 桜井満著，东京都：雄山阁，1974 年。

16．《淮南子》，[汉] 刘安编，《诸子集成》第七册，北京：中华书局，2006 年。

17．《鸡肋编》，[宋] 庄绰撰，郑州：大象出版社，2008 年。

18．《江湖小集》，[宋] 陈起辑，《影印文渊阁四库全书》本。

19．《江湖后集》，[宋] 陈起辑，《影印文渊阁四库全书》本。

20．《捷用云笺》，[明] 陈继儒辑，《四库未收书辑刊》第 3 辑第 30 册，北京：北京出版社，2000 年。

21．《锦绣万花谷》，[宋] 无名氏编，《影印文渊阁四库全书》本。

22．《荆楚岁时记》，[南朝梁] 宗懔撰，太原：山西人民出版社，1987 年。

23．《〈荆楚岁时记〉研究：兼论传统中国民众生活中的时间观念》，萧放著，北京：北京师范大学出版社，2000 年。

24．《旧唐书》，[后晋] 刘昫等撰，北京：中华书局，1975 年。

25．《旧五代史》，[宋] 薛居正等撰，北京：中华书局，1976 年。

26．《开元天宝遗事》，[五代] 王仁裕撰、曾贻芬点校，北京：中华书局，2006 年。

27. 《刻烛集》，［清］曹仁虎纂，《丛书集成初编》本，北京：中华书局，1985 年。

28. 《六十种曲》，［明］毛晋编，北京：中华书局，1958 年。

29. 《吕氏春秋》，［战国］吕不韦编，《诸子集成》第六册，北京：中华书局，2006 年。

30. 《梦粱录》，［南宋］吴自牧撰，济南：山东友谊出版社，2001 年。

31. 《明代岁时民俗文献研究》，张勃著，北京：商务印书馆，2011 年。

32. 《南越笔记》，［清］李调元辑，《丛书集成初编》本，北京：中华书局，1985 年。

33. 《清稗类钞》，［清］徐珂辑，北京：中华书局，2010 年。

34. 《清代笔记小说大观》，［清］褚人获辑撰、李梦生校点，上海：上海古籍出版社，2007 年。

35. 《清代诗文集汇编》，《清代诗文集汇编》编纂委员会编，上海：上海古籍出版社，2010 年。

36. 《清嘉录》，［清］顾禄撰，北京：中华书局，2008 年。

37. 《秋水庵花影集》，［明］施绍莘撰，《续修四库全书》第 1739 册，上海：上海古籍出版社，2002 年。

38. 《全宋词》，唐圭璋等主编，北京：中华书局，1999 年。

39. 《全宋诗》，傅璇琮等主编，北京大学古文献研究所编，北京：北京大学出版社，1991 年。

40. 《全唐诗》（增订本），中华书局编辑部点校，北京：中华书局，1999 年。

41. 《全元文》，李修生主编，南京：江苏古籍出版社，1999 年。

42. 《全元戏曲》，王季思主编，北京：人民文学出版社，1990 年。

43. 《全元曲》，徐征等主编，石家庄：河北教育出版社，1998 年。

44.《碓庵文稿》，[明] 陈瑚撰，《四库禁毁书丛刊》184 集，北京：北京出版社，1998 年。

45. 《日涉编》（影印清康熙刊本），[明] 陈阶编，台北：台湾商务印书馆 ,1973 年。

46. 《山堂肆考》，[明] 彭大翼撰，《影印文渊阁四库全书》本。

47. 《生殖崇拜文化论》，赵国平著，北京：中国社会科学出版社，1990 年版。

48. 《世界民俗学》，[美] 阿兰 · 邓迪斯编，上海：上海文艺出版社 1990 年。

49. 《石仓全集》，[明] 曹学佺著，日本内阁文库藏本。

50.《宋代民俗诗研究》，吴邦江著，南京：南京大学出版社，2010 年。

51. 《宋史》，[元] 脱脱等撰，北京：中华书局，1985 年。

52. 《邃怀堂全集》，[清] 袁翼撰，《清代诗文集汇编》第 564 册，上海：上海古籍出版社，2010 年。

53. 《岁时广记》，[宋] 陈元靓撰，《影印文渊阁四库全书》本。

54. 《唐五代笔记小说大观》，上海古籍出版社编，上海：上海古籍出版社，2000 年。

55. 《天中记》，[明] 陈耀文撰，《影印文渊阁四库全书》本。

56. 《藤阴杂记》，[清] 戴璐撰，上海：上海古籍出版社，1985 年。

57. 《桐桥倚棹录》，[清] 顾禄撰，北京：中华书局，2008 年。

58.《晚晴簃诗汇》，[民国] 徐世昌辑，《续修四库全书》本，上海：上海古籍出版社，2002 年。

59. 《文苑英华》，[北宋] 李昉等编，北京：中华书局，1966 年。

60. 《吴郡岁华纪丽》，［清］袁景澜撰，南京：江苏古籍出版社，1998年。

61. 《吴兴诗话》，［清］戴璐撰，《丛书集成续编》第155册，上海：上海书店，1994年。

62. 《武林旧事》，［宋］四水潜夫辑，杭州：西湖书社，1981年。

63. 《熙朝乐事》，［明］田汝成辑，上海：上海古籍出版社，1998年。

64. 《析津志辑佚》，［元］熊梦祥著，北京：北京古籍出版社，1983年。

65. 《新唐书》，［宋］欧阳修、宋祁等撰，北京：中华书局，1975年。

66. 《燕京岁时记》，［清］富察敦崇著，北京：北京古籍出版社，1981年。

67. 《御制诗集》，［清］爱新觉罗·弘历著，《影印文渊阁四库全书》本。

68. 《袁宏道集笺校》，［明］袁宏道著，钱伯城笺校，上海：上海古籍出版社，2008年。

69. 《月令粹编》，［清］秦嘉谟撰，台北：文广书局，1970年。

70. 《中国传统节日文化》，杨琳著，宗教文化出版社，2000年。

71. 《中国地方志集成》，《中国地方志集成》编辑委员会，南京：江苏古籍出版社，1991年。

72. 《中国地方志民俗资料汇编》，丁世良、赵放主编，北京：书目文献出版社，1991年。

73. 《中国风俗辞典》，叶大兵、乌丙安主编，上海：上海辞书出版社，1990年。

74. 《中国风俗史》，邓子琴著，成都：巴蜀书社，1988年。

75.《中国风俗文化学》，韩养民著，西安：陕西人民教育出版社，1998年。

76.《中国古代节日文化》，宋兆麟、李露露著，北京：文物出版社，1991年。

77.《中国历史时期气候变化研究》，满志敏著，济南：山东教育出版设，2009年。

78.《中国民间诸神》，宗力、刘群著，石家庄：河北人民出版社，1986年版。

79.《中国民俗史》，钟敬文主编，北京：人民出版社，2008年。

80.《中国民俗学研究》，中国民俗学会编，北京：中央民族大学出版社，1994年。

81.《中华全国风俗志》，胡朴安编，郑州：中州古籍出版社，1990年。

82.《中山传信录》，[清]徐葆光撰，《续修四库全书》本，上海：上海古籍出版社，2002年。

83.《钟敬文学术论著自选集》，钟敬文著，北京：首都师范大学出版社1994年。

二、论文类

（一）期刊论文类

1.蔡俊清《花朝节》，《园林》，2003年第3期。

2.陈庆元《曹学佺年表》，《福州大学学报》（社会科学版），2012年第5期。

3.陈庆元《日本内阁文库藏曹学佺〈石仓全集〉编年考证》，《文献》，2013年3月第2期。

4．陈裔欣《中国古代花朝节流变及节俗文化探微》，《名作欣赏》，2013年第36期。

5．葛磊《花朝节与花神庙》，《中州今古》，1999年第4期。

6．黄辉《中国传统节日的文化价值及现实意义》，《沙洲职业工学院学报》，2008年第2期。

7．李菁博、许兴、程炜《花神文化和花朝节传统的兴衰和保护》，《北京林业大学学报》（社会科学版），2012年9月第11卷第3期。

8．刘义满《闲话“花朝”》，《农业考古》，1995第3期。

9．马俊芬《节序映照的文人心绪》，《苏州大学学报》（哲学社会科学版），2010年9月第5期。

10．马智慧《花朝节历史变迁与民俗研究——以江浙地区为中心的考察》，《浙江学刊》，2015年第3期。

11．倪世俊《民间赏花习俗——花朝节》，《中国花卉园艺》，2002年第5期。

12．石云生、庄菁《〈红楼梦〉中的“饯花辰”之谜——“饯花辰”与江南“花朝节”》，《安徽文学》，2007年第1期。

13．周淑芳《节令词：诗人对理想人生的殷切期盼》，《船山学刊》，2003年第4期。

14．赵维江《唐宋词中的纪时体》，《中山大学学报》（社会科学版），2010年第2期。

15．张丑平《古代花朝节俗的农耕文化透视》，《艺术百家》，2012年第6期。

16．王尔龄《读〈红〉说花朝》，《文汇报》，2007—03—30。

17．王蕾《唐宋时期的花朝节》，《现代企业教育》，2006年第20期。

18．王政《论元明戏曲中的劝农母题》，《农业考古》，2011年第1期。

19．魏华仙《官方节日：唐宋节日文化的新特点》，《四川师范大学学报》（社会科学版），2009年第2期。

20．徐振保《二月十五花朝节》，《园林》，2001年第3期。

21．廖明君《植物崇拜与生殖崇拜》，《广西民族学院学报》（哲学社会科学版），1995年第2期。

22．竺可桢《中国近五千年来气候变迁的初步研究》，《考古学报》，1972年第1期。

（二）学位论文类

1．范迎春《唐代文人与花》，陕西师范大学硕士学位论文，2008年。

2．张丑平《上巳、寒食、清明节日民俗与文学研究》，南京师范大学博士学位论文，2006年。

3．张勃《唐代节日研究》，山东大学博士学位论文，2007年。

4．郑芷芸《中国花神信仰及其相关传说之研究》，台北大学硕士学位论文，2008年。

后　记

论文虽结，然诸多论证犹嫌不足，颇多缺憾，实感惭愧。西山馆前的花开而复谢，论文提交之时，亦是三年硕士生涯即将告终之日。

首先我要特别感谢我的导师程杰教授，学习上程师倾心指导，从论文选题到框架展开，程师给予了很多高屋建瓴的建议，具体写作过程中也及时予以指导。程师的督促与指导，使我顺利完成了论文的写作。其次，我要感谢一直以来所有的任课老师，他们的倾囊相授使我打下了坚实的专业课基础。唐宋方向的导师们，在开题时给予了很多宝贵的建议，对我的论文写作大有裨益。特别感谢刘嘉伟老师，相别三年、远在宝岛台湾仍不忘昔日师生之谊，拨冗为我搜集资料；还有李少武先生，寄来他的著作。感谢刘泽宇不辞劳苦，帮忙进行文字的校对。

忘不了仙林的山和水，舍不下随园的花和树，更不愿离开这所曾让我不断吸取新知、充实自己的学校。我在南京师范大学过了三年的“花朝节”，不知明年桃李再发时，这里的诗酒年华，能否“月夜乡园入梦频”。

终亦是始，且看西山馆前的花，春意阑珊花零之时，蝉鸣树茂的盛夏便将到来。我希望我的学业亦复如是。

凌　帆

2015 年 4 月 9 日

中国古代文学落花意象和题材研究

周正悦 著

目　录

绪　论

中国自古便有“观物取象”“立象以尽意”的传统。客观存在的自然物象，在文人墨客的主观视角下，被附着感性的色彩，因而古人“登山则情满于山，观海则意溢于海”。落花作为暮春时节最具代表性的物候现象，其所具有的凄婉悱恻、哀怨伤怀的美感特质契合了人们的伤时之怨、哀悼之情、漂泊之叹等情绪，从而成为文学创作中一种重要的文化符号，具有了特别的审美特征和内涵蕴藉。

“落花”意象自诗骚肇始，源远流长，吸引了无数文人踵事增华——五代梁萧子范首作《落花诗》，唐严恽《落花诗》得杜牧、王枢等多人相和，宋代宋庠、宋祁兄弟的《落花诗》被后世奉为圭臬，明沈周、唐寅、王夫之等人更是一题数十咏，创作了连篇累牍的《落花诗》……在漫长的创作发展中，落花意象所囊括的内涵不断丰富，由处于烘托地位的普通物象过渡到具有多重内涵的文化符号，最终成为一大重要创作主题，在中国古代文学不胜枚举的意象之中占据了极为重要的席地。对于落花意象及其题材作品的考察，应是中国古代文化意象研究中的重要一环，落花意象产生、发展、流变与特有的诗性美质应得到充分的关注。

然而，在古代诗学意象研究硕果累累的今时今日，对于落花意象及题材创作的深入挖掘与研究，依然相对稀缺薄弱。究其缘由大约两点，一方面，落花不同于传统典型意象如梅、竹、柳、月等具有明确的实物确指性，它分散在关于梅花、桃花、荷花、海棠等其他具体花卉的创作之中，宽泛难穷；另一方面，落花类意象的表述方式之多样、复杂乃至隐晦，也是其他具体物象的书写所难以比拟的，如“浓香吹尽有谁知”①“月晓风清欲堕时”②……这一类诗句，难以通过在意象研究中常用的关键词检索方法找寻，无形中给研究增加了难度。故而当前针对落花意象及题材的研究成果多将焦点集中在某一阶段、某一类体裁或某一作者的作品上，如河南大学李春燕硕士论文《宋词中的落花意象》、南昌大学黄晓丹硕士论文《明清落花诗研究》，以及赖婉琴论文《唐宋伤春词中的“落花”意象》、左芝兰论文《龚自珍笔下“落花”意象的新变》等，都对一定范围内的落花意象作了细致、深入的解析，具有很好的借鉴、参考价值。这类研究虽成果颇丰，却不免局限，具体文学意象的分布应是发展变化却又前后相接的，覆盖各类文学体裁却又同气连枝、同声相应的。落花意象在诗词、戏曲、小说、散文中都频繁地出现，且不乏杰作，那么，对它的研究便应是跨越时代、体裁以及创作主体的。作为花卉意象中备受青睐而又独特的一支，落花意象的研究缺失需要得到填补。本论文便希望通过广泛搜罗和阅读有关落花意象的文学作品，全面、深入地展开主题学的、跨文体的、跨时代的研究，梳理该意象和题材创作的起源、演变，阐发这一特殊题材和意象的审美特征和比兴价值，具体展示这一题材和意象的文学意义与创作实绩。

① ［宋］李清照《临江仙·梅》，《全宋词》卷一二六。

② ［唐］陆龟蒙《和袭美木兰后池三咏·白莲》，《全唐诗》卷六二八。

第一章　先秦至宋元落花意象的生成和发展

花，古时写作“华”，《康熙字典》：“考太武帝始光二年三月初造新字千余，颁之远近，以为楷式，如‘花’字之比，得非造于魏晋以下之新字乎。”（图 01）可知南北朝之前，“花”字不见于书，也无“落花”一说。而作为一种亘古有之的天然场景，“落花”进入人类的视野，见诸文字，已经有着久远的历史。

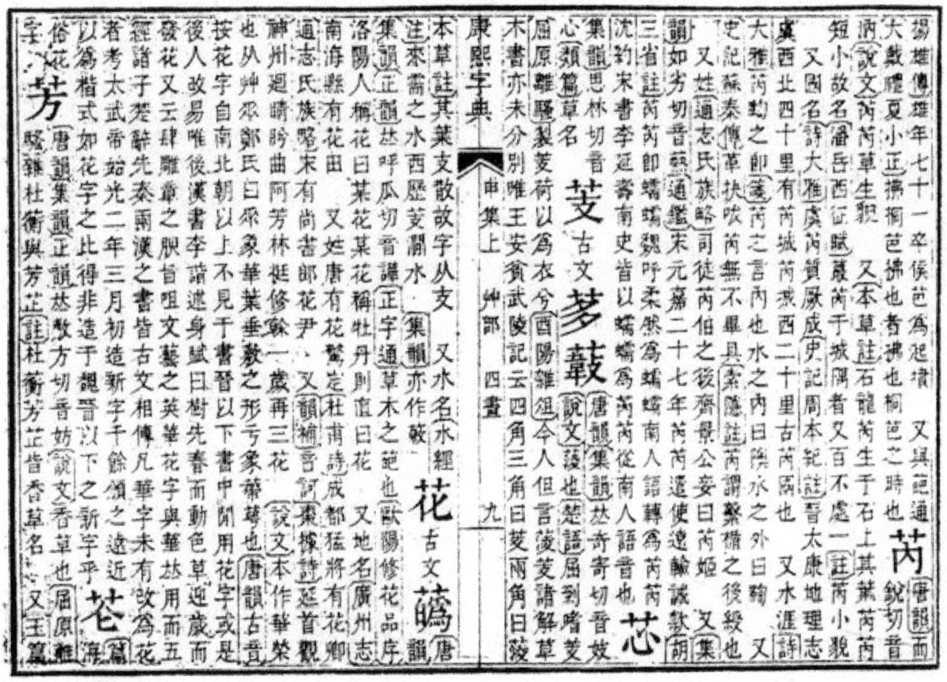

图 01　《康熙字典》（王引之校改本）申集上・艸部・四画。

第一节　落花意象之生成

一、《诗经》中的“落”与“花”

我们把“落花”拆解开来，“落”者，《说文》解“凡草曰零，木曰落”，指植物的衰败之状。“花”则是一类主要用以欣赏的植物。中国古代先民对于自然的重视体现在《诗经》中，几乎每叙述一个故事，表达一种感情，都要联系上山川草木、虫鱼鸟兽，以之起兴。植物在先民的生活中扮演着至关重要的角色，它们随时间的变化牵动着人的情绪，成为《诗》三百中最为庞大的意象群体。这之中，既不乏衰败枯萎的草木，又多见美丽多姿的花卉，却几乎寻觅不到落花的踪迹。

《诗经》中有很多关于植物枯萎、败落的表达。写衰草有《小雅·四月》：“秋日凄凄，百卉具腓。乱离瘼矣，爰其适归？”《毛诗》解：“卉，草也；腓，病也。”及《小雅·鱼藻之什》：“何草不黄？何日不行……何草不玄？何人不矜……”以草叶枯黄凋零起兴抒发征夫之怨。写落叶有《卫风·氓》：“桑之落矣，其黄而陨。”《郑风·萚兮》：“萚兮萚兮，风其吹女……萚兮萚兮，风其漂女。”《毛诗》解：“萚，槁也。”郑玄笺云：“槁，谓木叶也，木叶槁，待风乃落。”此外，《王风·中谷有蓷》：“中谷有蓷，暵其干矣。”《尔雅·释草》：“萑，蓷。”郭璞《尔雅注疏》：“今茺蔚也。叶似荏，方茎，白华，华生节间。又名益母。”是写药材的枯萎，《召南·摽有梅》：“摽有梅，顷筐塈之！”写果实熟落。可见先人对于植物的吟咏，尊重了大自然的客观规律，贯穿了其长落盛衰的各个阶段。落草与落木等意象的出现，基本与其他阶段的植物意象同时。

《诗经》中涉及花卉的篇目有十余首，主要是婚恋类诗歌。有以花比喻女子，如《郑风·有女同车》："有女同车，颜如舜华。"《召南·何彼襛矣》："何彼襛矣，唐棣之华。"《郑风·出其东门》："出其闉阇，有女如荼。"《陈风·东门之枌》："视尔如荍，贻我握椒"等，用木槿、棠棣、茅花、荆葵形容女子的容貌和姿态。有馈赠花卉表情意的，如《郑风·溱洧》："维士与女，伊其相谑，赠之以芍药。"写青年男女春游时赠送芍药表达爱慕相思之情。还有借所见花卉起兴，引入并烘托所吟咏之事，如《郑风·山有扶苏》："山有扶苏，隰有荷华。不见子都，奈见狂且。"《陈风·泽陂》："彼泽之陂，有蒲与荷。有美一人，伤如之何"等。《诗经》中的花卉，都处于颜色正艳、香气正浓的盛放状态，基本没有关于落败的表述。

依笔者之见，《诗经》中有"落"有"花"，却不见"落花"的缘故大致有三。

其一，总体而言，在《诗》三百蓊郁的植物意象群体中，花卉类终为小科，所占比重明显不如其他。清顾栋高在《毛诗类释》中将《诗经》中的植物仅分为草木两类，其中草九十二种，木五十三种，大多是草药、谷物、蔬菜、果木等，虽有芍药、荷花菡萏等条，却并未单独成类。[①] 今人编《诗经植物图鉴》对《诗经》植物进行了细致的划分：野菜、栽培蔬菜、栽培谷物、药材、水果、纤维植物、染料植物、建筑舟车器具用材、非木类的植物用材、观赏植物、象征意义的植物[②]。其中观赏类又细分为庭园树和花卉。足见在《诗经》所涉的一百三十五种植物群像中，花卉所占的比例之小，地位之无足轻重。之所以如此，

① ［清］顾栋高《毛诗类释》卷一四、一五，《影印文渊阁四库全书》本。

② 潘富俊著，吕胜由摄影《诗经植物图鉴》，第10页。

是由于在生产力低下，温饱时时威胁生存的先秦时代，谷、蔬、草、药、果、木等作物可以用来充饥、治病、驱虫、烧火、建屋，有着重要的实用功能，无论对劳动人民还是士大夫，对个人的生存还是国家的稳定都显得至关重要。与形态美丽、芳香飘逸却仅供观赏的花卉相较，谷蔬草木自然会得到更密切的关注。

其二，就借景抒情的需要而言，落花此时难以引起情感上的共鸣。《诗经》比兴于物，引起所咏之词的前提是触物可以生情，而对于先民而言，花卉脱离生产生活的实际，只能遥遥观之，难以令他们动情。《小雅·采薇》："彼尔维何？维常之华。彼路斯何？君子之车。"（什么花开得繁华？那都是棠棣的花。什么车高高大大，都是贵人的车架。）花卉的娇艳光鲜，反倒给劳动人民一种高高在上的距离感，从而将它放在了与自己对立的位置。《小雅·杕杜》："卉木萋止，女心悲止，征夫归止！"（花木都旺盛，女子心悲伤，征夫当还家。）《小雅·鱼藻之什·苕之华》："苕之华，芸其黄矣。心之忧矣，维其伤矣。"（凌霄花，盛放鲜黄。我心忧伤，何等凄惶。）花朵孤芳自赏，不通人情，先人感于它的荣盛而叹息人的劳苦与憔悴。基于这样的隔阂，落花也就难以参与到先人触景生情、物我相合的吟咏之中了。

此外，审美发展的过程中，人们的聚焦点一般是由大及小的。先民时期，木叶落、百草折等场面更具有视觉冲击力和心灵震撼力，更容易让人洞察时节的变化，反观自身的遭际。而如花落般纤微琐细的场景、情愫，往往是在文学创作进一步发展之后，才被体察感知，见诸文字。

《诗经》三百篇中不见"落花"，其中的"落"与"花"却为后世"岁有其物，物有其容；情以物迁，辞以情发”①的触物生情传统和蔚为大观的花卉意象使用开导了先路，可谓“落花”吟咏之预响。

图02　《桑》，本节绘图、释名均选自《诗经名物图解》，其书三卷，分草、木、鸟、兽、鱼、虫六部，收图两百多种。由日本江户时代儒学者细井徇撰绘，约绘制出版于日本嘉永元年（1848）。

① ［南朝梁］刘勰《文心雕龙》卷五〇，《物色》篇。

图 03 ［日］细井徇《蓷和萧》。

图 04　[日] 细井徇《唐棣》。

图 05 ［日］细井徇《茶》。

凌霄花尋常ノモノ是ナリ元三種
アリト白花ノモノ未見前ニ図スルハ
花戸ニ華産ノ凌霄花ト云モノ
ナリ又近来花戸ニ蓮葉ノノ
ウゼンカヅラト云モノアリ葉ノミ
蓮葉ニメ花ノ形状同ジ漢名
未詳

图 06　［日］细井徇《苕》。

二、诸子与楚辞中的“落花”

人类在适应、理解自然的过程中获得了最初的智慧，怀着对自然规律的敬畏之心，也就热衷于取材草木花叶，阐述自己认为合乎天道的理论。在先秦诸子的文章中便不乏对植物枯荣的表述，或以之作象征性的说理，如荀况《荀子·致士》：“树落粪本。”辛研《文子·上德》：“使叶落者，风摇之也；使水浊者，物挠之也。”或以之对应自然规律，如鬼谷子《李虚中命书》：“故草木黄落而菊始华，仓庚鸣而鹰以化。”说明自然界生死兴衰轮转的道理。而《庄子·在宥》：“自而治天下，云气不待族而雨，草木不待黄而落，日月之光益以荒矣。”则用植物反常的落表现不合理的状态。基于这样的论理模式，在诸子著作中出现了最早关于落花的论述——

鬼谷子《李虚中命书》：“华过衰而实成，是穷则变通之象……”

辛研《文子·上德》：“再生者不获，华太早者，不须霜而落。”

两则都将具体的花朵衰落一事作为类比论证的喻体，分别说明了否极泰来，熟早易衰的抽象道理。诸子文章中的“花落”是说明性的类比映射，直接阐述状态和论断，既没有文学性的再现，也无情感的投入，尚不能作为文学范畴内的意象看待。

与诸子大约同时期的楚辞则是极富浪漫主义色彩的文学创作，真正意义上的“落花”意象便是自此登台亮相，并由此“流芳”千古。

楚骚中的植物意象极其丰富，且类别构成已经和《诗经》有了很大差异。《楚辞》中的植物以芳草香花居多，农作物退居次要地位，主要在涉及祭祀的《招魂》等篇中出现，在以《离骚》为代表的抒怀之作中，基本没有粮食、蔬果等农作物的身影。《楚辞》中出现约五十种植物，香花、香草、香木有三十五种之多，以观赏性为主的花卉约有十种。这些芳草香花，并不能满足人们衣食住行的需求，却因芳香的气息、娇艳的色泽、美好的姿态受到青睐。

上述变化在楚地文人的创作中先行发生是有原因的。荆楚之地气候温暖潮湿，地大物博，《墨子·公输》记："荆之地，方五千里……有云梦，犀兕麋鹿满之，江汉之鱼鳖鼋鼍为天下富……有长松文梓楩楠豫章……"丰富的自然资源为大量妍媸迥异的植物进入诗歌提供了客观的可能性。得天独厚的地理环境，也让楚人的生存压力相较《诗经》时代的先民要小得多。《盐铁论·通有》载："荆、扬南有桂林之饶，内有江、湖之利，左陵阳之金，右蜀、汉之材，伐木而树谷，燔莱而播粟，火耕而水耨，地广而饶财。"《史记·货殖列传》也载："楚越之地，地广人希……无饥馑之患……无冻饿之人。"对于脱离了温饱困境的人而言，花卉的美才更容易被发现、欣赏和赞美，所以楚人以花祭神、赠人、养生、驱虫、香薰，让它广泛地进入日常生活。

图 07　屈原像。

作为士大夫的屈原，无须忧虑生计，他享受着芳草香花装点的生活，醉心于它们的芳香高洁，并以之比德，当其郁郁不得志时，也很自然地在周遭景物中寻求慰藉。屈骚植物虽以香草数目最多，涉及花卉的表述也为数不少且形式多样。《离骚》中“扈江离与辟芷兮，纫秋兰以为佩”，是采花、戴花；“余既滋兰之九畹兮，又树蕙之百亩”，是种花；“朝饮木兰之坠露兮，夕餐秋菊之落英”，是食花；“制芰荷以为衣兮，集芙蓉以为裳”，是穿花……本文所集中探讨的“落花”也在《离骚》中有两处明确的表达——

其一，揽木根以结茝兮，贯薜荔之落蕊。

王逸《离骚经章句》：“贯，累也；蕊，实也。”认为花蕊细微，不可能以木根穿连，故蕊应作果实看。然五臣注：“贯，拾也；蕊，花心也。”王念孙《广雅疏证·释草》：“按上文言‘餐秋菊之落英’，此言‘贯辟荔之落蕊’，盖俱是华，文义亦通耳。”都不持此论。笔者认为，“蕊”字按果实解未免牵强，也不大可能指“花心”，“落蕊”应该就是“落花”。

其二，朝饮木兰之坠露兮，夕餐秋菊之落英。

此句争议较大，后人多谓菊花虽残不落，写“菊之落英”不合情理。相传北宋王安石作《残菊》诗：“黄昏风雨打园林，残菊飘零满地金。”便曾受到质疑。有人解释因地域、品种的差异，或有菊花落瓣之事。也有据《尔雅·释诂》：“俶落权舆，始也。”《诗经·周颂·访落》之“落”作“初始”意，认为“落英”并非落花，如宋罗大经《鹤林玉露》便谓之“初英”，即刚开的花。然而对于花卉以“落”言开，毕竟罕见，且王逸注：“暮食芳菊之落华，吞正阴之精蕊”，魏文帝曹丕言：“芳菊含乾坤之纯和，体芬芳之淑气。故屈原悲冉冉之将老，思食秋菊之落英，辅体延年，莫斯之贵。”都沿用了“落英”（落华）

的说法，并对屈原的做法表示认可，可知当时此风犹存。故而笔者认为，此句的“落英”，应当也是指“落花”。

然而，“落蕊”与“落英”，一为配饰，一为食材，只能算作“象”，没有容纳更深层次的“意”，便还不能算作“意象”。但作为整体的花草树木，其枯萎零落在屈骚中已具有象征性，成为诗人主观情志的具象载体。如《离骚》中“惟草木之零落兮，恐美人之迟暮”“虽萎绝其亦何伤兮，哀众芳之芜秽”“及荣华之未落兮，相下女之可诒”“恐鹈鴂之先鸣兮，使夫百草为之不芳”。《九歌·湘夫人》里“袅袅兮秋风，洞庭波兮木叶下”等句，花木草叶之落便已有了明显的春恨秋悲、伤时叹逝意味。

须指出的是，屈骚中零落的草木，芜秽的众芳，不芳的百草，在特定的香草美人意象系统中有着特殊的意指。在这一映射系统中，诗人以芳草香花自喻，花草凋落便暗示了流落朝堂之外的迁谪遭遇。在屈原眼中，“虽萎绝其亦何伤兮，哀众芳之芜秽”，也就是不能“以身之察察，受物之汶汶”，不能“以皓皓之白，而蒙世俗之尘埃”（《渔父》）。芳草香花宁可枯萎凋落，也好过苟延残喘，与恶臭之物同处受污。对屈原而言，花之落好过花之不芳，有“宁为玉碎，不为瓦全”之意。

“落花”之象由屈原写就，其意象则至宋玉成型。宋以《九辩》为“悲秋之祖”，其中对“草木摇落而变衰”表现得淋漓尽致。他见“白露既下百草兮，奄离披此梧楸”而心生惆怅，“离芳蔼之方壮兮，余萎约而悲愁。”详记了“叶菸邑而无色兮，枝烦挐而交横；颜淫溢而将罢兮，柯彷佛而萎黄；萷櫹槮之可哀兮，形销铄而瘀伤。惟其纷糅而将落兮，恨其失时而无当”的百草摧折、木叶摇落情景，随后又着重言花——

窃悲夫蕙华之曾敷兮，纷旖旎乎都房；何曾华之无实兮，从风雨而飞扬？

（暗自悲叹那层叠开放的蕙花啊，繁盛娇美布满华美的宫殿。为何花朵累累却没有结果啊，随着风雨四处飘扬。）[①]

曾在宫廷敷展旖旎的花朵最终从风雨而飞，象征着才华出众的诗人无法得到君王的重用，苦闷之下远走高飞。飘落的花与失意的人，相同的遭际让花承载起人隐晦难言的情绪。眼见之象，心中之意，至此合二为一，“落花”意象伴随文人的失志之叹，真正进入了中国古代文学意象之林。

第二节　落花意象之发展

一、汉魏六朝，方兴未艾

两汉文学之主流是大赋，考察这一体裁的意象选取，可谓是一个幻想中的玄妙世界。西汉先有“文景之治”，后有武帝“内修兵法，外征四夷”，物质的富足，国家的强大令当时的人心胸开阔，踌躇满志。在以司马相如《子虚》《上林》和扬雄《羽猎》《甘泉》等为代表的汉大赋中，缥缈的仙境、辉煌的殿宇、浩瀚的江涛，缤纷的奇树……“极丽靡之辞，闳侈巨衍”[②]。在这些亦真亦幻、气象雄奇的文字里，北园中必有佳树列秀，硕果盈枝；蕙圃中定是奇花异草，斗艳争妍。至于枯树落花之景，在意气风发的大赋中鲜少被提及，仅《上林》赋

① 林家骊译注《楚辞》，中华书局 2013 年版，第 197 页。

② ［汉］班固撰《汉书》卷八七下，《扬雄传》。

中有“垂条扶疏，落英幡纚”一句，在司马相如看来，也是“纷容萷蔘，旖旎从风”的盛美之象。反而是雄才伟略又风流多情的汉武帝刘彻在《李夫人赋》中第一次写出了落花的死亡意味和悲剧色彩——

> 秋气憯以凄泪兮，桂枝落而销亡。
>
> 托沈阴以圹久兮，惜蕃华之未央。
>
> 函荾荴以俟风兮，芳杂袭以弥章。的容与以猗靡兮，缥飘姚虖愈庄。[①]

三句（节选）分别以桂枝落喻亡妃，繁花未谢喻女子青春正盛，芳花在空中飘摇喻李夫人美丽端庄。文末乱曰：“佳侠函光，陨朱荣兮。”谓李夫人光彩照人，却如鲜花般凋零。这是中国古代第一篇悼亡辞赋，也是第一次用落花比喻美人离世，抒发沉痛的伤悼。之后的悼亡辞赋多承此法，如丁廙《蔡伯喈女赋》：“仰蕣华其已落，临桑榆之歔欷。”[②]潘岳《皇女诔》：“猗猗春兰，柔条含芳。落英凋矣，从风飘飏。”[③]这种

图 08　李夫人像。

---

① 《汉书》卷九七上，《外戚传》。

② ［清］严可均编《全后汉文》卷九四。

③ ［清］严可均编《全晋文》卷九三。

以落花悼人尤其女人的传统至今仍在延续。

到东汉中期以后，抒情小赋与乐府古诗回归现实，重新关注人们的相思、失意、离别、衰老等情感。落花等幽微蕴藉的物象因契合了这些情绪的表达而被越来越多的吟咏书写。东汉诗人宋子侯在《董娇娆》诗中写：

> 纤手折其枝，花落何飘飏。请谢彼姝子，何为见损伤。
>
> 高秋八九月，白露变为霜。终年会飘堕，安得久馨香。
>
> 秋时自零落，春月复芬芳。何时盛年去，欢爱永相忘。[①]

有猜测认为“董娇娆”是一名歌姬，此诗感伤女子命不如花，可能是宋子侯为她所作的自伤之词。[②]诗中花落飘扬虽是人为因素，却又以折花女子对花落香散的必然体认，道出了对人世代谢的无可奈何。

在写新婚久别的怨诗《冉冉孤生竹》中，女子因相思而憔悴早衰，因久别独处而生迟暮之感：

> 思君令人老，轩车来何迟。伤彼蕙兰花，含英扬光辉。
>
> 过时而不采，将随秋草萎。君亮执高节，贱妾亦何为。[③]

闺中少妇的青春便如蕙兰之花，美丽却短暂，一旦错过，便只能随秋草凋落枯萎。虽言为“彼”花而伤，实则痛惜自己不幸的婚姻以及消逝的年华。类似的时间生命意识在汉魏人的诗辞中屡见不鲜，且多借落花落叶来抒发，如曹植《幽思赋》：“顾秋华之零落，感岁暮而伤心。”[④]潘岳《寡妇赋》：“观草木兮敷荣，感倾叶兮落时。”[⑤]

---

① [南北朝] 徐陵辑《玉台新咏》卷一。

② 北京大学中国文学史教研室选注《两汉文学史参考资料》，第540页。

③ [宋] 郭茂倩编《乐府诗集》卷七四。

④ [清] 严可均编《全三国文》卷一三，魏一三。

⑤ [清] 陈元龙辑《御定历代赋汇外集》卷一九。

魏晋六朝时期，摹写物态的诗赋作品大兴，植物超越动物成为最重要的文学意象类别，花卉类题材也越来越多地受到文人墨客的关注。随着人们对花卉感受的增强，它的开落变化也在文学作品中有了更为细腻的体现，钟会《菊花赋》："百卉凋瘁，芳菊始荣。纷葩晔晔，或黄或青。"[①]写不同花开落相继。颜测《山石榴赋》："风触枝而翻花，雨淋条而殒芬。环青轩而燧列，绕翠波而星分。视栖翡之失荣，顾雕霞之无文。"[②]写风雨落花的美丽景致。对于很多人来讲，花虽落却色香犹在，风起风落间，也可谓烂漫缤纷，故而多数时候飞花之景是令人赏心悦目的，萧纲《筝赋》："玩飞花之度窗，看春风之入柳。"徐陵《咏春诗》："落花承步履，流涧写行衣。"玩赏落花，都颇有恬静秀雅之美。萧纲的《梅花赋》不但将落花之态刻画得精工细致，还由此引出了一种今古相通的落花之愁：

层城之宫，灵苑之中。奇木万品，庶草千丛。光分影杂，条繁干通。寒圭变节，冬灰徙筒。并皆枯悴，色落摧风。年归气新，摇云动尘。梅花特早，偏能识春。或承阳而发金，乍杂雪而被银。吐艳四照之林，舒荣五衢之路。既玉缀而珠离，且冰悬而雹布。叶嫩出而未成，枝抽心而插故。标半落而飞空，香随风而远度。挂靡靡之游丝，杂霏霏之晨雾。争楼上之落粉，夺机中之织素。乍开花而傍巘，或含影而临池。向玉阶而结彩，拂网户而低枝。七言表柏梁之咏，三军传魏武之奇。于是重闺佳丽，貌婉心娴。怜早花之惊节，讶春光之遣寒。夹衣始薄，罗袖初单。折此芳花，举兹轻袖。或插鬓而问人，或残枝而

① ［清］严可均编《全三国文》卷二五，魏二五。

② ［清］严可均编《全宋文》卷三八。

相授。恨鬟前之大空，嫌金钿之转旧。顾影丹墀，弄此娇姿。洞开春牖，四卷罗帷。春风吹梅长落尽，贱妾为此敛蛾眉。花色持相比，恒愁恐失时。

图 09 ［宋］米芾书梁简文帝《梅花赋》的碑帖拓片。

赋中以“奇木万品，庶草千丛”的“色落摧风”为梅花出场作铺垫，继而写早春梅花的荣和谢，谢落时：花瓣在空中飞舞，香气随之飘向远方；落瓣仿佛挂在飘浮的游丝上，又好像夹杂在飞扬的晨雾中；其色、其香、其形，可与绣楼中洒落的胭脂、织机中素色的白绢争胜。有感于梅之开落，闺中佳丽联想到自己的青春与衰老，生出无限惆怅。此文虽不脱宫体之囿，却颇有寄托，惜落梅实则自怜，杨晓斌认为隐约有《古诗·冉冉孤生竹》之“过时而不采，将随秋草萎”，刘希夷《代悲白头翁》之“年年岁岁花相似，岁岁年年人不同”的况味[①]，这一理解应是合理的。

笔者查阅《全上古三代秦汉三国六朝文》及《先秦汉魏晋南北朝诗》，“落花”“落英”“花落”等词在汉魏六朝人的作品中出现次数过百，其余不涉其词而达其意者更是不胜枚举。值得一提的是，花卉既涉及草本，又有木本，《尔雅》释：“木谓之华，草谓之荣。不荣而实谓之秀，荣而不实谓之英。”可见早期的“木”“草”“花（华）”之间并没有明确的界限。有一些题为写草木的作品，实际上写的是花，如沈约《愍衰草赋》：“衔华兮佩实，垂绿兮散红……霜夺茎上紫，风销叶中绿。”[②]这显然是一种“草花”，也就是今天所说的草本花卉，“愍衰草”实则也在悯“飘落逐风尽”的花朵。

梁萧子范的五言《落花诗》是现存可考最早以“落花”名篇的文学作品：

绿叶生半长，繁英早自香。因风乱胡蝶，未落隐鹂黄。

飞来入斗帐，吹去上牙床。非是迎冬质，宁可值秋霜。[③]

诗中不提落花，也无直接的形态描摹，而是抓住了其“动”的特点，结合动词写周遭的事物，蝴蝶、黄鹂、斗帐、牙床，其实都是落花的背景，显现出落花的自由散漫。末句写落花非但不能过寒冬，连秋霜也经受不住，显然不是溢美之赞。在诗人看来，落花活泼可爱却不免轻浮散

---

① 《杨晓斌评〈梅花赋〉》，赵逵夫编《历代赋评注·四》（南北朝卷），第418页。

② 《御定历代赋汇》卷一二〇。

③ 逯钦立编《先秦汉魏晋南北朝诗》梁诗卷一九。

漫，难历波折，这样的态度不独一例，王昶有“朝华之草，夕而零落；松柏之茂，隆寒不衰”[①]之说，萧子晖《冬草赋》则以“众芳摧而萎绝，百卉飒以徂尽”[②]反衬冬草的凌霜挺秀，此间的“落花”被视作脆弱无志节的典型，用以衬托其他植物的坚韧不屈。

与萧子范同时的谢朓还有《咏落梅诗》一首：

> 新叶初冉冉，初蕊新霏霏。
>
> 逢君后园讌，相随巧笑归。
>
> 亲劳君玉指，摘以赠南威。
>
> 用持插云髻，翡翠比光辉。
>
> 日暮长零落，君恩不可追。[③]

诗人以拟人手法写梅花的遭遇：未落时君子摘之以赠美人，美人插于云髻，堪与翡翠比光辉；一朝色衰零落，君恩便失而不在。咏落梅实言男女之情，诗中的梅花，其实就是现实生活中以色侍人女性形象的写照。结合谢朓的个人经历，此诗也很可能别有寄托：谢当时追随随王（萧子隆），颇受倚重，然而身处政治漩涡中的他，也忧心忡忡，惶惶不安，唯恐失去宠信，政治落败。他以花的失宠喻政治失意，颇近屈骚意绪。

此外，西汉时有《梅花落》横吹曲，其辞不传，《乐府诗集》《文苑英华》收有南北朝时期鲍照、徐陵、吴均、张正见、苏子卿、江总、陈叔宝所作乐府旧题《梅花落》共十首。这些《梅花落》诗大多取笛曲之意，述征人思归之情。

---

① ［晋］陈寿撰《三国志》卷二七，《魏书·王昶传》。

② 《御定历代赋汇》卷一二〇。

③ 《玉台新咏》卷四。

综上所述，两汉到六朝时期，落花在诗赋作品中被反复提及或叙写，甚至成为了专意吟咏的对象。花卉与女子间的映射延续到落花，使之成为死亡的象征。作为时节变化的标志，落花也承载了伤时叹逝之感。可以说，落花意象的悲剧性内涵在这一时期已经基本确定。

二、唐宋讫元，蔚为大观

（一）唐代创作

魏晋人对落花有所关注，然萧、谢诗之外，几无专题吟咏，这一局面到唐代则大为改观。有唐一代是中国古代文学发展的繁荣鼎盛时期，其间参与文学创作人数之众、水准之高，作品数目之巨、囊括内容之广都可谓前无古人。在这样的背景下，涉及落花的文学作品也呈现出井喷之势。唐代与落花相关的创作主要集中在诗歌里，《全唐文》中所见不多，更没有专篇书写，这大约与古人诗言志、文载道的传统有关。据中国国家数字图书馆《全唐诗》分析系统的检索数据：唐人以花为题的诗歌有900余首，其中与落花相关多达百首，包括《落花》15首、《花落》2首、《惜花》21首、《残花》9首、《梅花落》7首，其余有题为《叹花》《叹落花》《杨花落》《桐花落》《昭阳落花》《金谷园落花》《感花》《赏残花》等等；依据检索结果，《全唐诗》中出现“落花”452次、“花落”457次、“残花”98次、“飞花”57次、“残红”44次、“花谢”30次、“落红”28次，此外尚有如“飘花”“花舞”“踏花”“芳菲尽（歇）”及“落梅”“败荷”“芙蓉落”等词难以尽数。以管窥豹，可见唐人对于落花兴致匪浅。

作为“一代之文学”的唐诗，其中的落花书写自然不乏精妙之作。初唐刘希夷有拟古乐府《代悲白头翁》一首：

> 洛阳城东桃李花，飞来飞去落谁家。

洛阳女儿惜颜色，行逢落花长叹息。

今年花落颜色改，明年花开复谁在。

已见松柏摧为薪，更闻桑田变成海。

古人无复洛城东，今人还对落花风。

年年岁岁花相似，岁岁年年人不同。

寄言全盛红颜子，须怜半死白头翁。

此翁白头真可怜，伊昔红颜美少年。

公子王孙芳树下，清歌妙舞落花前。

光禄池台文锦绣，将军楼阁画神仙。

一朝卧病无人识，三春行乐在谁边。

宛转蛾眉能几时，须臾白发乱如丝。

但看旧来歌舞地，惟有黄昏鸟雀悲。[①]

此诗融合汉魏歌行、南朝近体及梁陈宫体的艺术经验，艺术成就很受称道。“年年岁岁花相似，岁岁年年人不同”两句，工整流畅，既有诗意，兼具哲理，历来被广为传诵。年轻的洛阳女子因桃李花落而感叹红颜易老、生命无常。在花开花落间，松柏为薪，桑田成海，如今的白头老翁，当年何尝不是翩翩美少年，那么自己的将来也难免如他今日，这种同病相怜的觉悟令人悲从中来。花开花落昭示着时间的变化，而落花本身更意味着生命的终结。《全唐诗话》《本事诗》等均载刘希夷写作“今年花落颜色改，明年花开复谁在”后自悔不祥，认为此语似谶，之后未满一年果为人所害。此说虽颇有怪力乱神之嫌，却也印证了落花中所蕴含的令人忧怖的死亡意味。

---

① 《全唐诗》卷二〇。

此外，《全唐诗》收有王勃《落花落》诗一首：

落花落，落花纷漠漠。

绿叶青跗映丹萼，与君裴回上金阁。

影拂妆阶玳瑁筵，香飘舞馆茱萸幕。

落花飞，撩乱入中帷。

落花春正满，春人归不归。

落花度，氛氲绕高树。

落花春已繁，春人春不顾。

绮阁青台静且闲，罗袂红巾复往还。

盛年不再得，高枝难重攀。

试复旦游落花里，暮宿落花间。

与君落花院，台上起双鬟。[①]

全诗一百四十字，九次出现“落花”，重章复沓、不吝笔墨的写花之落、飞、度，人在落花院，看落花落，游落花里，宿落花间，感落花情。整首诗缤纷炫目，无处不是落花，可以说是对此意象的一次浓墨重彩的书写。

及至盛唐，诗人大都笔力健爽，气象雍容。落花虽质属纤柔，蕴意凄楚，由唐人健笔写来，也能一扫惨淡愁云，显得风流洒脱。此类作品以李白的诗歌为甚，他的乐府诗《前有一樽酒行》[②]，见“落花纷纷稍觉多”不由感叹“青轩桃李能几何，流光欺人忽蹉跎”，而天性中的乐观豁达让他并不沉湎于幽怨，立即意识到及时行乐才能不使良辰美景虚度，故而道“笑春风，舞罗衣，君今不醉欲安归。”以及他

① 《全唐诗》卷五六。

② ［唐］李白《前有一樽酒行》其一，《全唐诗》卷二四。

的《春日独酌》[1]，诗中落花、孤云、归鸟等意象令人感到孤独无依，心生惆怅，诗人却依然能够自我开解，可以“对此石上月，长醉歌芳菲”。再看李白其他几句写落花的诗：

对酒不觉暝，落花盈我衣。（《自遣》，《全唐诗》卷一八二）

落花一片天上来，随人直渡西江水。（《示金陵子》，《全唐诗》卷一八四）

好鸟迎春歌后院，飞花送酒舞前檐。（《题东谿公幽居》，《全唐诗》卷一八四）

东流不作西归水，落花辞条归故林。（《白头吟二首》其一，《全唐诗》卷一六三）

细雨春风花落时，挥鞭直就胡姬饮。（《白鼻騧》，《全唐诗》卷一六五）

骏马骄行踏落花，垂鞭直拂五云车。（《陌上赠美人》，《全唐诗》卷一八四）

落花踏尽游何处，笑入胡姬酒肆中。（《少年行三首》其一，《全唐诗》卷二四）

桃李栽来几度春，一回花落一回新。（《少年行三首》其三，《全唐诗》卷二四）

愿随夫子天坛上，闲与仙人扫落花。（《寄王屋山人孟大融》，《全唐诗》卷一七二）

李白笔下的落花，离枝不生怨，步踏不必惜，闲扫同仙人，显得

① ［唐］李白《春日独酌二首》其一，《全唐诗》卷一八二。

风流飘逸。这一时期的岑参、王翰、王维等都有不少写及落花的诗歌，或潇洒爽朗，或空灵恬淡，往往赋予了堪悲之物以乐观平和的气象，盛唐人之雄心健笔，令人心折。

图 10 李白像。

安史之乱以后，唐朝国祚倾颓，诗人气概顿减，忧愤横生。杜甫的诗是唐王朝国运转关的见证，其中的落花意象也清晰写照着此时世风、诗风的扭转。杜甫在“平生无饱饭，抵死只忧时”[①]的境遇下，看见明媚鲜艳的花朵，尚且会心生悲凉：“感时花溅泪”（《春望》），“花近高楼伤客心”（《登楼》）。一旦春残花落，自然倍感忧愁。莫砺锋先生认为其《曲江》诗对惜花之情刻画得最是深微[②]：

一片花飞减却春，风飘万点正愁人。

且看欲尽花经眼，莫厌伤多酒入唇。

江上小堂巢翡翠，苑边高冢卧麒麟。

细推物理须行乐，何用浮名绊此身。[③]

明王嗣奭《杜臆》评说：“起句语甚奇，意甚远。花飞则春残，谁

① ［元］马祖常《五言六首》其二，［清］顾嗣立《元诗选》初集卷二一。

② 莫砺锋《莫砺锋诗话》，北京大学出版社 2012 年版，第 116 页。

③ 《全唐诗》卷二二五。

图 11　杜甫像。

不知之？不知飞一片而春便减，语之奇也。”[①]不同于“花舞大唐春”的燕婉热闹，微小的一片落瓣，让诗人看到春残之始，随后风飘万点，春残欲尽。在由始及尽的过程中，诗人的愁绪也逐步升级，故元人方回道：“‘一片花飞’且不可，况于‘万点’乎？”[②]非但零星的花落令诗人伤怀，未落之花的命运也每每让他苦闷不已，《秋雨叹》其一写：“凉风萧萧吹汝急，恐汝后时难独立。堂上书生空白头，临风三嗅馨香泣。”《江畔独步寻花》其七道：“不是看花即索死，只恐花尽老相催。繁枝容易纷纷落，嫩叶商量细细开。”都是为花朵将来的“落”而担忧。虽然在杜甫一生偶尔的安逸闲适生活中，也有“落花游丝白日静，鸣鸠乳燕青春深”[③]“圆荷浮小叶，细麦落轻花”[④]之句，然综观其诗中的花尤其落花，所蕴藉更多的是对国运颓败、际遇坎坷、人事无常的忧伤与无奈。

中唐以后与落花相关的诗歌创作，多陷入伤痛悲楚的情绪中。若杜牧《金谷园》之“日暮东风怨啼鸟，落花犹似堕楼人”，司空图《花

① ［明］王嗣奭《杜臆》卷二。

② ［元］方回《瀛奎律髓》卷一〇，春日类，《影印文渊阁四库全书》本。

③ ［唐］杜甫《题省中壁》，《全唐诗》卷二二五。

④ ［唐］杜甫《为农》，《全唐诗》卷二二六。

下》之“五更惆怅回孤枕，犹自残灯照落花”，韦庄之《春愁》之“落花寂寂黄昏雨，深院无人独倚门”等，落花之中都含着无限愁情。晚唐五代诗人韩偓钟爱写花，在他专门咏花的十多首诗中近半又都是落花，如《惜花》《残花》《哭花》《厌花落》等。清吴乔《围炉诗话》甚至评价说：“不惟子美为大家，韩偓《惜花》诗即大家也。”[①]莫砺锋先生也认为：“此诗确实堪称落花诗中的名篇。如果说杜甫《曲江》中对落花充满了怅惋之情，那么韩偓的《惜花》诗表达的是沉痛之感。”其诗云：

> 皱白离情高处切，腻香愁态静中深。
>
> 眼随片片沿流去，恨满枝枝被雨淋。
>
> 总得苔遮犹慰意，若教泥污更伤心。
>
> 临轩一盏悲春酒，明日池塘是绿阴。[②]

诗人围绕“惜”字逐步描写了花将落、花已落、落何处、送落花。上两联写实，后两联则是想象之词，由花之凋零想象花尽后，也便由现实遥想到将来，可说是意味深长。后人多认为此诗别有深意，《唐诗选脉会通评林》周珽按：“悯时伤乱，往往寄之吟咏，此借惜花以寓意也。”《唐诗鼓吹笺注》：“此篇句句是写惜花，句句是写自惜意，读之可为泪下。”《韩翰林集》闾生案：“此伤唐亡之旨，韩公诗多有此意。”[③]乱世哀歌中，轻飏的落花承载了诗人的身世之痛、亡国之恨，显现出前所未有的凝重与沉痛，这一黍离之悲的内涵在后来的宋词、明清诗歌乃至民国诗词中都得到进一步的体现与深化。

---

① ［清］吴乔《围炉诗话》卷一。

② 《全唐诗》卷六八一。

③ 陈伯海编《唐诗汇评·下》，杭州教育出版社 1995 年版，第 2880 页。

唐人对于落花题材的贡献不仅表现在量与质上，一题多咏的组诗形式及落花唱和也是发端于此时。《全唐诗》收录张籍《惜花》三首、韦庄《残花》二首、李建勋《惜花》二首和李中《落花》二首，然诗虽同题，体裁却不一，应属无心插柳，并非有意连咏。而据白居易《惜牡丹花二首》题注："一首翰林院北厅花下作，一首新昌窦给事宅南亭花下作。"应也不是特意的组诗创作。那么我国最早的落花主题组诗便当数李商隐和张碧的创作。

李商隐有《回中牡丹为雨所败》二首：

其一

下苑他年未可追，西州今日忽相期。

水亭暮雨寒犹在，罗荐春香暖不知。

舞蝶殷勤收落蕊，佳人惆怅卧遥帷。

章台街里芳菲伴，且问宫腰损几枝。

其二

浪笑榴花不及春，先期零落更愁人。

玉盘迸泪伤心数，锦瑟惊弦破梦频。

万里重阴非旧圃，一年生意属流尘。

前溪舞罢君回顾，并觉今朝粉态新。

唐文宗开成三年（838）春，李商隐应博学宏词不中，受王茂元之聘，往泾原入幕，在安定郡回中（今甘肃固原县境）借牡丹之败感慨身世，抒发黜落之恨。诗人得令狐绹之延誉少年登科，一度春风得意，又因卷入牛李党争而失意官场，困顿蹉跎。早开早谢的牡丹，恰恰写照了义山的自我，令他泪迸弦断，梦魂屡惊。联想到异日花落萎地，全付流尘，诗人甚至感到这为雨所败的牡丹也算粉态可人。此中更暗含着他对自己命运的悲观，今时虽有挫折，然来日之困厄将更甚于此。两诗悲凉婉转，怅惘凄迷，令人不忍卒读。

晚唐诗人张碧也有《惜花》诗三首：

一

千枝万枝占春开，彤霞着地红成堆。

一窖闲愁驱不去，殷勤对尔酌金杯。

二

老鸦拍翼盘空疾，准拟浮生如瞬息。

阿母蟠桃香未齐，汉皇骨葬秋山碧。

三

朝开暮落煎人老，无人为报东君道。

留取秾红伴醉吟，莫教少女来吹扫。

孟郊作《读＜张碧集＞》诗云：“天宝太白没，六义已消歇。先生今复生，斯文信难缺。下笔证兴亡，陈辞备风骨。高秋数奏琴，澄潭一轮月。”虽言过其实，却可推知张碧虽然身处王朝末世，意气风骨却不减昔人。观其惜花诗，虽不免愁情叹惋，意态却颇为潇洒豁达，歌哭醉酒，哀而不怨，确似盛唐气象。

唐人爱花、赏花，也格外怜惜落花，在他们交游唱和的诗歌中，不乏以落花为题材的作品。如白居易《惜落花赠崔二十四》、李商隐《和张秀才落花有感》、吕温《和舍弟惜花绝句》、武元衡《同幕府夜宴惜花》、李建勋《惜花寄孙员外》等，其中严恽《落花》诗得多人相和步韵，影响较大：

春光冉冉归何处，更向花前把一杯。

尽日问花花不语，为谁零落为谁开。[①]

严恽，字子重，曾屡举进士不第，后归居故里，现仅存诗一首。皮日休谓其“工于七字，往往有清便柔媚，时可轶骏于常轨。”[②]主要便是称道此诗。杜牧任湖州刺史时与严恽相交，也十分赞赏这首《落花》并作《和严恽秀才落花》以和：

共惜流年留不得，且环流水醉流杯。

无情红艳年年盛，不恨凋零却恨开。[③]

严诗幽怨，予花以人情，表现出对美好事物凋零的感伤，“为谁零落为谁开”，如啼血斑痕，哀婉凄楚。杜诗同样写惜春，却反“恨凋零”之道而行，遗憾落花因昔日之开而有今日之谢，“不恨凋零却恨开”，出人意表，可谓“无理而妙”。

乾符（874—879）年间湖中郡判官王枢仰此才调，也有《和严恽落花诗》：“花落花开人世梦，衰荣闲事且持杯。春风底事轻摇落，何似从来不要开。”[④]至宋代苏轼《吉祥寺花将落而述古不至》《述古闻之，明日即至，坐上复用前韵同赋》两诗，都是步严恽《落花》之韵而作。另欧阳修词“泪眼问花花不语，乱红飞过秋千去”[⑤]之句，当也是受严诗影响。

另外，在唐穆宗长庆元年发生科考疑案，后由王起、白居易主持重试，其中有取谢朓《游东田》诗之“鸟散余花落”一句为题命十余

---

① 《全唐诗》卷五四六。

② ［宋］尤袤《全唐诗话》卷五。

③ 《全唐诗》卷五二四。

④ 《全唐诗》卷五四六。

⑤ ［宋］欧阳修《蝶恋花》（庭院深深深几许），《全宋词》卷一五。

考生赋诗。最终所呈诗作“辞律鄙浅，芜累亦多”[①]，穆宗甚为不满，有十人被取消及第。当时诗作今多不存，《全唐诗》中仅收录“所试粗通，与及第”的孔温业、赵存约、窦洵直三人《鸟散余花落》诗。这三人虽勉强合格，观其诗尚且粗陋，余者所成之作，想必更不值一提，而对于落花主题诗歌创作而言，这次科场命题赋诗则可以算作第一次大规模的集体创作活动，因而此间略陈。

（二）宋代创作

朱崇才曾根据《全宋词》（包括《全宋词补辑》）电子计算机检索系统（南京师范大学张成、曹济平研制）对全部宋词所用的6068个汉字的每一个字的使用次数和频率进行了统计，结果显示，《全宋词》使用最多的三个字依次是：人（13232次）、风（12867次）、花（11432次）[②]。可以说，宋人在集体的无意识间选择了最切合这一时代风貌的字眼。内忧外患的社会现实下，盛唐气象不复存在，宋代文人的心灵背负起沉重的枷锁，他们的心态趋向内敛与封闭，锐减了唐人关注日月山河的豪情，转而琢磨个人的内心，他们感“落花人独立”，叹“人生如梦”，正是对自我情怀的书写。与此同时，对于刚劲顿消、喜作闺音的宋人而言，花作为最切合女儿情态的物事被反复把玩，或自拟或喻人或兴感。国事的艰危，仕途的艰难，抑或内心深沉的忧患感，又令宋人常常忽略花开的芳菲绚烂，总有命薄如花，风中无主的哀伤意绪。可以说，“风”吹“花”落，是宋“人”最为显著的生命情怀，“落花”则是宋人感时伤世的核心意象之一。

与唐朝十数首落花诗相较，宋代落花主题诗词创作数量激增。据

---

① ［五代］刘昫《旧唐书》卷一六八，列传第一一八。

② 路成文《宋代咏物词史论》，商务印书馆2005年版，第34页。

国家数字图书馆《全宋诗》分析系统的检索数据：宋诗标题涉及“落花”或“花落”的有一百多首，其中包括《落花》《落花怨》《落花吟》《落花香满泥》《梅花落》《春郊花落》等，另有涉“惜花”37首、“残花”12首，“感花”10首，余者如《花残》《风花》《花飞》《花谢》《风雨损花》等，难以尽数。这一时期落花题材的组诗创作也为数不少，规模较大者有冯时行《落花十绝》、刘克庄《落花怨》10首、宋徽宗赵佶《散花词》（五绝）9首、吴芾《感花》8首，规模较小的创作数量更甚，如邵雍《落花吟》3首、廖行之《落花》3首、宋祁《落花》2首、韩琦《落花》2首、何梦桂《赋风花》2首、刘辰翁《春景·落花香满泥》2首、张耒《依韵和晁十七落花》2首等。词作方面，河南大学李春燕硕士论文《宋词中的落花意象》据唐圭璋先生所编《全宋词》得出的数据：“就落花词的数量而论，经过组略统计，共一千多首，如柳永笔下16首；欧阳修36首；晏殊33首；刘克庄34首；苏轼40余首；秦观21首，占了他所有词作的四分之一；王沂孙34首；程垓落花词作有47首，占其总体词作的三分之一。”可以说，两宋时期的落花已经从纷繁万象中脱颖而出，成为文人写意抒情的最重要载体之一。

六朝以后，人们对于玩赏、题咏花卉的热情从未消歇，成愈演愈烈之势，这也使其能够从侧面反映出时风世貌的变迁。五代时期的《花间集》因热衷写花得名，其中频繁出现的杏花、桃花、荷花等多开放正秾，象征着生活的富贵、闲逸。及至南唐二主及冯延巳，猛虎在伺，难以安枕，王朝末世的阴影笼罩下，他们更多地选择了吟咏落花。李璟的《山花子》写：

菡萏香销翠叶残，西风愁起绿波间。还与韶光共憔悴，不堪看。

细雨梦回鸡塞远，小楼吹彻玉笙寒。多少泪珠何限恨，倚阑干。[①]

春风带暖意，西风主杀伐，如果说蜀主孟昶之“屈指西风几时来”[②]尚且是隐忧，那么南唐的西风则已经吹来，且摧残得“菡萏香销翠叶残”。王国维《人间词话》评首句“有众芳芜秽、美人迟暮之感。”[③]陈廷焯《白雨斋词话》以为此词“沉之至，郁之至，凄然欲绝。”[④]之所以沉郁至此，是因此情非止一人之痛，而乃一国之殇。李璟在另一首《山花子》词中问：“风里落花谁是主？”身为南唐国主的他，对国家与自己的将来无能为力，苟且偷安却又无法真正释怀，内心的不安与茫然令他有身如落花的感触，才会如此惆怅落花风不定。

南唐宰相冯延巳和后主李煜笔下亦多落花，如冯延巳有：

《南乡子》(细雨泣秋风)：细雨泣秋风，金凤花残满地红。

《虞美人》（春风拂拂横秋水）：杨花零落月溶溶，尘掩玉筝弦柱，画堂空。

《采桑子》（微风帘幕清明近）：微风帘幕清明近，花落春残，尊酒留欢，添尽罗衣怯夜寒。

《采桑子》（洞房深夜笙歌散）：洞房深夜笙歌散，帘幕重重，斜月朦胧，雨过残花落地红。

《临江仙》（冷红飘起桃花片）：冷红飘起桃花片，青春意绪阑珊。高楼帘幕卷轻寒，酒馀人散，独自倚阑干。

---

① 又名《摊破浣溪沙》，《全唐诗》卷八八九。

② ［后蜀］孟昶《避暑摩诃池上作》，《全唐诗》卷八八九。

③ 王国维原著，佛雏校辑《新订〈人间词话〉•广〈人间词话〉》，第109页。

④ ［清］陈廷焯《白雨斋词话》卷一。

《清平乐》（雨晴烟晚）：黄昏独倚朱阑，西南新月眉弯。砌下落花风起，罗衣特地春寒。[1]

李煜诗词中描写落花的有：

《谢新恩》（樱花落尽阶前月）：樱花落尽阶前月，象床愁倚薰笼。[2]

《浣溪沙》（东风吹水日衔山）：落花狼藉酒阑珊，笙歌醉梦间。

《应天长》（一钩初月临妆镜）：重帘静，层楼迥，惆怅落花风不定。

《相见欢》（林花谢了春红）：林花谢了春红，太匆匆。无奈朝来寒雨，晚来风。

《浪淘沙》（帘外雨潺潺）：流水落花春去也，天上人间。

《九月十日偶书》：晚雨秋阴酒乍醒，感时心绪杳难平。黄花冷落不成艳，红叶飕飗竞鼓声。[3]

对于南唐词人而言，花是当初纸醉金迷的背景和象征，落花却是笙歌散尽人萧索的当下，是乱世风雨中随波逐流的命运。所谓“文变染乎世情，兴废系乎时序”[4]，与唐人“落花”写“黍离”相较，南唐这类词作更旨隐词微，更近闺中情调，往往托儿女之辞，写家国之事。

北宋时期虽有强掳在外，朝野上下则大抵一派升平，此时的落花

① 冯延巳词均选自《全唐诗》卷八八九。

② 曾昭岷等编《全唐五代词》正编卷三，中华书局1999年版，第762页（此词《全唐诗》未收）。

③ [南唐]李煜《九月十日偶书》为七言律诗，以上李煜诗词均选自《全唐诗》卷八八九。

④ 《文心雕龙》卷四五，《时序》篇。

之咏数量繁多，并由于作者个人境遇、才气性情的差异而呈现出多样的风格。有“太平宰相”之“无可奈何花落去，似曾相识燕归来”“满目山河空念远，落花风雨更伤春。不如怜取眼前人”[①]；洒脱“醉翁”之“群芳过后西湖好，狼籍残红。飞絮蒙蒙。垂柳阑干尽日风”[②]“红泥煮酒尝青杏，犹向临流藉落花”[③]；“千古伤心人”之“自在飞花轻似梦，无边丝雨细如愁”“飞絮落花时候、一登楼。便做春江都是泪，流不尽，许多愁”[④]……在这些脍炙人口的落花之咏中，宋庠、宋祁兄弟的《落花》诗被传为佳话，对后来的落花主题诗歌创作产生了深远影响。

宋庠、宋祁兄弟都是北宋名臣，他们官运亨通，又并有文名，时人称为“二宋”。二人布衣时曾拜访适知安州的夏竦，席间各赋《落花》诗——宋庠《落花》：

> 一夜春风拂苑墙，归来何处剩凄凉。
>
> 汉皋佩冷临江失，金谷楼危到地香。
>
> 泪脸补痕劳獭髓，舞台收影费鸾肠。
>
> 南朝乐府休赓曲，桃叶桃根尽可伤。

宋祁《落花》：

> 坠素翻红各自伤，青楼烟雨忍相忘。
>
> 将飞更作回风舞，已落犹成半面妆。

---

① ［宋］晏殊《浣溪沙》（一曲新词酒一杯）、《浣溪沙》（一向年光有限身），《全宋词》卷九。

② ［宋］欧阳修《采桑子》（群芳过后西湖好），《全宋词》卷一五。

③ ［宋］欧阳修《寄谢晏尚书二绝》其一，《欧阳文忠公集》卷五六。

④ ［宋］秦观《浣溪沙》（漠漠轻寒上小楼）、《江城子》（西城杨柳弄春柔），《全宋词》卷六三。

沧海客归珠迸泪，章台人去骨遗香。

可能无意传双蝶，尽委芳心与蜜房。

夏竦对二人都大加赞赏：“咏落花而不言落，大宋君须作状元及第，又风骨秀重，异日作宰相。小宋君非所及，然亦须登严近。”[①]之后果然宋庠官至宰相，宋祁也做到工部尚书。二宋落花诗砌典状物，尚属“西昆体”，然毕竟构思精巧，才情毕现，且机缘巧合之下颇有几分诗谶意味，被后世传为文坛掌故。刘克庄称：“古今咏落花无出二宋兄弟”[②]，明代徐应秋、徐㶿、归庄等人的落花诗序中，也都表示以二宋落花诗为宗[③]。

靖康以后，南宋词人心怀家国沦丧之悲与壮志难酬之痛，落花之咏的风格也随之转变。或软弱悲楚，近南唐之致，如宋徽宗赵佶被金兵俘虏北上时所书《燕山亭·北行见杏花》，从前“新样靓妆，艳溢香融，羞杀蕊珠宫女”的杏花在国破归为臣虏时尤惹伤怀——“易得凋零，更多少无情风雨！愁苦，问院落凄凉，几番春暮？”[④]亡国之君的凄凉与可怜令人虽怒其不争，也不得不哀其不幸，正若王国维先生所言，此词亦属“以血书者”[⑤]。又或摧刚为柔，心危词苦，托儿女之情，述戎马社稷之事，如辛弃疾之“帐暖金丝，杯乾云液，战退夜飂飘。障泥系马，扫路迎宾，先借落花春色”“头上貂蝉贵客，花外麒麟高家，

① ［宋］吴处厚《青箱杂记》卷四。

② ［宋］刘克庄《后村集》卷一七六。

③ ［明］徐应秋《玉芝堂谈荟》、徐㶿《笔精》均记：“落花诗始于二宋。”归庄《落花诗有序》：“落花之咏，昔称二宋。”

④ 《全宋词》卷一一六。

⑤ 唐圭璋《词话丛编》，中华书局1986年版，第4243页。

人世竟谁雄。一笑出门去，千里落花风”[①]等句，“落花”之中不见娇袅而平添风骨。

宋代落花意象的蔚然而兴有着多方面的原因：其一，宋人重视举业，读书人多，作品数量随之激增，相应的各种文学创作也呈繁荣之势；其二，宋人爱花之风极盛，因为钟爱与关注，也就容易触落花之景而生情；其三，当时文人多囿于书斋生活，追求雅致，与自然界的接触有限，落花随处可见且富诗情画意，故而容易入诗；其四，宋人喜作闺音，落花娇袅柔弱，正合女子情态；其五；词文体从小令向慢词演进，铺排的需要使早期如惊鸿一瞥，不加着墨的落花得以被浓墨重彩地书写。

（三）元代创作

元代文学是我国古代文学发展的重要转折期，戏曲、小说成为文坛主流，呈现出异常活跃繁盛的局面。落花意象因其妩媚柔弱兼具高情雅趣的特殊美质，往往能切合创作者烘托氛围、点染人物、展开情节等需要，从而在这些叙事文学作品中发挥重要功用。关于叙事文学领域中的落花意象，后文将有详述，本章暂不展开。在这一时期的诗歌领域，元之“一代文学”元曲被王国维视作中国文学史上“最自然”“最有意境”之文学，作为在民间说唱艺术影响下形成的适于使用口语的诗歌形式，元散曲自然质朴与健爽舒朗的特质在落花意象相关文学创作中，也有突出体现。

首先，元散曲中的落花意象不再清高孤冷，很多时候都显得通俗质朴，富有生活气息。马致远［双调·落梅风］《远浦帆归》写：

---

① ［宋］辛弃疾《苏武慢·雪》《水调歌头》（我饮不须劝），《全宋词》卷二五九。

夕阳下，酒旆闲，两三航未曾着岸。落花水香茅舍晚，断桥头卖鱼人散。

落花纷纷，水面飘香，给黄昏渔村里的酒旗、航船、茅舍、鱼市平添了诗情画意，而在这些日常生活的图景中，落花也不带丝毫伤感意味，只是和谐地融入这幅水乡画卷，让读者在人间烟火之气中又感到几许清疏和淡雅。

再若盍西村［越调·小桃红］《临川八景》第四首：

落花飞絮舞晴沙，不似都门下。暮折朝攀梦中怕，最堪夸，牧童渔叟偏宜夏。清风睡煞，淡烟难画，掩映两三家。

夏日金堤上落花柳絮在清风中舞动，不会被攀折送别，也就不会令人联想到离人的伤感。一派明快可喜的景致中，牧童吹笛，渔夫垂钓，度过舒适怡然的夏日。

此外如刘时中［双调·折桂令］《张肖斋总管席间》："问甚花落花开，春来春去，覆雨翻云。莫孤负田家瓦盆，且留边茅舍洼樽。"贯石屏［仙吕·村里迓鼓］《隐逸》："我将这绿柳栽，黄菊种，山林如画。闷来时看翠山，观绿水，指落花，呀！锁住我这心猿意马。"落花不再只于空山幽谷中自开自落，不再仅是触动文人墨客骚怨情绪的感伤物事，而成为田间地头、路野乡村的点缀，渗透着浓浓的生活气息。

其次，受"浪子风流""隐逸情调"等时代风气的影响，元散曲中落花相关创作的境界较宋词里更加开阔明朗，情感也更冲淡平和。张可久［中吕·粉蝶儿］《春思》中有一曲：

想当初教吹箫月下欢，笑藏阄花底杯。到如今花月成淹滞，月团圆紧把浮云闭，花烂熳频遭骤雨催。落花残月应何济？花须开谢，月有盈亏。

曾经有过花好月圆夜，现如今的“落花残月”便显得格外凄凉，短暂的无奈之后，诗人很快便释怀，因为“花须开谢，月有盈亏”，实在是自然与人生中再正常不过的因循往复。

滕斌［中吕·普天乐］《气》写：“我爱青山共流水，游一和困在苔矶。落花啼鸟，一般春意，归去来兮。”乔吉［南吕·玉交枝］《闲适》道：“苍松翠竹堪图画，近烟村三四家。飘飘好梦随落花，纷纷世味如嚼蜡。”落花之中，都带着飘然世外、落拓不羁的况味。

汤舜民［中吕·谒金门］《落花》小令中一首道：

> 落花，落花，红雨似纷纷下。东风吹傍小窗纱，撒满秋千架。忙唤梅香，休教践踏，步苍苔选瓣儿拿。爱他，爱他，擎托在鲛绡帕。

表现爱花惜春，闺中少女急唤丫鬟休踩踏、精挑落瓣托鲛帕的举动格外活泼欢快，天真烂漫。面对落花，让人感到更多的不是“惜”，而是“爱”。

当然，元散曲中也不乏承接宋人遗绪，表现忧郁凄楚落花之感的作品。如曾瑞［中吕·喜春来］《遣兴（春闺思）》写相思：“蜂蝶困歇梨花梦，莺燕飞迎柳絮风，强移莲步出帘栊。心绪冗，羞见落花红。”钟嗣成［南吕·骂玉郎带过感皇恩采茶歌］《四时佳兴（春）》写伤时：“叹芳辰，已三分，二分流水一分尘。寂寂落花伤暮景，萋萋芳草怕黄昏。”查德卿［南吕·醉太平］《寄情》写离愁：“晚妆楼阁空凝望，旧游台榭添惆怅，落花庭院又昏黄，正离人断肠。”

然而，从总体上说，元人走出书斋，面向世俗生活，以及曲文体本身的俗文学本质，令元散曲中的落花意象少了些骚人情绪，而显得较为健爽开朗，轻松明快，更具有现实生活气息。

经过从先秦到元末的漫长演变，落花由简单的起兴之物发展成为情感意蕴丰富、为文人墨客津津乐道的重要文学意象。这些积累为元代以后落花相关文学创作进一步主题化、规模化奠定了坚实的基础。

第二章　明清落花主题吟咏

中国文学发展到明清两朝，诗词创作领域显现出盛极难继之态，落花之咏也少有绝妙神来之笔。才情有限而学力有余的两朝诗人却以连篇累牍的组诗将落花意象书写得浓墨重彩，将落花主题诗歌创作推上了最高潮。

组诗的历史可以追溯到上古时期，《吕氏春秋·古乐篇》记载："昔葛天氏之乐，三人操牛尾，投足以歌八阕：一曰《载民》，二曰《玄鸟》，三曰《遂草木》，四曰《奋五谷》，五曰《敬天常》，六曰《达帝功》，七曰《依地德》，八曰《总万物之极》。"这里的"八阕歌"是古曲与古辞相对应的，那么它的辞，应该就是现存史料记载中最早的组诗了。在《诗经》和《楚辞》的时代，复沓回环、连章叠唱的歌咏形式已经屡见不鲜。如果要为组诗从自由的、不规范状态到逻辑化、规范性的过程确立一个完成的标志，当推阮籍的《咏怀八十二首》。自此之后，文人规模化的组诗形式创作便渐渐大行其道。清人叶燮提出："大凡物之踵事增华，以渐而进，以至于极。故人之智慧心思，在古人始用之，又渐出之；而未穷未尽者，得后人精求之，而益用之出之。"①明朝以后，各种体裁的文学创作都异常繁富，诗词文作品浩如烟海，用"落花"冠首命题的诗歌更是空前繁荣，以"落花""落花诗""落花吟"

① ［清］叶燮《原诗》内篇上，于民主编《中国美学史资料选编》，复旦大学出版社 2008 年版，第 491 页。

为题的大型组诗动辄数十首，总量数以千计。可以说，这一创作盛况，既有社会现实和作家个人的因素，也是“踵事增华”文学规律的结果。本章将重点探讨明清时期的这些落花主题组诗。

第一节 “落花”主题创作概述

明代的落花组诗创作从开国之初便已开始。明太祖朱元璋出身草莽，文化程度不高，为反映“君臣道合，共乐太平之盛”[1]，却颇爱与侍臣吟诗作对。现存《明太祖文集》收录三十三首和赠之诗，其中有七首《雨坠应落花》，分别赓和徐瑛、吴喆、马从、宋璲、朱孟辨、桂慎、刘仲质七人。朱才力有限，多数诗歌写得并不好，而他的这几首落花诗，虽然也平白粗糙，却全然不同于寻常文人之作的触景伤情、顾影自怜，颇显自身的独特气质。试看其中三首：

雨坠应落花赓徐瑛韵

人道春归实不归，但知结实蕊枝稀。

昨朝一夜如膏雨，正是花成子就时。

又赓朱孟辨韵

潇潇雨洒坠花频，衬地由来似褥茵。

独有乾坤能造化，生成万物最多仁。

又赓桂慎韵

好风吹谢实成花，纠结飞飞似锦霞。

志者春光阴寸惜，人生一世几荣华。

① ［明］宋濂《恭跋御赐诗后》，《宋濂全集·翰苑别集》卷四，第1021页。

朱元璋没有怨风怨雨怨花落的骚人情绪，经历过农民生活的他清楚地知道“花成子就”是植物最大的价值，好风好雨则是顺利成长的重要助力，甚至可说是乾坤造物仁慈的恩赐。所以“雨坠应落花”，这是自然界新陈代谢的一个环节，因花的落，才有实的结，才有万物的生成。这样的态度正是朱元璋身上农民之质朴与王者之眼界的体现，文虽不饰，情却从心。这是明代最早的落花组诗创作。

明永乐年间解缙总编《永乐大典》，在卷五八三九，“麻”韵“花”目下专列“落花”一类，辑录了七十五则与“落花”相关的笔记掌故和诗词作品。这是现存仅有的通代落花诗编，虽然并不完备，也在一定程度上体现了落花意象在文学生活与创作中的活跃。大典“花”目共三卷，还列有“簪花”“买花”“瓶中花”“雨中花”“花开”“花神”“花品”“解语花”“非时开花”等一百五十多条。编者突破了以往按花卉名类划分的惯例，而视繁花为一体，注意到共性的“花”在不同情境下的差异性，且收录了大量琐细条目，十分难得。这也影响到后世的类书编纂，清人陈梦雷所编《古今图书集成》博物编草木典中，也独设“花”部，与“梅”“杏”“牡丹”“海棠”等分列，这样的安排与唐宋时的《艺文类聚》《太平御览》等相较显然更加细致和完善。

明中期以后，发生了三次较大规模的落花主题诗歌创作——

一、明弘治年间以沈周、唐寅、文徵明等苏州诗人为代表，以惜花伤春、表现个人生命感悟为内容的落花组诗创作，其参与者多享有较高的文坛地位，兼工书法、绘画，不少诗稿以题画、诗册的形式流传至今，在诗歌与书画领域都产生了深远的影响。

二、明末清初，以王夫之、归庄等亡明遗老遗少为主体，为隐晦的表达对现实的不满，借落花之题写亡国之痛、身世之感的诗歌创作。

他们的诗歌情感真挚，蕴藉深沉，具有鲜明的时代特色。

三、清乾隆年间有过一次御前落花诗唱和，德保、张廷玉、塞尔赫、汪由敦、王文清、周长发、嵇传芳七人分别作《恭和御制落花诗迭旧作落叶诗元韵》各六首，这次馆阁文人的奉和诗歌创作在情感及艺术上并无特出之处，影响比较小。

仅此三次落花诗创作活动中，便涉及四百多首落花诗，而综观明清两代，总的创作数量更是浩大。现今《全明诗》《全清诗》的编纂工作尚未完成，笔者仅综合中国基本古籍库、汉籍全文检索系统、诗词门户网站“搜韵”三方的检索结果得出：明清两代直接以“落花”为题的组诗创作数量超过千首；现存诗可查创作四到二十首落花诗者六十四人，创作二十首以上者二十二人；存诗最多者王夫之共作九十九首落花诗，次之唐时升作八十首，孙承宗作六十九首；参与落花组诗创作的还包括范周、刘墉、袁枚、文廷式、赵翼、翁方纲等名家。

此外见于时人笔记，今或亡佚的落花组诗也为数众多，据袁宏道《孤山小记》载：

> 近日雷峰下有虞僧孺，亦无妻室，殆是孤山后身。所著《溪上落花诗》，虽不知于和靖如何，然一夜得百五十首，可谓迅捷之极。[1]

他后来在尺牍中写道：

> 《溪上落花诗》，妙甚！夜来读之，至不能寐。何物无情，做此有情语？两发僧不忧破具足邪？连日坐酒食地狱，稍得出头，当携旧麈毛来，与公对掷，二公真何氏兄弟再来也。

---

① ［清］袁宏道《袁中郎全集》卷一四。

然求不谈理，胤不戒馋，二公见处，又高古一着子矣，何代无奇士哉！[①]

可知万历二十三年前后，虞长孺、虞僧孺兄弟创作《溪上落花诗》一百五十首，宿夜而成，对于此事《四库全书总目》中也有印证。

明徐允禄《思勉斋集》卷六录《孙续之次韵落花诗序》提到：

且击壤以成歌，方且短笛以信口。忽触之以落花律，重之以石田诸老后，先之唱和而一百五十首之次韵以成。

也就是说孙续之也曾写作过一百五十首《落花诗》。如今二虞和孙续之的诗都已亡佚，但很可能是事实上规模最大的两次落花组诗创作。

另明范允临为林若抚作《落花诗序》称其：

韵拈三十，律赋七言……诸家不敢竞爽，一时难与联镳，君苗砚焚，希逸纸贵，可谓才情双绝，金石相宣者矣。[②]

钱谦益的《林若抚挽词》中写其“落花行卷诛茅宅，好事知谁载酒过”[③]，可知林若抚曾以三十首七律《落花诗》行卷，时人颇重。

又明于若瀛为马弢叔落花诗题辞道：

见陌头之秾绿，蠹徂三春；睹溪上之飞英，愁飘万点。遂赋落花三十首，首各一韵，寄怀摅愫，既畅才情，铸格镕篇，亦追高雅。[④]

可知马弢叔也有落花诗三十首，林、马之诗今也不传，却可由此

① 范桥、张明高编《袁中郎中牍》，中国广播电视出版社 1991 年版，第 232 页。
② ［明］范允临《输寥馆集》卷二。
③ ［清］钱谦益《林若抚挽词》，《牧斋有学集》卷五。
④ ［明］于若瀛《弗告堂集》卷二三。

推测，在前文统计之外，还存在着很多散佚的落花组诗，其总量难以确计，明清两朝诗人对落花主题的热情可见一斑。

这一时期的落花主题组诗创作，到晚清乃至民国年间依然流波不断。庚子国变期间，文廷式曾作《落花诗》十二首针砭时事，不少学者认为该诗亦为悼珍妃所作。王国维自沉前数日曾为学生题扇，书写了唐韩偓和时人陈宝琛的七言律诗共四首，俱是落花主题的诗歌，此后吴宓作《落花诗》八首，称“兹以落花明王先生殉身之志，为宓《落花诗》所托兴”，显然认为落花诗对王国维意义重大，并以此题悼王。

落花意象发展到后期，越来越深刻地同人的生命、运数相联系，这种同生共感的体验，正是诗人们流连此题、累牍连篇的重要原因。

第二节　大规模落花吟咏

一、吴中唱和

明朝中期，文人成派结社之风盛行，并以征歌度曲、酬唱赓和为主要交流方式，以至一题多人、一人多诗的现象十分普遍。另一方面，士林炫博之风大盛，在诗歌领域的显著表现之一便是通过组诗的形式，增大诗歌的容量，达到逞才的目的。在这样的背景下，形成了以吴中才子为主力的第一次落花诗创作高潮。

沈周（1427—1509），字启南，号石田，晚年又号白石翁，明代苏州府长洲县（今江苏吴县）相城人。生于明宣德二年，卒于明正德四年，享年八十三岁。沈周出身长洲名门望族、书香世家，自少博学多才，诗、文、书、画样样皆精，与文徵明、唐寅、仇英并称，名列“明四家”之首。

明中期（成化—嘉靖）的苏州地区有着江南文化中心的地位，沈周诗画双绝，才华卓著，且又资深望重，热衷提携后辈，成为吴中文人圈的领袖，享有极高的声誉和号召力。

弘治十五年（1502），沈周的长子沈维时去世，次年，沈周安葬长子，并请文徵明为之志墓。一般认为，七十六岁的沈周白发人送黑发人，悲不自胜，故有落花之咏。事实上，据明张丑《真迹日录》卷二载：

《沈启南〈落花图卷〉》：全诗三十首，禄右咏落花诗三十首，弘治辛酉三月下浣，书于东禅精舍。

也就是说，在此前的弘治十四年，沈周就开始了《落花》组诗创作，并且一咏连篇三十首。虽然此次落花之咏的动机并非丧子之痛，但也应该和陆续经历亲朋离世的内心苦痛有关。所以长子去世后沈周更加频繁地写作《落花》诗，抒发人事代谢带给自己悲怆与无奈。据《沈周年谱》弘治十七年甲子（1504）条载：

春，赋《落花》诗十首以示文徵明，徵明持之转以示徐祯卿、吕常，三人皆有和诗。启南喜，又反和之。自后和者日盛。[1]

当时情形也记叙在文徵明的小楷《文待诏落花诗卷》题跋中：

弘治甲子之春，石田先生赋落花之诗十篇，首以示壁。壁与友人徐昌谷甫相与叹艳，属而和之。先生喜，从而反和之。是岁，壁计随南京，谒太常卿嘉禾吕公，相与叹艳，又属而和之。先生益喜，又从而反和之。自是和者日盛，其篇皆十，总其篇若干，而先生之篇，累三十而未已。[2]

这一时期的唱和主要包括四家六十篇《落花》诗：沈周作《赋得

① 陈正宏《沈周年谱》，复旦大学出版社 1993 年版，第 273 页。
② 周道振、张月尊《文征明年谱》，百家出版社 1998 年版，第 138 页。

落花诗十首》，文徵明同徐祯卿、吕常分别以《和答石田先生落花十首》《同徵明和答石田先生落花之什》《和答石田先生落花十诗》和之，沈周见此甚为开怀，作《再答徵明、昌穀见和落花之作》十首反和文徵明与徐祯卿，《三答太常吕公见和落花之什》反和吕常。其中，文徵明是沈周的嫡传弟子，徐祯卿早年曾得其推荐，是门生后辈，而沈周称吕常为吕公，二人年纪大约相仿。

弘治十八年，与沈周来往密切且同为吴门文苑领军人物的唐寅也作了《和沈石田落花诗三十首》。当时正是唐寅科场弊案发生后的第五年，他与家人失和，迁居桃花庵，胸中块垒藉由落花在诗中宣泄而出，可谓锥心泣血之作。唐寅和诗初为三十首，其后又多次书写，每次所录数量、内容都不尽相同，周道振、张月尊所辑校《唐伯虎全集》原集收七律三十首，补遗收十七首，共计四十七首。此外，唐寅的行书诗稿《落花诗册》用笔圆转妍美，书写俊秀挺健，耸翘敲侧，顾盼有情，一如其画，向来被认为是诗书双绝的杰作。

此次吴中落花诗歌唱和，可谓应者云集，明高儒所编《百川书志》及清黄虞稷所编《千顷堂书目》均载山阳人陈操编有《落花诗集》一卷，录沈周、唐寅等九人所作七言律一百三十首。今其刻本已亡佚，然就目前所见与本次落花唱和相关的创作，远远不止百三十之数。有明一代除上述沈、唐、文、徐、吕五位核心人物作九十首外，尚有：

孙承宗《续落花三十首用沈石田原韵》三十首

周用《落花》三十首[①]

唐时升《和沈石田先生咏落花》十首

① 周用、汪砢玉诗均为步沈周之韵所作。

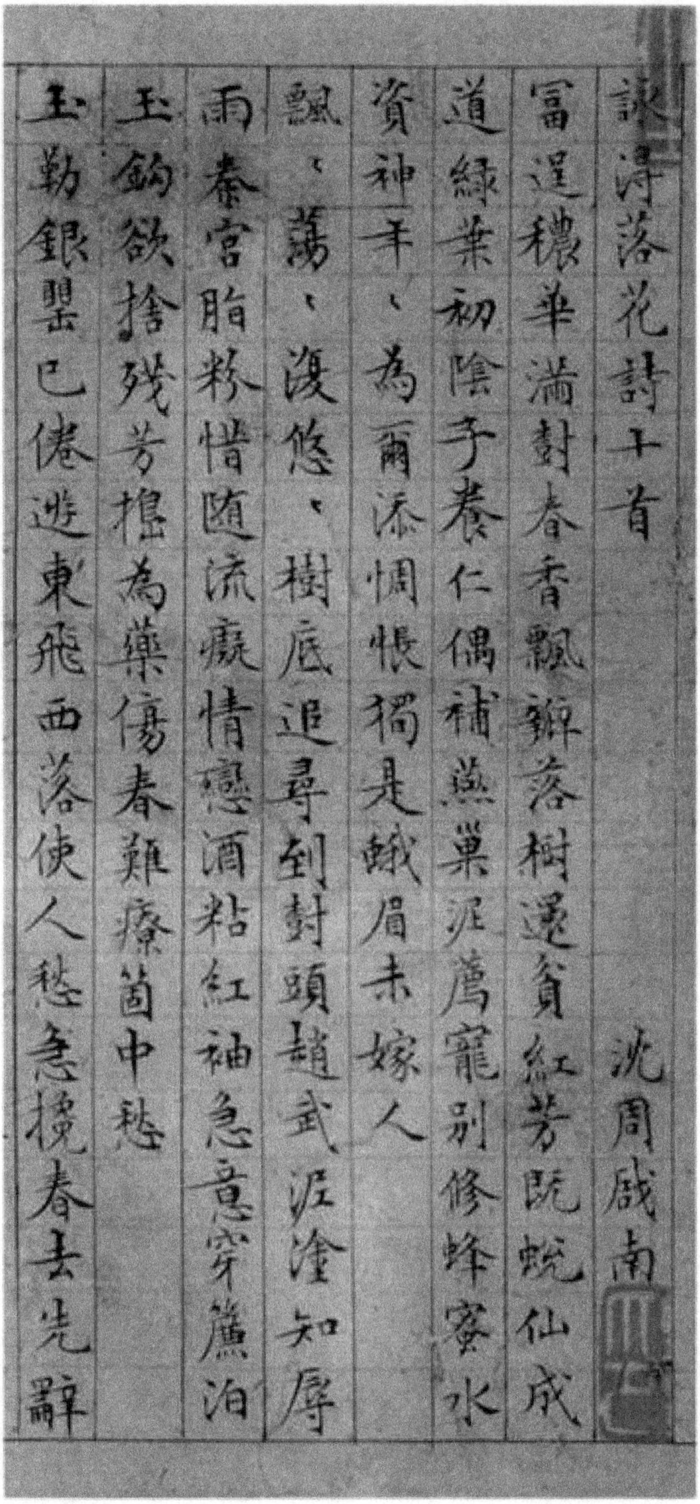

图12 ［明］文徵明小楷《落花诗卷》，苏州博物馆藏。

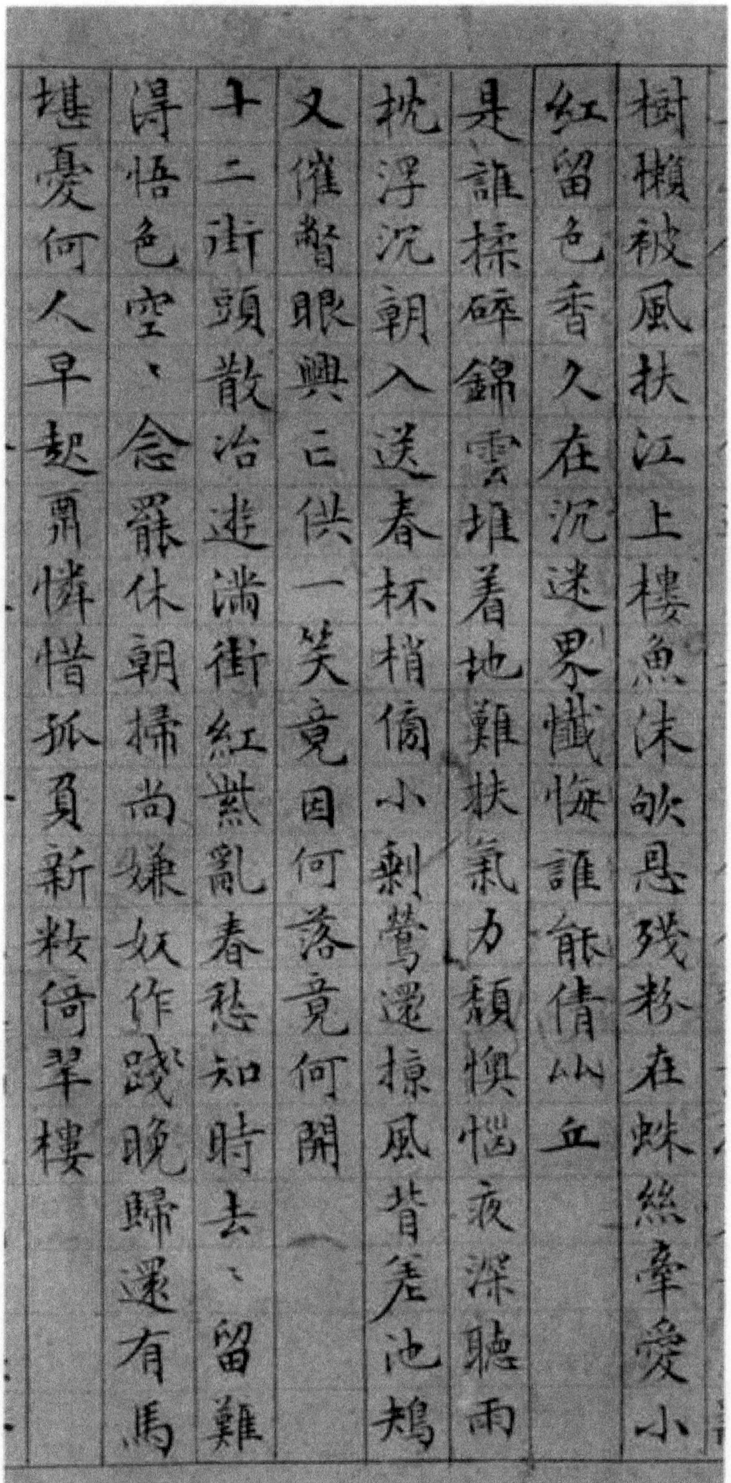

图13 ［明］文徵明小楷《落花诗卷》，苏州博物馆藏。

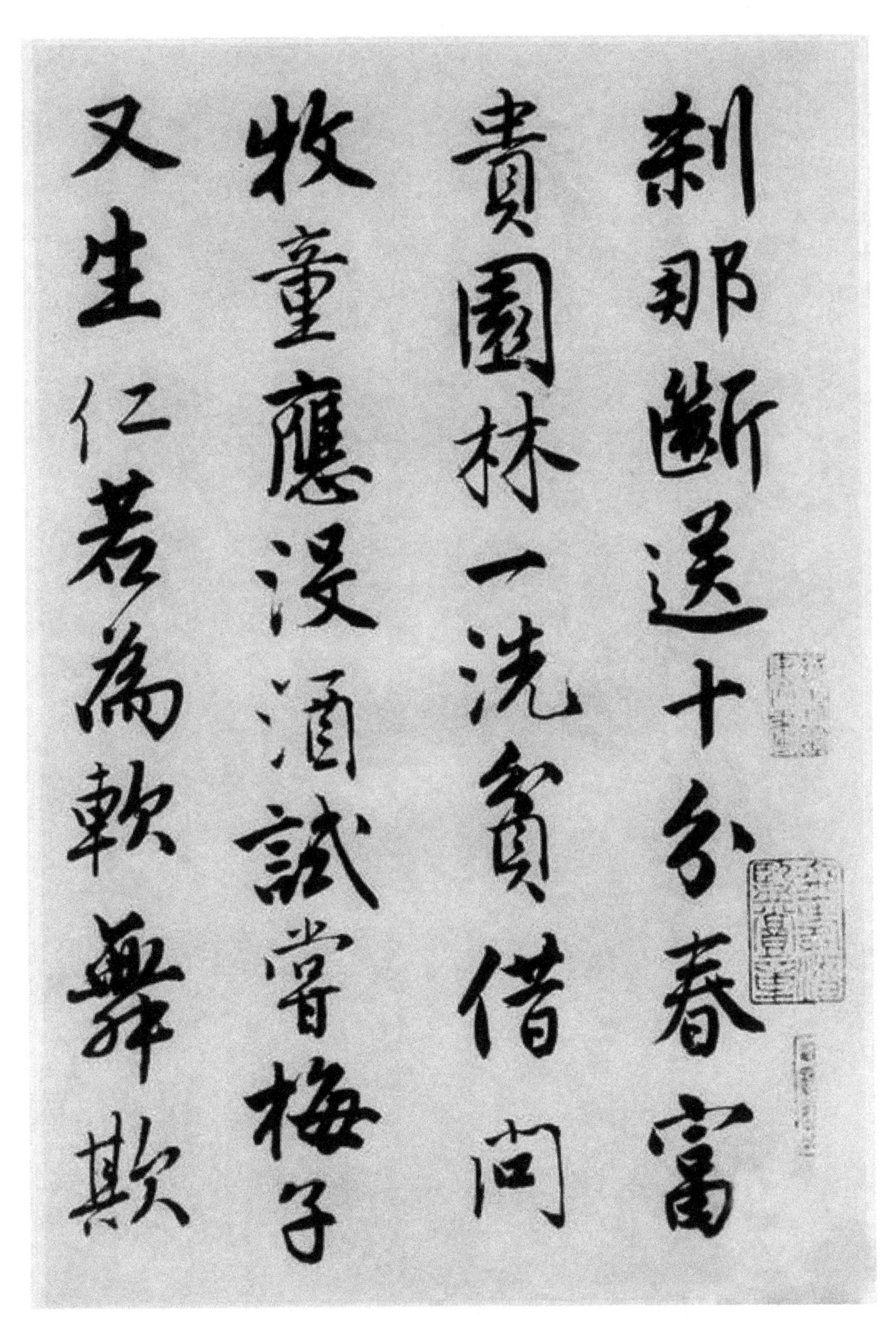

图 14 ［明］唐寅《落花诗册》，苏州博物馆藏。

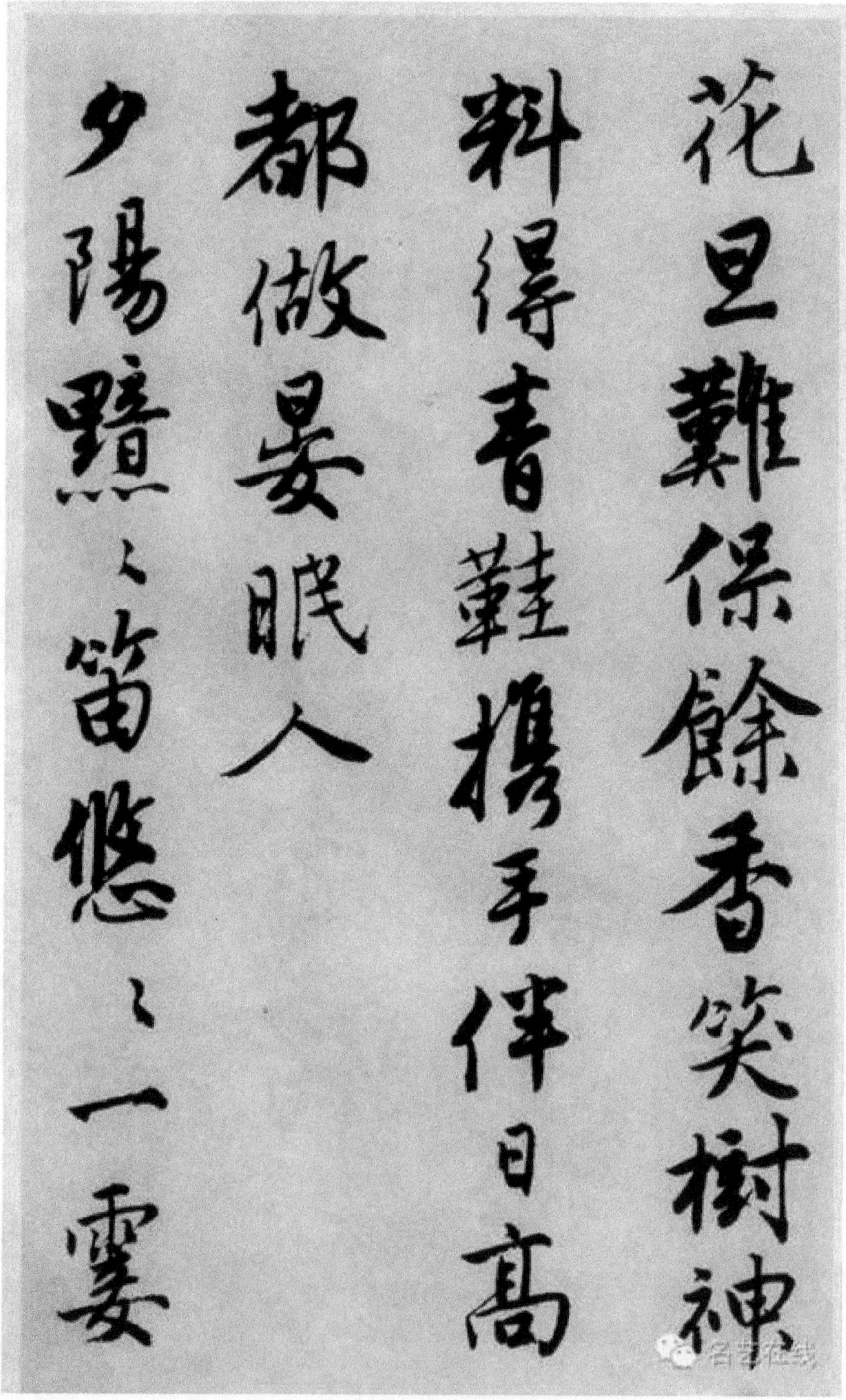

图 15 ［明］唐寅《落花诗册》，苏州博物馆藏。

《和吕桢伯先生咏落花诗》十首

《和文征仲先生咏落花》十首

汪砢玉《落花图咏》十首

董说《沈石田落花十图述》十首

申时行《落花》十首[1]

王建极《和石田翁落花诗》七首

杨谷《落花次石田翁韵》二首

罗泰《追和石田翁落花诗》二首

陈节《落花次石田翁韵》一首

孙七政《和石田翁落花诗次韵》一首

此外，还有现今诗已亡佚难考者，如归庄《落花诗有序》将林若抚的落花诗视为此次成弘之际的落花唱和创作，然林诗已不存，其他相关笔记未持此说，故难以定论。以及可能受沈周影响作落花诗却未言明和沈的情况，王良臣《诗评密谛》卷三记："吴中落花诗自沈石田起，一诗三十律，一时诗人倡和者郁然。"后列举了王文恪公（王鏊）的一首咏落花绝句，此诗在王鏊《震泽集》中题为《花落又作》，共有三首，并未言明是酬唱之作。然王也是吴县人，曾赞沈周"风流文翰，映照一时"[2]，对他很是推重，参与到沈发起的落花吟咏中也并非不可能。类似的诸多落花诗，虽不能判定与沈唐等人唱和直接有关，但在创作动机、体裁模式、思想内容、艺术风格等方面都与之相仿，或

① 归庄《落花诗有序》谓："落花之咏，昔称二宋，至成弘之际沈石田先生有落花诗三十首，同时吕太常文待诏徐迪功唐解元皆有和作，率以十计。其后申相国林山人辈唱和动数十篇。"申时行诗当属于此次唱和活动。

② ［明］王鏊《震泽集》卷二九。

许多少有受影响。

直到清朝中期，这次以沈周为核心的吴中落花诗唱和活动仍然影响着文坛，时有诗人遥相追和，如严熊《追和沈石田先生落花诗三十首》、先著《和落花十二首韵》[①]、沈景运《落花十首追和文待诏韵》、永珵《咏落花用文衡山韵十首》、周煌《观文衡山先生甫田集有和答石田落花诗十首，因用其韵》等等。可以说，以沈周、唐寅等人为核心的吴中才子唱和是文坛上参与人数最多、影响最为深远的落花组诗创作活动，随后的这类创作均在一定程度上受其启发与影响。

二、遗民创作

赵翼《题元遗山集》诗云："国家不幸诗家幸，赋到沧桑句便工。"清初遗民诗歌的辉煌成就便是"不幸"时代的产物，向来轻柔、娇媚的落花意象，在山河破碎，人心彷徨的时代背景下，也承载了前所未有的复杂、厚重情感。千百年经久不息的落花吟咏在锥心泣血的亡国哀乐中发出了金铁之声。

明清的改朝换代，给心系朱明王朝的诗人们以巨大的打击，一方面，他们迫切的需要找到出口宣泄故国之思与亡国之痛；另一方面，清朝在文化领域的高压政策令他们不得不三缄其口。在这样的情形下，一些能够隐晦地表达政治情绪的题材，如落花、红豆、谒陵等受到遗民诗人的格外青睐，创作数量很多，其中落花主题诗歌的大规模创作，尤为突出。

代表一朝春去，繁华散尽的落花是王朝气数尽、国祚倾的象征，

① 先著自序曰："沈石田旧有落花七律三十首，楚人周贞蘡删改为十二首，汰其累句，移东缀西，往往有天然之合，因爱而和之。"《清代诗文集汇编》第182册，先著撰《之溪老生集》卷二。

其花落离枝，四散飘零，亦是失国失怙遗民们漂泊无依的写照。加之花的颜色一般为红，红者，朱红也，这就与朱明王朝间有了某种隐晦而曲折的联系，使得落花又有了一重暗指亡明的隐喻。故而遗民诗人们或借春去花落的凄凉之景，寄托故国之思；或借落花为风雨所摧凌，惋惜败亡的情境；或以落花自喻，抒写心志，幽寄哀怨。落花之情多而深，倾泻如注，洋洒千言，从而有了大量组诗的出现。

崇祯末年，举人郭辅畿在家乡大埔（今广东省梅州市辖县）结诗社，他在《落花诗》三十首自序中写：

> 乙酉春，同社人以年伯黄纲庵先生诗六首相示，更取瑶泉申相国韵，互酬迭和……矧夫鸮啄灵根，鸷戕珠树。故园蔓草，旧屋寒烟。楚苑即长蘼芜，汉陵方冷麦饭。愁闻漏水，忍见销铜。听风雨于燕子矶边，徒伤金粉；想音尘于墨花台畔，弗续人琴。呜呼悲已！回首旧欢，宛如昨日；还思往事，顿是前朝。阅兴废而壮志将灰，历艰难而雄心殆尽。所谓思牵肠直，忧使眉皴。感慨百年，词非一指，文难骂鬼，诗易穷人。世之哀吾志者，吊禾黍之离离，悼断香兮漠漠。庶无訾于牧之之感旧，与卫阶之言愁矣夫！[①]

序中所提黄纲庵名黄锦，字孚元，号纲庵，东界大埕人，天启壬戌科进士，历官南京礼部尚书加太子太保，曾参与反清活动，倾家助饷，及败匿免后隐居潮州。黄锦《落花》诗今存九首，大约后有补作。乙酉是顺治二年（1645），前一年甲申国变，崇祯帝自缢煤山，黄锦在此时写作《落花》诗，其中有“从今别却繁华日，一片春心未肯降”“天

① 饶宗颐《饶宗颐二十世纪学术文集》第13册，卷九，新文丰出版股份有限公司2003年版，第77页。

道此时惊代谢，人间一瞬判荣枯”之句，显然是在为故国歌哭。同为崇祯时举人的陈衍虞也在《落花诗》自序中道：

风景不殊，山河顿异。已叹神州陆沉，又愤残疆沦蹟。往日之名封胜迹，多断送零烟残雨，即半壁之绣馆丽园，亦削色于鲸氛兔雾。悲乎！芳时易度，逝波不停。愳劫火之欲烧，冀光华之再旦。泚笔赋此，几欲发曼声于雍门，非徒寄痴情于锦国者矣。①

更是明确表示因国家沦丧而生苍凉之感是写作落花诗的动机。自己的落花诗不为寄痴情于锦绣香国，而是要曼声哀哭于国门。此次潮州诗人的落花诗歌唱和依申时行之韵，人各三十咏，很具规模。郭、陈之外余者难考，应大抵抒发“吊禾黍之离离，悼断香兮漠漠”的黍离之悲。

另一波大规模遗民落花诗歌唱和发生在湖湘地区，其中以王夫之的诗歌规模最宏大、影响最深远。清顺治十七年（1660），清兵攻克永昌，桂王逃到缅甸的阿瓦城，南明政权名存实亡。王夫之举家迁居衡阳金兰乡高节里，于茱萸塘（今曲兰镇湘西村）筑茅屋，编篾为壁，名“败叶庐”，并题诗云“败叶留不扫，鏦铮扣哀弦”。当年他便与友人唱和，写作《正落花诗》七律十首，其序言记：

庚子冬初，得些庵、大观诸老诗，读而和之，成十首，以嗣有众什，尊所自始，命之以正。雅，正也；变，非正也。

① ［清］陈衍虞著，曾楚楠主编《莲山诗文集点注》，中华诗词出版社 2006 年版，第 387 页。

雅有变，变而仍雅，则当其变，正在变矣，是故得谓之正。[①]

其中些庵即郭都贤（1599—1672），字天门，号些庵，湖南益阳人。天启二年（1622）进士，历官吏部郎中、佥都御史，巡抚江西，明亡后落发为僧，飘流两湖之间。罗正钧《船山师友记》考“大观为尹民兴别字”[②]，尹民兴（生卒不详），字宣子，别号洞庭。崇祯元年（1628）进士，历任宁国知县、兵部职方主事、太仆寺少卿。顺治二年（1645）清军攻下南京，尹民兴在泾县起兵，据城扼守，失败后退隐。由明入清，由仕及隐，相似的人生经历，同样的操守坚持，让这些遗民诗人同声相应，同气相求，湖湘之间落花诗赓和不断。据《楚风补校注》《沅湘耆旧集》等载，尚有湖北嘉鱼熊开元、熊维翰，崇阳王应斗，沱潜刘斡有，湖南武陵释髡残，郴州袁凖，衡山常默等人参与了这次落花诗歌唱和。

顺治十八年，明桂王在缅甸储铿被清兵俘获，南明灭亡，王夫之的夫人于年中离世，经历国破亲丧的王夫之陆续写作了《续落花诗》七律三十首、《广落花诗》七律三十首、《寄咏落花》七律十首、《落花诨体》七律十首、《补落花诗》七律九首。船山各组落花诗皆有题注，对诗题与创作动机进行了解释：

续落花诗：自冬徂夏，泝落沿开，拾意言以缀余，缓闲愁之屡互。夫续其赘矣，赘者放言者也。意往不禁，言来不御，闲或无托，愁亦有云，是以多形似之言，归于放而已矣。

广落花诗：礼曰：广鲁于天下。鲁不有天下，广之以所

---

① ［清］王夫之著，船山全书编辑委员会编校《船山全书》，岳麓书社 1996 年版，16 册，第 328 页。

② 罗正钧纂《船山师友记》，岳麓书社 1982 年版，第 69 页。

未有也，以情广之也。迹所本无，情所得有，斯可广焉。夫落悴而花荣，落今而花昔。荣悴存乎迹，今昔存乎情。广花者，言情之都也，况如江文通所云“仆本恨人”者哉。

寄咏落花：天地指也，万物马也，虾目水母也，寓木宛童也，即物皆载花形，即事皆含落意。九方歅专精而视，无非骐骥者。苟为汗漫，亦何方之有哉。八目十咏，犹存乎区宇之观也。

落花诨体：楚殿滥觞，赋成虱胃；柏梁步武，咏及妃唇。岂但工部诙谐，黄鱼乌鬼；抑且昌黎悲愤，豕腹龙头。诨有自来，言之无罪。乃凡前诸什，半杂俳词，徒此十章，显标诨誉。盖度彼参此之为尤，斯责实循名之有别也。

补落花诗：九十维期，已合春阳之数；七言载咏，还拾花史之遗。补束皙之亡[①]，义谐小己；续灵均之九，无待门人。漏一成奇，将无才尽；亏虚乎百，良亦道穷。此帙之登，逢秋斯暮。月寒在夕，叶怨于枝。愁抽管而横陈，思纷纭而卒乱。或待良和伊始，佳蔼重荣。迓芳树之葳蕤，暄情旁发；邀勾芒之灵宠，胜事仍修。然则绍未济之终，彼其时也，嗣获麟之笔，今何有焉。倘尔长乖，缄之永世。[②]

由其题序可以看出，这几组落花诗是王夫之不同时段基于不同指向的创作，或写乱世变而尤正之风雅，或放时序更迭之闲愁，或以花形载物写他事，又或为接楚骚遗韵，“续灵均之九”而凑篇……王夫之笔下的落花，不同于历来骚柔诗人作小女儿情态的“闺音”路数，

---

① 《补亡诗》，意在补《诗经》中“有义无辞”的《南陔》、《白华》等六篇。

② ［清］王夫之《姜斋诗文集》，夕堂戏墨卷一。

而有着更坚韧的风骨、更博大的情怀。

同一时期，昆山诗人归庄[1]也创作十二首《落花》诗，并自序云：

> 落花之咏，昔称二宋，至成、弘之际，沈石田先生有落花诗三十首，同时吕太常、文待诏、徐迪功、唐解元皆有和作，率以十计；其后申相国、林山人辈唱和动数十篇，亦以穷态极致，竞美争奇，后有作者，殆难措手。然诸公皆生盛时，推击风雅，鼓吹休明，落花虽复衰残之景，题咏多做秾丽之辞，即有感叹，不过风尘之况，憔悴之色而已。我生不辰，遭值多故。客非荆土，常动华实蔽野之思；身在江南，仍有大树飘零之惑。以至风木痛绝，华萼悲深，阶下芝兰，亦无遗种。一片初飞，有时溅泪；千林如扫，无限伤怀！是以摹写风情，刻画容态，前人诣极，嗣响为难。至于情感所寄，亦非诸公所有。无心学步，敢曰齐驱；借景抒情，情尽则止。

归庄（1613—1673）字元恭，号恒轩，江苏苏州吴县人，明末诸生，复社成员。曾参与昆山一代的抗清活动，事败亡命。他在诗序中明确区分了自己所作落花诗与成弘之际沈周等人的唱和，在他看来，沈唐诸公生于盛时，其惜花伤春之情只能算小病呻吟，而对于遭逢巨变的自己而言，身世之悲、亡国之痛却是彻骨之深，他无心如前人般摹写风情，尽态极妍，而是以花抒情，寄托遥深。遗民诗人与吴中才子的落花诗歌创作之悬殊，也正在于此，一边是太平清歌，文人弄巧，写个人的生命感悟；一边则是乱离之音，志士呜咽，写家国的运数无常。

---

① ［清］归庄《恒轩诗》录有《落花诗》12 首并续作 4 首，共 16 首。续 4 首分别和马殿文（名鸣銮）、孙子长（名昌裔）韵，孙为明遗老，明亡不仕，马于康熙年间入仕。

今人选归庄《落花》诗多录第一首：

江南春老叹红稀，树底残英高下飞。
燕蹴莺衔何太急！溷多茵少竟安归？
阑干晓露芳条冷，池馆斜阳绿荫肥。
静掩蓬门独惆怅，从他芳草自菲菲。

诗中春老红稀暗示抗清运动衰落，抗清志士或死或散，大势已去。“燕蹴莺衔”“溷多茵少”指清朝残酷镇压下形势的险恶。颈联将“芳条”和“绿荫”对比，道出卫道者处境之艰难和变节者利禄之丰厚，设喻贴切，旗帜鲜明。最后写诗人隐居陋室，独自惆怅，任旁人追名逐利，争相炫耀，誓要坚守名节，决不随波逐流。全诗景语即情语，处处见不平，可谓寄托遥深。吴伟业称赏归庄《落花》诗“流丽深雅，得寄托之旨，备体物之致”，宋琬也谓“玄恭以磊落崎崟之才，为婀娜旖旎之词，兴会所至，犹带英雄本色”[①]。

此外，释函可、屈大均等的落花诗也当属遗民创作——

释函可（1611—1659），字祖心，号剩人，广东博罗人。二十九岁出家芦山，历主广慈、大宁、永安、慈航诸大刹。曾坐文字狱，后械送北京，流放沈阳。著有《千山诗集》《千山语录》。有落花诗十首。

屈大均（1630—1696），名邵隆，号非池，字骚余，广东番禺人。明末清初著名学者、诗人，曾与魏耕等进行反清活动，后避祸为僧，中年仍改儒服。著作多毁于雍正、乾隆两朝，后人辑有《翁山诗外》《翁山文外》《翁山易外》《广东新语》及《四朝成仁录》。有落花诗共六首。

清初遗民的落花诗歌，可谓血泪所书，情感深沉悲怆，且诗人多

---

① 钱仲联主编《清诗纪事·明遗民卷》，江苏古籍出版社1987年版，第488页。

年岁较长，阅历丰富，博学强识，创作时能够旁征博引，累牍连篇，故在体裁、内容、规模与艺术成就等方面都值得关注。这些寄托黍离之悲的落花组诗创作也影响遥深，直到民国时期，依然余绪不绝。

第三节　个案分析

一、沈周落花诗

“吴中《落花诗》自沈石田起，一咏三十律，一时诗人倡和者斐然。”[①]虽然这些创作可谓“穷态极致，竞美争奇，后有作者，殆难措手”[②]，但大多数创作者在酬唱交际的需要下直接套用了惯常落花伤怀的风格情调，和者虽众，尽是缠绵柔婉之致；篇幅虽多，不出伤春惜时之调。而作为此次文坛盛事核心人物的沈周和唐寅，不仅创作诗歌数量多，且才华特出于侪辈，又能手书己心，诗中满含个人独特的人生体验，别具一格，为其中佼佼者。唐寅才名极盛，关于其落花诗研究已有珠玉在前，本文不再平添瓦砾，仅主要考察沈周的落花诗歌创作。

沈周晚年对落花可谓情有独钟，由其反复绘制落花图，书写落花诗可见一斑。他个人虽然长寿，却无奈地陆续经历丧偶、丧子、失朋之痛，落花之景正与这些人事代谢相仿佛，从而勾起他内心的怅惘，不禁再三流连歌咏。

沈周五十首落花诗的中心意旨，基本可以透过以下两首具有收束

① 吴文治主编《明诗话全编》卷三，江苏古籍出版社 1997 年版，第 2458 页。
② 《清诗纪事·明遗民卷》，第 487 页。

全组作用的诗歌来体察——

《落花》其二十九[①]：

盛时忽忽到衰时，一一芳枝变丑枝。

感旧最关前度客，怆亡休唱后庭词。

春如不谢春无度，天使长开天亦私。

莫怪流连三十咏，老夫伤处少人知。

其五十：

东风刮刮剧情吹，万玉园林孑不遗。

席捲横收西楚货，国亡空怆后庭词。

拂红回去思前度，搔白看来惜少时。

莫怪留连五十咏，老夫伤处少人知。

不难看出，作者两次书写落花诗，都为表现自己的“伤处”，此伤由世事盛衰变幻无常，抚今思昔不胜惆怅而来。而这一吟半百的落花诗，按照思想倾向大抵可分为两类：其一是因花动情，其二是观花悟道。

（一）因花动情

1．今昔之感

花开花落最易引发人的时序之感，物候更迭，时间流逝，人事沧桑代谢，生命随之衰老。对于年近八旬的沈周而言，目睹过太多花开花谢，经历过太多世事无常，于是多有今昔之感。

如《落花》其九：

昨日繁华焕眼新，今朝瞥眼又成陈。

深关羊户无来客，漫藉周亭有醉人。

---

① 沈周《落花》诗序数，下同。据《石田诗选》卷九，《影印文渊阁四库全书》本。

露涕烟洟伤故物，蜗涎蚁迹吊残春。

门墙蹊径俱寥落，丞相知时却不嗔。

其四十九：

为尔徘徊何处边，赤阑干外碧檐前。

乱飞万点红无度，间过一莺黄可怜。

观里又来刘禹锡，江南重见李龟年。

送春把酒追无及，留取银灯补后缘。

诗人们习惯写物是人非的忧愁，却甚少关注人还在、物已非的情境，对于高寿的沈周而言或许这才是他最惯常的体验。周边的景新陈相替，或许有些便不再出现了，周遭的人来来往往，或者有些便不会再来了，不是所有的旧地重游都能再见昔日的光景，不是所有的久别都能恰好重逢。世事变化无常，今日相留不住，若还有后缘便是万幸。沈周对于“后缘”的期许，一方面希望今日繁华明朝重回；另一方面，便是期许自身能够如生生不息的春事一般，年年岁岁如此，经久不息。

2．厚生惜命

作为一个有着强烈时间与生命意识的诗人，沈周重视生命，渴望百年长寿，他的伤时之感表现在对于生命欢愉的眷念和对生命流逝、垂垂老矣的叹息。

如《落花》其十三：

再四追寻何处边，石阑干外竹帘前。

青虫夹堕容相赖，黄鸟兼飞得可怜。

移昨夜灯修故事，剩今朝雨泣余妍。

摧残怅感年年惯，将谓今年剧去年。

其三十二：

阵阵纷飞看不真，霎时芳树减精神。

黄金莫铸长生蒂，红泪空啼短命春。

草上苟存流寓迹，陌头终化冶游尘。

大家准备明年酒，惭愧重看是老人。

伴随着年华的老去，对于衰老的感触会越来越强烈，花朵飘落使得芳树减精神，正如青春流逝人日渐虚弱无力一般，于是想，若花能有长生之蒂常开不败，春天也不会如此短暂，人若有长生之术，便也不那么容易归于尘土。然而，世事终究不如人意，衰老死亡必然会如约而至。对于沈周而言，飞花之殒命或许正预言着自己无法回避的宿命，于是一个爱花之人才“留连空树浑无赖，牵惹闲愁却悔来”（十二）。

这样强烈的重生恋生心态还表现为一种死亡意识。沈周六十岁丧妻，七十七岁丧子，在他漫长的人生历程中也必然经历众多的生离死别，作为一个重情、重生的人，落花所带来的生命终结之感势必让他生出无限的伤悼之情。在沈周的落花诗中常有表现身死魂消、招魂祭奠的诗句，如“放怨出宫谁恋主，抱香投井死同缘”（十六）“香犹郁土亡妻葬，泪不成妆弃妇归”（十七）“悲歌夜帐虞兮泪，醉侮烟江白也魂”（二十三）“尚有断香残粉在，何人剪纸一招魂”（二十五）……花的死亡对应故人的离世，对应历史上那些轰轰烈烈的死亡，然后回到自身，生出一种“昨日不知今日异，开时便有落时催”（十二）的危机意识。在沈周的另一类落花诗中，我们可以看到，藉由观化悟道，这种忧患与困扰得到了一定程度的消解。

（二）观花悟道

落花意象天然带有浓重的悲剧意味，格外容易引发人的消极情绪，沈周热衷于此，也常常不由自主地沉溺在对于过去的缅怀、对于未来的忧怖中，自伤自怨。然而，综观沈周一生的处事方式、生活态度，他交游广泛，好客喜群，乐山乐水，是个“不羁人”，可以说沈周的个性中更多的是潇洒、豁达的一面，加之已近耄耋之年，阅历广博，对于人事无常也有了深刻的领悟。同时他结交僧道，出入释老，在参禅论道中对于超脱人世苦难的法门或已尝鼎一脔。故而我们读沈周的《落花诗》，虽有愁思难耐之意，却不多悲观幽怨、凄寒枯槁之感。

1．红销绿长物无私

从沈周的落花组诗中可以看出，他对大自然的盛衰变化有着理性而清醒的认识，《落花》其一：

富逞秾华满树春，香飘瓣落树还贫。

红芳既蜕仙成道，绿叶初阴子养仁。

偶补燕巢泥荐宠，别修蜂蜜水资神。

年年为尔添惆怅，独是蛾眉未嫁人。

虽然香飘瓣落不可避免地令人惆怅，却是大自然造物循环不可或缺的一个环节。红花谢去，植物迎来生命力最旺盛的阶段；绿叶成荫，孕育着意味生命传承的果实。在沈周眼中功成身退的红芳也并非结局惨淡，它勘破繁华的迷障，得道升仙；如跌落泥沼，便是泥土的宠儿；若飘入水中，便成为给神明的贡品。这样善终的结局，除去未出嫁的女子见之易感芳华流逝，其他人实在不必为之徒添惆怅了。再若其《落花》二十八“婵娟殂落不须悲，李妹桃娘已有儿。人散酒阑春亦去，红销绿长物无私。”亦可看出沈周对万物消长的理解，对生命陨落的豁达。

2．误色空空念罢休

沈周在《落花》其四十四写：

打失园林富与荣，群芳力莫与时争。

将春托命春何在，恃色倾城色早倾。

物不可长知堕幻，势因无赖到轻生。

闲窗戏把丹青笔，描写人间懊恼情。

物候更迭，时势不可逆转，曾经的富丽繁荣注定衰残零落，本是令人伤感的认识，沈周却从另一个角度指出，我们曾经痴迷不已的色相、荣华都稍纵即逝，脆弱虚无，人与物都不能仅仅以此作为生命的寄托，否则便容易丧失安身立命的凭藉。对超然物外、看淡得失的沈周而言，一切便不过是笔下闲戏、人间闲情。这一“色空”“绝物”的意识同样反映在第五首“知时去去留难得，误色空空念罢休”、第十四首“老去挂牵宜绝物，白头自笑此心孩”等句中。

3．造化从来要忌盈

一方面，美色不可长久；另一方面，沈周也清醒地意识到美色不可过盛，《落花》其三十三：

扰扰纷纷纵复横，那堪薄薄更轻轻。

沾泥寥老无狂相，留物坡翁有过名。

送雨送春长寿寺，飞来飞去洛阳城。

莫将风雨埋冤杀，造化从来要忌盈。

花朵集天地之气，钟灵毓秀而生，故能有百媚千娇之态。然而凡事须有法度，过犹不及，所谓“华枝春满，天心月圆。绚烂之极，归于平淡”，月尚有阴晴圆缺，花势必也开合荣谢，消长合度是大自然朴实的规则。天地最大的仁慈便是其“不仁，以万物为刍狗”，物极必反，盈满则亏是大自然之所以能生生不息的必要机制，看似是风雨无情摧折娇花，事实上，正是这样的助力保障了新陈代谢，平衡了盈亏满缺，成全了对自然界所有生命的尊重与公允。基于这样的认识，面对盛时变衰，芳枝变丑，沈周才能透彻地说："春如不谢春无度，天使长开天亦私"（二十九）。

沈周的观花悟道还体现为积极地在释老思想中寻求点化、开解。《落花》第三写："鱼沫欹恩残粉在，蛛丝牵爱小红留。色香久在沈迷界，忏悔谁能倩比丘。"二十四道："万物死生宁离土，一场恩怨本同风……我问老僧求点断，数声啼鸟夕阳中。"四十："只从个里观生灭，再转年头证去来。老子与渠忘未得，残红收入掌中杯。"沈博览百家典籍，且与不少僧道保持往来，对于佛老之道一直保持着一种通晓而不盲从的态度。在经历人生变故、愁思难解之时，有意识地在其中寻求解脱，不失为一种人生的智慧。

图 16　［明］沈周《落花诗意图》，南京博物院馆藏。

图 17　[明]沈周《落花图》，台北故宫博物院藏。

二、王夫之落花诗

王夫之二十岁中举，四十岁归隐原籍，其间的近二十年，正是明王朝风雨飘摇、大厦将倾的艰危之际。王夫之一直矢志不渝地站在朱明王朝的一边——崇祯十八年，张献忠占衡阳，他与其兄避匿衡山。翌年，李自成克北京，他闻变数日不食，作《悲愤诗》一百韵。1646年清兵南下，他积极上书，希望联合农民军共同抗清，未被采纳。1648年，他与管嗣裘、僧性翰等人在衡山组织武装抗清，失败后又赴肇庆，任南明永历政权司行人。其间王夫之连续三次上疏弹劾东阁大学士王化澄等贪赃枉法，结奸误国，几陷大狱，得高一功仗义营救，方免于难。顺治八年，他回到原籍，誓不剃发，不容于清朝当局，辗转流徙，四处隐藏，最后才定居于衡阳金兰乡高节里。在船山落花诗中，弥漫着浓郁不散的黍离悲愁。

图18　王夫之像

（一）为国事奔忙的进取志向

青年时期的王夫之，不是手无缚鸡之力的文弱书生，而是“苟利国家生死以，不因祸福避趋之”的顽强斗士，他奔走呼号，屡败不馁，总渴望能集结群力，力挽狂澜，虽然残酷的现实最终令他感到了有心救国、无力回天的悲哀，但曾经的一腔热血、忠肝义胆在多年之后仍能令他心潮澎湃，痛惜不已。试看其诗：

弱羽殷勤亢谷风，息肩迟暮委墙东。
销魂万里生前果，化血三年死后功。
香老但邀南国颂，青留长伴小山丛。
堂堂背我随馀子，微许知音一叶桐。

这是《正落花诗》的第一首，也是今人选船山诗录入频次极高的一首。先借漫舞空中的飞花努力抗御谷风，比喻自己早年曾积极参加抗清斗争；后以飞花委地，暗示晚年隐居著述的遗民生活。“销魂万里”指曾经为抗清活动而流离辗转，“苌弘化碧”之典显示出作者的一腔血勇，生死不渝。屈原作《桔颂》曰：“受命不迁，生南国兮。深固难徙，更一志兮。”淮南小山《招隐士》道：“桂树丛生兮山之幽。”颈联二句以花落而果树仍然香青，生于斯而始终如一自喻志节不衰。最后叹群花凋谢，只得将桐叶许为知音，这样的愁寂苦闷恰恰反衬出诗人的坚贞不移。此诗句句写落花，处处见自我，体现出一位爱国诗人昔年锐意进取，到老依然坚韧不拔的热胆忠肝。

船山《正落花诗》其七写：

赌命奔尘掷一绯，千秋何有大椿围。
争天晴雨邯郸帜，死地合离玉帐机。
周易击蒙凶不吝，春秋雠战义无讥。
朱殷十步秦台血，耻向青阳赋式微。

其十写：

高枝第一惹春寒，低亚密藏了不安。

作色瞋风凭血勇，消心经雨梦形残。

三分国破楝心苦，六尺孤存梅豆酸。

薄命无愁聊妩媚，东君别铸铁为肝。

诗人愿为复明之业赌上身家性命，凭着一腔血勇，可以与天争，对风嗔，为大义而战，无惧天兆不祥，即便无情的现实击碎理想，也是男儿到死心如铁。对于曾经的王夫之而言，理想便是如昔日蔺相如一般，用自己的生命和鲜血守卫国家与主君的尊严，而不是做那独善其身的隐者。然而，天不遂人愿，在“蒸云暄日尽淫威”（《正》三[1]）的残酷环境中，他同他眷恋不已的王朝都成为时代的落花，不得已而谢幕。宁可血溅出秦台，也耻于赋《式微》的王船山终究只能归隐。

（二）无奈隐逸的抱独操守

王夫之归隐之后专心于著书立说，但对于故国的坚守，对于新朝的抵触从未改变。他终身不剃发，不做清朝的官，出门必撑伞、穿木屐，以示自己不顶清朝之天、不踏清朝之地的不屈气节。他鄙薄东林党人和复社人标榜自我却于时势无补的习气，与所谓的中原名士、前朝遗老不相往来。他在《落花诗》中虽也写“贯休死爱香风吹，和靖难忘疏影横”（《广》九），但船山的隐逸情怀显然不同于林和靖般的高标出尘，浑然不食人间烟火。他的归隐中少有闲情逸致，更多的是一种沉痛无奈，一种抱独自守。

船山自言“啼禽屡说不如归，占取三休第一机”（《续》三），“偷眼蜻蜓今远害，人寥大一学鸿冥”（《续》五），然而，一个胸中郁结

① ［清］王夫之《正落花诗》其三，《姜斋诗文集》夕堂戏墨卷一。注：本文所涉船山落花诗皆引于此卷；下文中，以“《正》”代《正落花诗》；“《续》”代《续落花诗》；“广”代《广落花诗》；“补”代《补落花诗》。

着不平，做不到六根清净的“恨人”如何去修禅；一个誓死不做顺民，放言“七尺从天乞活埋”[①]的志士怎会当真去“远害”。归与退，不过是找不到进的出路罢了。

图 19　湖南省长沙市岳麓书院船山祠。图片来自网络（此图从网络引用，后文从网络引用图片，除查实作者或明确网站外，均只称“图片来自网络”。因本著为学术论著，所有图片均为学术引用，非营利性质，所以不支付任何报酬，敬祈谅解。对图片的拍摄者、作者和提供者致以最诚挚的敬意和谢意！）

《续落花诗》十六写“崛起争寒寒不胜，春风得意忍凭陵。三分无德依残萼，一木空扶笑古藤”，十八写“三春捲土终无计，尽日何心独向西。恋萼黏须无限恨，悬知此去隔云泥”，寒风摧折，徒留残萼，

① 王夫之观生居自题堂联。

大厦将倾，一木难扶，这样的恶劣局势，让兼济天下的理想成为泡影，王夫之迫不得已地离开渴望一展抱负的战场。只是，吟赏烟霞的惬意终究无法消解内心的失落与愁苦，所以“踏草情阑长绿苔，南园近日赏心灰”（《广》五），“临水登山皆荐泪，定情意不在双蛾”（《广》八），再多的好花好景，对于心如枯槁的赏花人而言，也无非徒增伤感。

隐逸的另一层考虑在于“抱独”。失国的士人失去身份的归属，更容易无所适从，更需要同病相怜的知音来同气相求。王夫之也渴望知己好友，才会说“世少杜陵怜李白，印须唐珏葬姚黄”（《正》九），“谁解喟然叹点尔，但逢兴也即笺云”（《广》十二），然而道不同不相为谋，与其结交沽名钓誉的伪君子或侍奉新朝的求荣者，不若独守寒庐，如屈子一般不以“身之察察，受物之汶汶”。他在《正落花诗》其四写：

游魂化密故饶甘，怕扇蜂潮闹不堪。
忧寄上天埋下地，云迷泽北梦江南。
吾何随尔累累子，我醉欲眠栩栩酣。
时向天台亲报佛，春愁痴在早除贪。

表面看哀而不伤，正和敦厚之旨意，细究之下却可见船山守贞之死志。宋王明清《挥尘后录》卷八载：

苏过，字叔党，东坡先生季子也。翰墨文章，能世其家。士大夫以小坡目之。靖康中，得倅真定，赴官次河北，道遇绿林，胁使相从。叔党曰：若曹知世有苏内翰乎？吾即其子。肯随尔辈求活草间邪？通夕痛饮。翌日视之，卒矣。惜乎！世不知其此节也。

诗人引苏过死节之语，表现了自己绝不同流合污的坚定气节。再有如“旁砌可能别有主，依萍取次但怀清。陌桑曲柳空相识，我自非卿卿自卿”（《正》五），道旁人别有高就，自己独守清贞，既人各有志，便各行其道。以及“悬铃买槛皆畴昔，好攓香须远蝶嫌”（《正》六），“平泉过眼空苔石，竹 还堪乐凤饥”（《广》二）等，俱可见船山珍重名节，绝不苟且逐流的坚贞情操。

（三）托古喻今的黍离情怀

王夫之认为“诗言志，非言意也；诗达情，非达欲也”[①]，诗歌主导世风舆论，应该匡扶正统，而不是沉浸在自怨自怜的小格局中。王夫之的诗歌创作与他“匡维世教以救君之失，存人理于天下”[②]的士大夫社会责任感始终是密切相连的。在严酷的政治环境下，他不能直接剖白心志，痛惜故国，便藉由历史文献与掌故，托古喻今，委婉的表达内心的抑郁和不平。

一方面，王夫之大量引用了历史上英雄末路、王朝灭亡的史事，暗示当下的时局，在对前事的追思与感慨中或表达感同身受的悲哀，或进行怒其不争的反省。他在《正落花诗》其二中写：

锦阵风雌夺葆幢，万群荼火怯宵摐。
烧残梁殿缃千帙，击碎鸿门玉一双。
十里荷香消汴梦，三山芳草送吴降。
扬州婺尾春犹在，小住何妨眷此邦。

如火如荼、繁盛似锦阵的花朵落败，让诗人想到的不是闺中儿女惜春暮，不是年华老去如花萎，而是侯景之乱时梁殿被焚毁的千帙书卷，是鸿门宴上范增一怒之下击碎的一双白璧。梁武帝偏听偏信，任用奸

① 卢永璘、汪春泓等选注《中国文学理论批评史资料选》，北京大学出版社2013年版，第297页。
② 嵇文甫《王船山史论选评》，中华书局1962年版，第46页。

佞以致身死国破；项羽优柔寡断，留下后患最终乌江自刎。用人失当，姑息养奸，诗人深爱的大明王朝也正是如此走向了毁灭。怒其不争，更哀其不幸，即便王朝的政治病入膏肓，对于诗人来讲依然是最美好的存在，落花让他想起历史上被灭亡国家曾经的繁华，本诗写北宋的十里荷香，吴国的三山芳草，在其他落花诗中，还一并联想到蜀国的七宝海棠，扬州的一楼红药，秦淮的千春粉黛，无奈的是，美好的明王朝也同昔日的宋吴等国一般，逃不过灭亡的结局。历史的成败兴亡与当下何其相似，也使得诗人对于前人的黍离之悲格外感同身受，其《广落花诗》二十六：

江渚山椒洽比邻，分飞接迹劳逡巡。

关河万里戎王子，楚汉千年虞美人。

沈炯自泣茂陵树，庾信长哀江南春。

人间有恨皆摇落，那向西园泪眼频。

戎王子和虞美人都是花草，与关河万里、楚汉千年联系起来，便有了历史沧桑的意味。沈炯和庾信是南北朝乱世中身不由己的文人，乱政与灭国的动荡时局下，他们迫不得已去国离乡，又被盛名所累为新朝推重，委以高官厚禄，却始终深切地思念故国乡土，为自己身仕敌国而羞愧，为不得自由而抑郁。王夫之的《落花诗》与沈炯的《归魂赋》、庾信的《哀江南赋》隔着千年的时光同气相求，正是基于一份同样的爱国士人的失国之悲。

九十九首《落花诗》中借古事喻今，将心比前人之心的诗句很多，诸如“昔以视今悲曲水，物犹如是奈江浔”（《广》一），“吴王洲上英雄泪，工部潭前客子悲”（《广》二），“杨梅孔雀丹心别，金谷河阳白首同”（《广》六），“一声举棹唱年少，玉树歌终泣越娃”（《广》

二十九）等等。王夫之让落花与历史际遇，彻底放下了娇艳的外表与柔软的姿态，承载起遗民诗人的一腔悲愤与一身傲骨。

（四）追思前贤的人格范式

作为一位经纶满腹、博学强识的学者诗人，王夫之的落花诗中却多次重复提及屈原、陶潜、杜甫三人，显然是诗人有意为之——藉由先贤中理想的人格典范，显现出自己行藏用舍的人生态度以及不与流俗的人格理想。

船山落花诗征引与屈原相关的诗句有：

香老但邀南国颂，青留长伴小山丛。（《正》一）

飘零无意反离骚，谱牒宜收倩谢翱。（《正》八）

愁予眇眇云中子，卸取徐妃半面钿。（《续》二十一）

天已丧文悲凤凤，人皆集菀忍乌乌。

浮湘特吊蓉裳客，鵩鴂先鸣鹏止隅。（《续》二十五）

蓂荚两阶辞舜殿，芳兰九畹萎江潭。（《广》七）

与陶潜相关有：

怀贞唯忆东篱伴，青女相邀死不降。（《续》一）

蹑险拟看没字碣，涉园聊对无弦琴。（《续》二）

临风一笑酸寒叟，酷爱秋英得久名。（《续》四）

与杜甫相关有：

世少杜陵怜李白，印须唐珏葬姚黄。（《正》九）

杜陵赤甲诗偏苦，挍尉燕支数屡奇。（《续》二十七）

吴王洲上英雄泪，工部潭前客子悲。（《广》二）

杜陵颠狂恼不休，涪翁含笑增春羞。（《广》二十二）

王夫之在三个同样生不逢时却心忧天下，同样爱花赏花却看花满眼泪的前贤身上找到了理想人格的寄托。三闾大夫屈原信而见疑，忠而被谤，他以香花恶草喻忠奸的楚辞创作开创了浪漫主义诗歌的先河，也是失意文人不平而鸣的先驱。之后杜甫历经唐王朝的盛衰转关，以忧患国事、悲悯黎民之心将现实爱国主义诗歌推上顶峰。他们虽生不逢时，仕途不顺，无法居庙堂之高，致君尧舜，却即便处江湖之远，依然忧国忧民，初心不改。身为遗民的王夫之与他们有着同样甚至更沉痛的家国之恨，还身处更残酷的政治环境中。刚刚入关，立足未稳的满清政府采用强力的政治高压肃清文坛，汉族文人动辄得咎，祸及亲族乃至门生。早年积极抗清，晚年誓死不归顺的王夫之处境尤其艰难。士大夫根深蒂固的忠君爱国之道统，文以载道之文统是他半生奔忙的信念，明王朝彻底崩溃的惨淡现实让他陷入思想的困境，无所适从。最终，陶渊明的“士隐”为他和无数遗老遗少提供了精神上的出路——既然无力回天，便倦飞知还，退而独善其身。王夫之首先是如屈原一般为国事奔走，与奸佞抗争的斗士，不得已做了如陶潜一般的隐士，所以胸中自有无限块垒，其诗也必如屈、杜，满含家国之恨。屈、陶、杜三人在乱世身不由己的境况下用各自的方式完成了对自我的坚守，成为王夫之推崇、向往的典范，船山落花诗藉由他们，彰显了诗人自己的人格理想与不屈意志。

沈周与王夫之的落花诗作，规模大且水准高，足见他们精深的学力和胸中的块垒。然历来论及落花诗作，称连篇累牍者必道沈石田、王船山，称精妙绝伦者则还属李后主、周清真等。鸿篇巨制，洋洒千言可以包罗万象，巨细靡遗，却也难免取办牵强，良莠不齐，且字句、诗意常常重复。这也导致沈王之诗虽不乏佳作、警句，却泯然于众诗令后人难以选摘，缺乏真正脍炙人口之语。

第三章　落花的审美形象

“花是植物形式美感最为鲜明、强烈之处，观赏价值最为集中、凝练之处。几乎在世界所有语言中，花总代表着美丽和精华，常用以类比‘事物中最精巧、最优质、最美好的部分’。”[①]作为花生命轨迹里的重要阶段，落花的审美价值也不遑多让。古老的落花意象，人们细致地捕捉其变化的每一个阶段，每一种状态，甚至赋予了不同种类花朵之落以不同的内涵意义，还以自身的情感为导向对落花和自然界其他物象之间的天然互动进行了人为的解读。可以说，这纤微细弱、富于变化的自然物象，在诗人敏感而深情的注视下，散发出了细致丰富、多情隽永的迷人光彩。

第一节　不同时态的落花

叶嘉莹曾道：“人之生死，事之成败，物之盛衰，都可以纳入‘花’这一个短小的缩写之中。因之它的每一过程，每一遭遇，都极易唤起人类共鸣的感应。”[②]花期本身便是短暂的，花落的过程更是如此。然而，从花将落到花落尽，每一个阶段，给予诗人的情感体验都有着些微的

① 程杰《论中国花卉文化的繁荣状况、发展进程、历史背景和民族特色》，《阅江学刊》2014 年第 1 期。

② 叶嘉莹《迦陵论诗丛稿》，中华书局 2005 年版，第 268 页。

不同，十分耐人寻味。

一、花之将落

“花开堪折直须折，莫待无花空折枝。”[①]杜秋娘一曲《金缕衣》，唱的是青春苦短，行乐须及时。此曲千百年来之所以能一直深入人心，是因为对于“无花”的畏惧深深根植于所有人的心间。唐人设“惜花金铃”以护花，宋人“烧高烛照红妆”，都是在花开时便担忧花残、花落，用尽一切办法挽留这份脆弱的美好，仿佛只要花不落，青春就不会逝去，繁华就不会消散。叶嘉莹道：“枝头上憔悴暗淡的花朵，较之被狂风吹落的满地繁红更加使人觉得难堪。后者虽使人对其夭亡深怀惋惜，而前者则使人清清楚楚地认识到生命由盛而衰，由衰而灭的残酷的事实。后者属可避免之偶然的意外，前者则是不可逃避的一切生物之终结的定命。”[②]憔悴将落的花朵所带给人的心灵震颤也许要更甚于落下的花。

花之将落往往发生在暮春时节，虽还不至于红衰翠减，却已经不复昔日欣欣向荣的生机活力，往往令赏花人意兴阑珊，生出春日将尽的萧索之感。宋叶梦得有《虞美人》词一阙：

（二日小雨达旦，西园独卧，寒甚不能寐，时窗前梨花将谢。）

数声微雨风惊晓。烛影欹残照。客愁不奈五更寒。明日梨花开尽、有谁看。

追寻犹记清明近。为向花前问。东风正使解欺侬。不道花应有恨、也匆匆。[③]

---

① 《全唐诗》卷二八。

② 《迦陵论诗丛稿》，第270页。

③ 《全宋词》卷一〇〇。

词人客居异乡，孤枕难眠，即便花开正好也无人同赏，梨花明日才尽开，对心怀“客愁”的他而言，却已经“将谢”。面对这“将谢”之花，词人想起清明将至，已到暮春，一年中最美好的春天就要逝去，花恨东风摧折，自己又何尝不恨世事弄人，年光蹉跎。

明唐寅的七律《花月吟》可谓是异曲同工：

一庭花月正春宵，花气芬芳月正饶。

风动花枝探月影，天开月镜照花妖。

月中漫击催花鼓，花下轻传弄月箫。

只恐月沉花落后，月台香榭两萧条。[①]

明明花香月明，春宵正好，诗人却不能不煞风景地去担忧月沉花落后的萧条。“以我观物，物皆着我之色彩”，际遇困顿，内心苦楚的诗人们无法“春风得意马蹄疾，一日看尽长安花”[②]，也不能感受“环列从容蹀躞归，光风骀荡发红薇”[③]，只会“闲花未零落，心绪已纷纷”[④]。

欧阳修《喜迁莺》道：“花无数，愁无数。花好却愁春去。戴花持酒祝东风，千万莫匆匆。”《玉楼春》写：“青门柳色随人远。望欲断时肠已断。洛城春色待君来，莫到落花飞似霰。”[⑤]冯梦祯《湖中曲》：“春色年年讵有涯，梅花将落又桃花。”[⑥]面对将落的花，有人会忧虑当

---

① 周道振、张月尊辑校《唐伯虎全集》，中国美术学院出版社 2002 年版，第 75 页。

② ［唐］孟郊《登科后》，《全唐诗》卷三七四。

③ ［唐］权德舆《从叔将军宅蔷薇花开太府韦卿有题壁长句因以和作》，《全唐诗》卷三二六。

④ ［唐］方干《君不来》，《全唐诗》卷六四八。

⑤ 《全宋词》卷一五。

⑥ ［清］钱谦益辑《列朝诗集》丁集第一五。

下美好的生活未来会生出变数，有人会痛惜又是一年光阴蹉跎功业无成，还有人会惋惜如花期一般短暂的青春去而不返……花之将落是一种隐忧，是笼罩着尚在枝头花朵的一重阴影，也是扎在与花朵生息共感，对未来充满忧怖的人们心间的一根刺。

二、花之正落

“花之正落”，对于花朵而言是从离开枝头到落地的几秒钟，对于人而言，则是每年暮春风起，空中总漂浮着落瓣的那几天，一般在清明、寒食之际，古人写“飞絮落花，时节近清明”[①]“江头疏雨轻烟，寒食落花天”[②]，也常有“落花时节”一说。

图 20　花之正落·李花。图片来自网络。

春花开到极盛的时候，随着暮春时节的到来，花瓣离枝起舞，香

① ［唐］张泌《江城子》（碧阑干外小中庭），《全唐诗》卷八九八。

② ［宋］陆游《极相思》（江头疏雨轻烟），《全宋词》卷二二四。

风熏人欲醉，花朵生命的谢幕并不比先前的盛开逊色多少。此情此景，其实是令人心驰神往的。白居易《落花》：“桃飘火焰焰，梨堕雪漠漠。”[①]雍陶《美人春风怨》：“澹荡春风满眼来，落花飞蝶共裴回。”[②]李贺《残丝曲》：“花台欲暮春辞去，落花起作回风舞。”[③]或赞色彩，或夸姿态，都是以爱美之心称赏落花。文人墨客纷纷在落花之景中行风雅之事，或作诗：“接士开襟清圣熟，分题得句落花前。”[④]或对弈：“落花方满地，一局到斜晖。”[⑤]或品茗：“淡烹新茗爽，暖泛落花轻。”[⑥]或宴饮：“连璧座中斜日满，贯珠歌里落花频。”[⑦]或游园：“落花时泛酒，歌鸟或鸣琴”[⑧]……这让本就柔美可人的落花平添了诗情画意。

自然界中的花落，是植物新陈代谢、生息繁衍中的一环，是大自然鬼斧神工、匠心独运的杰作，它的美丽，本无情绪。然而，人们观赏落花之景的时候，不可避免地渐渐意识到，这鲜活美丽的生命同自己的命运何其相似。花事短暂，正如风华正茂还没机会轰轰烈烈享受人世繁华便要到风烛残年；落瓣飘零，仿佛背井离乡的游子身不由己流落漂泊失怙无依；花落萎地，又如同人之一生最终都要归于尘土万事皆空。何况，落花的暮春，一年中最好的时候已经走到了尽头。寒

① 《全唐诗》卷四四四。
② 《全唐诗》卷五一八。
③ 《全唐诗》卷三九〇。
④ ［唐］贯休《少监》其三，《全唐诗》卷八三五。
⑤ ［唐］贯休《观棋》，《全唐诗》卷八三三。
⑥ ［唐］郑谷《西蜀净众寺松溪八韵兼寄小笔崔处士》，《全唐诗》卷六七五。
⑦ ［唐］段成式《和徐商贺卢员外赐绯》，《全唐诗》卷五八四。
⑧ ［唐］崔五嫂《游仙窟诗・游后园》，（日本）上毛河世宁辑《全唐诗逸》卷下游仙窟诗。

食与清明之际，在郊游踏春的热闹中，孤独的人会更加寂寞；在拜祀祭祖的仪式时，漂泊在外的游子会更加思乡。“物色之动，心亦摇焉”，人内心的波澜、恐慌、忧愁便投射到了落花时写下的文字里。

图 21　花之正落・紫薇。图片来自网络。

落花时的景象最触痛羁旅漂泊之人。韦承庆《南行别弟》：“澹澹长江水，悠悠远客情。落花相与恨，到地一无声。”[①]元稹《南家桃》：“离人自有经时别，眼前落花心叹息。更待明年花满枝，一年迢递空相忆。”[②]

① 《全唐诗》卷四六。

② 《全唐诗》卷四二一。

离开枝头的花瓣四散飘零，渐渐丧失生机，离开故土的人辗转流离，找不到归属，落花和离人，有着同样的伤痛。所以落花会懂得人的离愁，选择悄无声息的下落，以免触动诗人的离别之恨；所以诗人会见花叹息，祈祷来年花可以满枝，人可以团圆。

落花时的景象也令芳华易逝的女子心惊。刘希夷《白头吟》："洛阳女儿惜颜色，行逢落花长叹息。"[①]吴融《上阳宫辞》："单影可堪明月照，红颜无奈落花催。"[②]鱼玄机《卖残牡丹》："临风兴叹落花频，芳意潜消又一春。"[③]女子簪花、绣花，常同花作伴，她们的容颜也如花般美好，然而，女子的青春亦如花期短暂，她们的命运更如飘花般不能自主。面对风吹瓣落，她们痛惜美好事物的衰败，也仿佛看见无力对抗命运的自己，在岁月的侵蚀下渐渐憔悴乃至死亡。女子如花，物伤其类，所以林黛玉说："试看春残花渐落，便是红颜老死时。一朝春尽红颜老，花落人亡两不知！"[④]

杜甫《江南逢李龟年》写"正是江南好风景，落花时节又逢君。"[⑤]元稹《恨妆成》道"最恨落花时，妆成独披掩。"[⑥]尹焕《眼儿媚·柳》也说"不知为甚，落花时节，都是颦眉。"[⑦]千百年来，每当看到落花的时候，人们会想起流逝的年光，想起漂泊的命运，想起家乡的亲人，想起过往的美好……花之正落，是一种花事与人事间的映射，人与花

---

① 《全唐诗》卷二〇。
② 《全唐诗》卷六八六。
③ 《全唐诗》卷八四〇。
④ ［清］曹雪芹《红楼梦》第二十三回。
⑤ 《全唐诗》卷二三二。
⑥ 《全唐诗》卷四二二。
⑦ 《全宋词》卷三六三。

间有着一种生命的共感，因此，人可以随着花的下落，看见自己生命的轨迹。

三、花之已落

“花之已落”是指花朵结束飘飞过程落在某处及之后的情景际遇。诗人们或见落红满地，或徒见空枝而思及群花已落，又或者看到的是花落结子、绿叶成荫……诗人以不同的心境观照不同的景象，表现在文字中的情感色彩、风格意蕴自然也不同。这使得文学作品中关于“花之已落”的书写格外丰富迥异。

图22　花之已落。图片来自网络。

唐高蟾《落花》诗云：“一叶落时空下泪，三春归尽复何情。”[1]

---

① 《全唐诗》卷六六八。

谓春天越往后，花叶越萧条，人所生出的愁情越沉痛。一般来讲确实如此，百花齐放是春天生机活力的体现，由孟仲至季，花由孕育、盛开至凋落，春天的生命力似乎在一点点地流失殆尽，也让人的愁绪随着时间的脚步渐渐加深。如果花未落是隐忧，花落时是忧怖，那么花落后则显得死寂而绝望。文人写到“花落后”“花已落”“花落尽”时，常常带着比表现其他阶段落花更幽深痛苦、更萧索无望的情绪。李商隐《落花》诗云:“肠断未忍扫，眼穿仍欲归。芳心向春尽，所得是沾衣。”清陆求可《满江红·夏怨》词道:“花已落，门空闭。常禁受，愁滋味。更雨意云情，许多无谓。”春尽夏至花落后，人的心仿佛也如花朵般沉寂下来，意兴阑珊，并且愁情如海。李清照《武陵春·春晚》：

风住尘香花已尽，日晚倦梳头。物是人非事事休，欲语泪先流。

闻说双溪春尚好，也拟泛轻舟。只恐双溪舴艋舟，载不动、许多愁。[①]

绍兴四年（1134）九月，李清照为避难投亲，由临安渡江，居于金华。此词约作于在金华的第二年春天，这时的她已是一位历尽劫难的五十三岁孀妇，夫君之丧、文物之失、改嫁之谤，加之丧国之痛、流离之苦、孤独之哀，面对风劲吹，花萎地，落红碾土，残剩余香，她感到“花已尽”，青春也尽，无须修饰，也没有期待，甚至无心书写满心的愁苦，只大恸“物是人非事事休，欲语泪先流”。当日与花比美的烂漫少女已经风烛残年，内心的苦涩与伤痛让她也如晚春落尽的花一般，失去生机活力，内心无望悲凉。

① 《全宋词》卷一二六。

花落之后，人们面对满地狼藉，萧索空枝，总会怀想昔日的胜景，相应的，书写“花之已落”的文学作品，常常带着浓浓的追忆。当花盛开时，仿佛得天独厚，周遭一切沦为烘托的背景。很多人生命里永远无法忘却，永远沉沦其中的，或许便是那样辉煌或者快意的过往。或是出身贵胄，富贵荣华；或是金榜登科，少年得志；或是佳人在侧，鹣鲽情深……当命运将人从高处推向深渊，朱楼玉阙坍塌，良辰美景成空，曾经越满足过，失去之后便越惨烈、越痛苦。故有李白之“昔时红粉照流水，今日青苔覆落花”[①]，杜牧之“繁华事散逐香尘，流水无情草自春”[②]，戴叔伦之“落花飞絮成春梦，剩水残山异昔游”[③]，李先芳之“莲社旧游花落尽，濠梁乐事鸟啼空”[④]……

图 23　[清]姜壎《李清照小像》，无锡市博物馆藏。

然而就总体而言，花之已落乃至落尽给人带来的愁绪与哀伤又比花之将落、正落要略轻略淡些。一方面，如叶嘉莹所言：“枝头上憔悴

① [唐]李白《送祝八之江东，赋得浣纱石》，《全唐诗》卷一七六。

② [唐]杜牧《金谷园》，《全唐诗》卷五二五。

③ [唐]戴叔伦《暮春感怀》，《全唐诗》卷二七三。

④ [明]李先芳《新秋钓鱼台宴集兼赠倪若谷秘书得中字》，《列朝诗集》丁集第五。

暗淡的花朵，较之被狂风吹落的满地繁红更加使人觉得难堪。”直面过程的未知与忧怖令人难安，尘埃落定反倒不会在心头掀起太大波澜。另一方面，人们常常以春去花落对应时间或者生命力的消亡，故而忧心花落，春愁如海，如隋丁六娘《十索》其三道：“寄语落花风，莫吹花落尽。”[①]唐郑畋《落花》诗云：“直看花落尽，却意未开时。”[②]而事实上，自然界并不存在真正意义上的花之全落或者花落尽，只有具体某一种花的落尽。诗人往往写“樱桃落尽暮愁时”“杨花落尽子规啼”“梨花落尽成秋苑”“杏花落尽不归去”[③]……或者写某一季节的花落尽，如“春花落尽蜂不窥”“直到三春花尽时”[④]，春花最为繁盛，由盛及衰的落差越大，越显得触目惊心，所以古人春愁最多。然而春天过后，生活依然在继续，一年有四时风物，荣谢更迭，诗人们所担忧的死寂并不会真正到来。如王国维所言“以我之眼看万物，万物皆着我之色彩”，忧虑花之落尽的困扰更多的是因为人将自己内心的畏惧不安投射在了自然界。而事实上，造物新陈代谢，生生不息。人们会看到“林花落尽草花生”“梨花落尽柳花时”“秋园花落尽，

---

① [明]田艺蘅《诗女史》卷五。

② 《全唐诗》二七二。

③ [唐]刘商《上巳日两县寮友会集时主邮不遂驰赴辄题以寄方寸》，《全唐诗》卷三四〇。

[唐]李白《闻王昌龄左迁龙标，遥有此寄》，《全唐诗》卷一七二。

[唐]李贺《十二月乐辞·三月》，《全唐诗》卷二八。

[唐]温庭筠《《长安春晚》其一，《全唐诗》卷五七九。

④ [唐]高适《塞下曲》，《全唐诗》卷二一三。

[唐]刘禹锡《踏歌词四首·四》，《全唐诗》卷三六五。

芳菊数来归”[1]，又或者“漠漠花落尽，翳翳叶生初”“狂风落尽深红色，绿叶成阴子满枝”。[2]

所以很多时候，花落之后的清寂坏境，反而会给人以宁静恬淡，返璞归真之感，让人不再被繁花迷眼，而理性地思索自然万物以及人生命运。宋张抡《踏莎行·山居》词写：“人住山中，年华频改。山花落尽山长在。浮生一梦几多时，有谁得似青山耐。”[3]花开时，山只是陪衬；花落尽，便显出山的万古长青。浮生琐事相对于人生，人之一生相对于永恒，正如这短暂的花之于长在的山，倏忽而过且微不足道。郑畋《落花》云：“以此方人世，弥令感盛衰。始知山简绕，频向习家池。”韦应物《园亭览物》道：“残花已落实，高笋半成筠。守此幽栖地，自是忘机人。”[4]花开花谢是世间荣辱盛衰的缩影，诗人静心观照而看淡得失，从而可以悠游忘机。

第二节　不同品种的落花

落花，作为一种伴随时令变化产生的现象，其意象的关键并不在于花卉的色泽、品种、香气，而是这一过程所传达出的信息——节气

---

① [唐]卢纶《春日题杜叟山下别业》，《全唐诗》卷二七八。
[唐]武元衡《与崔十五同访裴校书不遇》，《全唐诗》三一七。
[南朝梁]徐防《赋得蝶依草应令诗》，《先秦汉魏晋南北朝诗》梁诗卷二六。

② [唐]白居易《东坡种花二首》其一，《全唐诗》卷四三四。
[唐]杜牧《怅诗》，《全唐诗》卷五二七。

③ 《全宋词》卷二〇〇。

④ 《全唐诗》卷一九二。

变换、艳质遭损、盛衰更迭等，以及由此所触发人的感触情绪。所以古人书写落花，多不具体指涉花名，而是一概而论。然而也有不少例外，一些品种的花卉，或有独特的文化内涵，或飘落形式与众不同，常常被特别书写，从而成为具有个性色彩的落花意象。

一、梅花之落

落梅是古典文学中较早便受到关注的具体品种的落花。梅花季相特殊，冬寒开百花之先、春暖便凋谢，故常被视作报春的象征。梅花落意味着冬去春来，年岁又改，格外引起征人思归之情。自南朝鲍照咏落梅，人们渐渐注意到梅花凌霜傲雪的高洁品性，以之比德，故悼落梅又多着意其清贞气节。

早在《诗经·摽有梅》中，待嫁的女子便在梅子黄熟，纷纷坠落里想到时光无情，青春流逝，自己却嫁娶无期。于是以梅树果实之落兴比，情意急迫地唱出了怜惜青春、渴求爱情的歌谣。

据晋崔豹《古今注》、南朝陈释智匠《古今乐录》、唐初官修《晋书·乐志》等记载，西汉武帝年间，张骞出使西域，带回《摩诃兜勒》曲，李延年以此造新声二十八解，成为两汉时期的军乐，其中便有《梅花落》横吹曲。清朱乾《乐府正义》解："梅花落，春和之候，军士感物怀归，故以为歌。"[①]程杰《中国梅花题材音乐的历史演进》文中作了更细致的解释：

> 古代应征戍边多以一年为期，冬去春来正是期满还乡的时机，然而历朝历代超期服役的现象又是极其普遍的，想必年年的冬去春来，对征人们来说势必经受着满怀期待和反复

① ［南朝宋］鲍照著，钱仲联增补集校《鲍参军集注》，上海古籍出版社2003年版，第246页。

失望的折磨。“梅花落”正是这份情怀的有力触机，梅花开时春色初浅，而梅花落时春色已迈，此时不归、面临的又将是新一年的等待。[1]

汉代《梅花落》曲当是表现军士“久戍不归、愁怨失望”的感情。《乐府解题》记：

汉横吹曲，二十八解，李延年造。魏、晋已来，唯传十曲……后又有《关山月》《洛阳道》《长安道》《梅花落》《紫骝马》《骢马》《雨雪》《刘生》八曲，合十八曲。[2]

魏晋所传《梅花落》是否汉代传世旧谱已经难以考证，观时人依此谱所作之辞，当是一脉相承。《乐府诗集》收录鲍照、吴均、陈叔宝、徐陵、苏子卿、张正见、江总七家共十首[3]《梅花落》辞。除鲍照之作外，都基本切合笛曲原意，表达梅落伤时、相思怀远之情。所不同者在于，汉代将士军旅生涯中的乡关之愁转变为深闺女子守望良人的思妇之愁。如江总之“转袖花纷落，春衣共有芳。羞作秋胡妇，独采城南桑”，徐陵之“娼家愁思妾，楼上独徘徊。啼看竹叶锦，簪罢未能裁”。[4]后世的《梅花落》辞作很多都继承了这种从女性角度演绎的方式。

这些乐府旧题中，鲍照的《梅花落》诗独辟蹊径，影响最大：

中庭杂树多，偏为梅咨嗟。

问君何独然？

念其霜中能作花，露中能作实。

---

① 程杰《中国梅花审美文化研究》，巴蜀书社 2008 年版，第 424 页。

② 《乐府诗集》卷二一。

③ 其中江总作三首、陈叔宝作两首。

④ 《乐府诗集》卷二四。

摇荡春风媚春日，念尔零落逐寒风，徒有霜华无霜质。

这是目前所见最早的咏梅诗，为后世文学中梅花意象走向神坛开辟了先路。须指出的是，这首名为“梅花落”的诗，沿用乐府旧题，从具体内容看，“零落”者，是指被否定批判的“中庭杂树”，所咏者则是梅树的开花、结果，仅“咨嗟”二字或可推测梅花正落，令诗人伤感。

隋唐以后，乐府旧题《梅花落》创作风行，卢照邻、杨炯、沈佺期等人均有创作，甚至出现“落梅、芳树，共体千篇”[①]的盛况。“梅花落”“落梅”等语也频繁出现在诗词作品中，成为一类经典意象，具有了丰富的内涵。

（一）指笛曲及由此延伸出的羁旅思归之情

《梅花落》曲经久流传，历代时有演奏，常被诗人记述。伏知道诗云：“三更夜警新，横吹独吟春。强听梅花落，误忆柳园人。”[②]李白也有“羌笛横吹阿亸回，向月楼中吹落梅”[③]之句。由于笛曲深入人心，后世论及笛声，即使所奏未必《梅花落》曲，诗人也常以“梅花落”“落梅”等指代，就如同人们常以高山流水指琴曲，以龙泉太阿代宝剑一般。唐陈子良作古乐府《上之回》辞：“属车响流水，清笳转落梅。”[④]“流水”“落梅”二曲相对，然而车身不可能奏出《流水》，可推测清笳所奏也未必是《梅花落》。再如郎馀令《晦日宴高氏林亭》：“尊开疏竹叶，管应落梅花。”[⑤]应是出于对仗和通俗的考虑，用“落梅花”指代管乐。

再者，《梅花落》曲有不少歌词用于演唱，流传中也可能被不同

---

① ［唐］卢照邻《乐府杂诗序》，［清］董诰辑《全唐文》卷一六六。

② ［南朝陈］伏知道《从军五更转》其三，《乐府诗集》卷三三。

③ ［唐］李白《司马将军歌（代陇上健儿陈安）》，《全唐诗》卷二九。

④ 《全唐诗》卷三九。

⑤ 《全唐诗》卷七二。

的乐器演奏，故而在不少诗词中，落梅还指代了其他音乐乃至自然界的声音。骆宾王诗“鹦鹉杯中浮竹叶，凤凰琴里落梅花”[①]，以“落梅花”形容琴曲；孙逖之“闻唱梅花落，江南春意深”[②]，苏味道之“游伎皆秾李，行歌尽落梅”[③]，“梅花落”“落梅”指演唱的诗歌；而李峤诗“芳树杂花红，群莺乱晓空。声分折杨吹，娇韵落梅风”[④]中，“落梅”则又指如音乐般美妙的莺啼声。

此外，《梅花落》笛曲蕴含着深深的感物怀归之情，后人见梅树花朵飘落，感到寒气未清，草木萧条，也往往想到时序的更迭，羁旅的苦闷，从而生出与古时征人相同的落梅思乡之情。戎昱《湖南春日》其一：“光景却添乡思苦，檐前数片落梅花。”[⑤]李益《扬州送客》：“闻道望乡闻不得，梅花暗落岭头云。”[⑥]李频《湘口送友人》：“零落梅花过残腊，故园归醉及新年。”[⑦]张先《清平乐》：“陇上梅花落尽，江南消息沈沈。”[⑧]眼看梅花零落，年关将近，游子在外无法归家，羁旅之愁与昔日征戍之苦十分接近，都恋土思归却又身不由己。

（二）象征冬去春来，年岁更迭

梅花花期早，初春即落，是旧岁已毕，新年来到的吉祥象征。梅花落败虽堪怜惜，却又充当了春的使者，意味着万籁俱寂、梅花一枝独绝的寒冬已过，万紫竞放、千红争妍的春季已然到来。诗人往往于

---

① ［唐］骆宾王《代女道士王灵妃赠道士李荣》，《全唐诗》卷七七。
② ［唐］孙逖《和常州崔使君咏后庭梅》其一，《全唐诗》卷一〇八。
③ ［唐］苏味道《正月十五夜》，《全唐诗》卷六五。
④ ［唐］李峤《莺》，《全唐诗》卷六〇。
⑤ 《全唐诗》卷二七〇。
⑥ 《全唐诗》卷二八三。
⑦ 《全唐诗》卷五八七。
⑧ 《全宋词》卷八。

落梅中窥见春意，于是令一派凋零之景显得生机盎然。孙逖诗云："河边淑气迎芳草，林下轻风待落梅。"[①]白居易《春至》写："白片落梅浮涧水，黄梢新柳出城墙。"[②]吴文英《双双燕》词也道："杨柳岸，泥香半和梅雨。落花风软，戏促乱红飞舞。多少呢喃意绪。"[③]诗人们喜看春来梅落，风和景明，一派生机勃发之象。

然而，一切"景语"成为何种"情语"都是由抒情主体人的意志决定的。有人迎春，自然有人伤春，有人为百花的含苞待放而欢欣，便有人独为梅花零落而嗟叹。王立把春恨分为两种——

> 一是面对初春、仲春美景的怨春、恨春，见美景反生愁思。
>
> 另一种，则是面对暮春残景的惜春、悯春，痛惋花褪红残、好景不长。[④]

梅花之落引起的春愁，当接近于第一种春恨情绪。阳春之景悦目宜人，观者却由于自身的遭际，如背井离乡、爱情失意、功业受挫等，内心的哀痛撼动了客观体验，从而在生机盎然的景象中感到了悲楚和无奈。《子夜四时歌》唱："梅花落已尽，柳花随风散。叹我当春年，无人相要唤。"[⑤]春光好，青春盛，而对于孤独的女子而言，没有爱情，一切只是蹉跎虚度。叶梦得《虞美人》："梅花落尽桃花小。春事馀多少。新亭风景尚依然。白发故人相遇、且留连。"[⑥]花事迢第，年光无情，

---

① ［唐］孙逖《和左司张员外自洛使入京中路先赴长安逢立春日赠韦侍御等诸公》，《全唐诗》卷一一八。

② 《全唐诗》卷四四一。

③ ［宋］吴文英《双双燕》（小桃谢后），《全宋词》卷三九一。

④ 王立《春恨文学表现的本质原因及其与悲秋差异—中国古代春恨主题再论》，《聊城师范学院学报》（哲学社会科学版）2001 年第 3 期。

⑤ 《乐府诗集》卷四四。

⑥ ［宋］叶梦德《虞美人·赠蔡子因》，《全宋词》卷一〇〇。

衰老中的人最怕见春来春去。曾经故人今已白头，再几回梅落桃开，又将是何光景，所以梅落春方至，便忧春去时。杨万里《壕上感春》："坐看梅花一万枝，化成粉蝶作团飞……春回今才几许日，梅间如何顿萧瑟。少壮几时奈老何，落花未抵春愁多。"[①]诗人爱梅也盼春，无奈春来梅先残，落梅之愁与春愁一齐而至，人生的种种无奈也在此时涌上心头。

（三）以梅比德，虽死犹香

我国传统文化里，梅花在群芳中地位超然。它色香素雅，且有岁寒凌霜雪之性，经古人以物比德，成为崇高品性的象征。自鲍照咏梅赞其"霜中能作花，露中能作实"之后，历代文人都对其推崇备至，至宋朝，梅花已经成为"群芳之首""名花集大成"者。人们爱梅、敬梅、赏梅，将梅花品性视作人格典范，多有咏梅之作，梅花谢落时，很多诗人从其清贞气节角度，或致以赞赏、追悼之辞，或以之自比，宣泄胸中块垒。

诗人写梅花之落，或谓其花落结子，有孕育之功，王炎《落梅》诗道："幽人自爱花，花落恨岑寂。岂悟化工意，褪花方著实。"[②]其词《临江仙·落梅》也写："枝上青青结子，子中白白藏仁。那时别是一家春。"[③]也有着眼梅花之风雅，认为其清气可以涤荡俗尘，王之道《落梅入砚池》："时人莫作飘零看，收拾毫端无尽香。"[④]邓肃《落梅》："归来衫袖天香冷，一洗人间龙麝腥。"[⑤]又或者，称颂梅花之傲然风骨，

---

① ［宋］杨万里《诚斋集》卷一二。

② ［宋］王炎《次韵朱晦翁十梅·落梅》，北京大学古文献研究所编《全宋诗》第 48 册，第 29823 页。

③ 《全宋词》卷二五六。

④ ［宋］王之道《相山集》卷一三。

⑤ ［宋］邓肃《栟榈集》卷一。

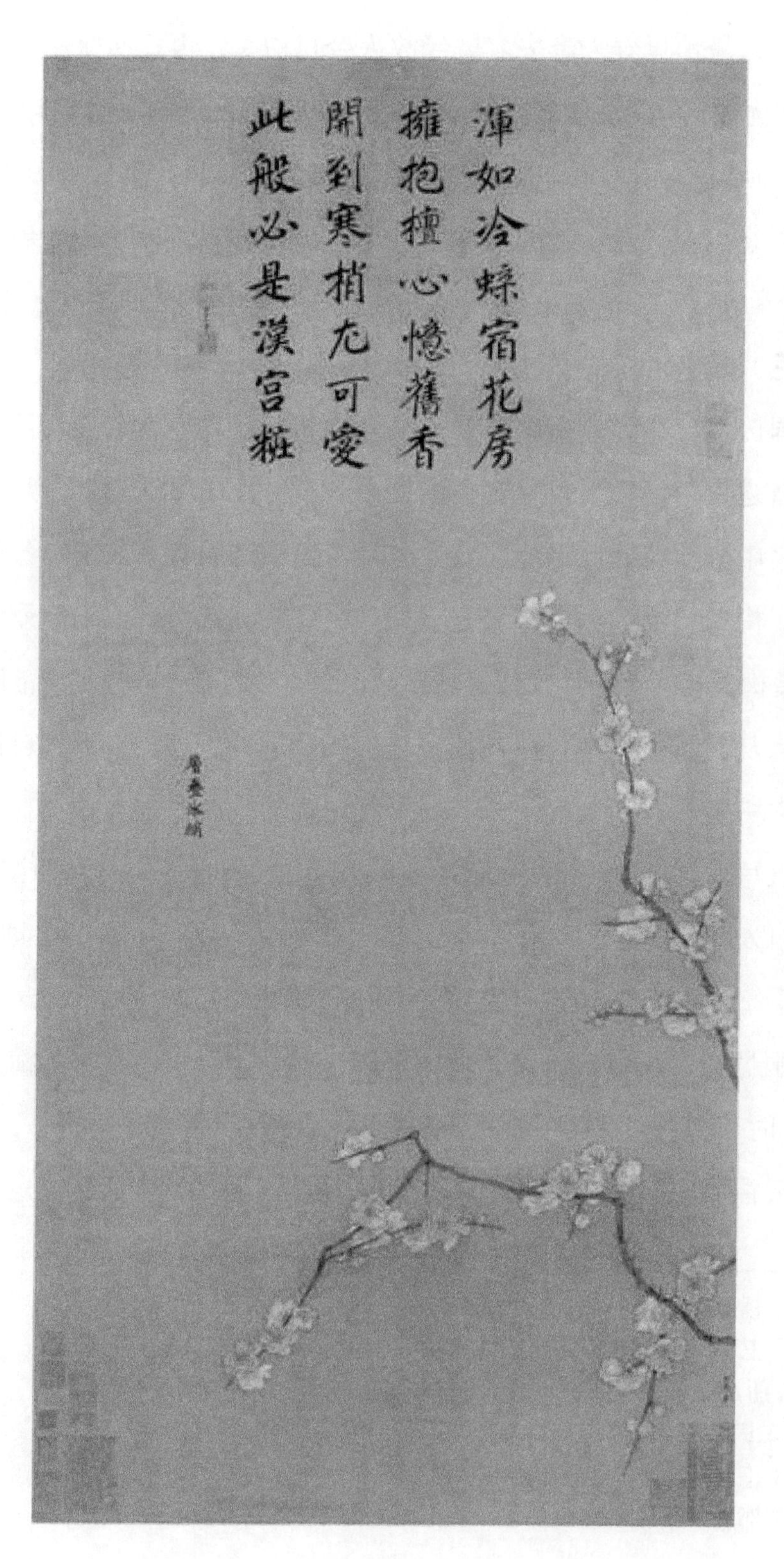

图24 ［宋］马麟《层叠冰绡图》，故宫博物院藏。

图 25 ［明］朱端《寻梅图》，台北故宫博物院藏。

谓其不与俗艳争时，不向风雪折腰，如刘克庄《落梅》："东风谬掌花权柄，却忌孤高不主张。"[1]曾丰《吊落梅》："宁可死归洁，莫教生合污。"[2]

以落梅自比，书写个人心胸者，以陆游为最。陆游一生钟爱梅花，题咏过百，对于梅花之落，也多有表现，其《落梅》诗云："雪虐风饕愈凛然，花中气节最高坚。过时自合飘零去，耻向东君更乞怜。"[3]诗以雪之威严凌厉、甚至凶狠残酷来衬托梅之坚贞不屈、英勇无畏。这凌霜斗雪、风骨铮铮的寒梅无疑是诗人自我的写照，以此表现他在倾轧排挤的困境中宁折不弯的心意。陆游在《卜算子·咏梅》中道："无意苦争春，一任群芳妒。零落成泥碾作尘，只有香如故。"[4]即便梅花落地，被驿车碾成泥土，也芳香不减，依然如故。明写梅之芳香、精魂、节操长存天地间，实则也托物言志、意在言外，表达自己历尽艰辛，矢志不渝的心志和标格孤高，坚贞自守的傲骨。

上述三类以外，《太平御览·时序部》引《杂五行书》说："宋武帝女寿阳公主日卧于含章殿檐下，梅花落公主额上，成五出花，拂之不去。"后来众宫女以为美丽非凡，竞相模仿，遂有"落梅妆"。《红楼梦》第十八回大观园题咏，探春诗云："绿裁歌扇迷芳草，红衬湘裙舞落梅。"指红色舞裙飘动，如落梅纷飞。可见，作为一种美丽高雅的花卉，落梅与女子的闺阁生活也常有关联。自然秉性生成文化意味，加之诗人的骚雅情怀，共同成就了这样内涵丰富、韵味独特的"落梅"意象。

---

① ［宋］刘克庄《后村集》卷三。

② ［宋］曾丰《缘督集》卷五。

③ ［宋］陆游《剑南诗稿》卷二六。

④ 《全宋词》卷二二四。

二、桃花之落

桃树在我国分布广泛，种植历史悠久，其木材结实可用，果实甜美多汁，是重要的农作物。《礼记·月令》云：“仲春之月，始雨水，桃始华。”[1]桃花开放于万物复苏的阳春三月，其色泽粉红，姿态娇媚，占尽人间春色。人们从《诗经》开始便吟咏其灼灼之华，千百年来桃花之咏历久不息。宋陆佃《埤雅》载：“俗云‘梅华优于香，桃华优于色’。”[2]桃花的美感主要体现在花色上，其花朵浓密而丰腴，如胭似霞，当它们落下时，更纷纷扬扬，如漫天红雨，格外能以“物色摇情”。且桃花当春而发，暮春而落，可谓尽得春时，如果说梅花是春天的使者，那么桃花当算是春天的化身。所谓“岁有其物，物有其容；情以物迁，辞以情发”[3]，魏晋六朝时期，几乎在咏落花文学出现的同时，便有了对于桃花之落的专门书写，沈约《咏桃诗》有“风来吹叶动，风去畏花伤”[4]之句，张正见有《衰桃赋》一篇，写灼灼夭桃之衰，令“垂钓之妖童”“倾城之丽妾”都应物斯感，叹息不已。此后咏桃花落之传统长久延续，伴随着桃花意象内涵的不断丰富，桃花之落也相应衍生出多样的意蕴。

（一）象征红颜薄命，对应女子容颜的衰老及爱情、婚姻、命运的不幸。

桃花“烂漫芳菲，其色甚媚”[5]，这种自然特质与美感极容易同

① 《礼记》卷一五。

② ［宋］陆佃《埤雅》卷一三“释木”。

③ 《文心雕龙》卷四六，《物色》篇。

④ 《玉台新咏》卷五。

⑤ ［明］王象晋《群芳谱·桃花》，陈梦雷编《古今图书集成》博物汇编，草木典第二一五卷，桃部汇考。

美丽的女子联系起来。所以《诗经·桃夭》咏："桃之夭夭，灼灼其华。之子于归，宜其室家。"清姚际恒《诗经通论》解："桃花色最艳，故以取喻女子，开千古词赋咏美人之祖。"方玉润《诗经原始》也道："桃夭不过取其色以喻之子，且春华初茂，即芳龄正盛时耳，故以为比。"以桃花比喻美人成为中国文学一大传统。然而，桃花花期短暂，不过旬月便纷纷谢落，如清李渔所言，草木之花"色之极媚者莫过于桃，而寿之极短者亦莫过于桃，'红颜薄命'之说，单为此种"。[1]可以说，自然界的桃花生动诠释着人世间女性的美丽和她们青春的短暂。

与此同时，桃花盛开的仲春季节，正是青年男女谈情说爱、嫁娶成婚的时候。《周礼·地官》云："仲春之月，令会男女。"汉焦赣《焦氏易林》载："春桃生花，季女宜家。受福多年，男为邦君。"桃花成为爱情婚姻乃至情色欲望的象征，时至今日，"求桃花""桃花运"之说仍然十分流行。那么相应的，桃花之落也就意味着爱情姻缘的不遂。古来女子对于年华老去。爱情失意的怨叹往往是相互渗透、统一的，故此处一概而论。

汉乐府宋子侯《董娇饶》便是见桃李花开思及"终年会飘堕，安得久馨香"，感到盛年难持久，行乐需及时。南朝宋沈约《咏桃诗》云：

风来吹叶动，风去畏花伤。红英已照灼，况复含日光。

歌童暗理曲，游女夜缝裳。讵减当春泪，能断思人肠。[2]

桃花红英灼灼，在阳光下更含光华，这时节，正是"之子于归，宜其室家"的佳期，故歌童理欢曲，游女缝嫁衣。然而花就要被风吹落，良人却还在远方，桃花开落间，女子的容颜会老去，嫁娶的吉时会耽误，

① ［清］李渔《闲情偶寄》种植部，木本第一。

② 《玉台新咏》卷五。

怎能不当春落泪，相思断肠。

鲍照《拟行路难》其八诗云：

> 中庭五株桃，一株先作花。
>
> 阳春夭冶二三月，从风簸荡落西家。
>
> 西家思妇见悲惋，零泪沾衣抚心叹。
>
> 初我送君出户时，何言淹留节回换？
>
> 床席生尘明镜垢，纤腰瘦削发蓬乱。
>
> 人生不得恒称意，惆怅徙倚至夜半。①

诗以桃花起兴，后由花落西家引出独居的思妇。落花惊时，她想到昔日送别的夫君，归期遥遥，悲从中来。春光明媚，桃花灼灼，落瓣骀荡，这样的风光下，寂寞空闺内却是明镜蒙尘，人面憔悴。春桃的光彩耀人与思妇处的灰颓黯淡，因桃花之落而联系起来，鲜明对照出思妇的惆怅伤悲。

晚唐皮日休作有《桃花赋》一篇，其中写：

> 日将明兮似喜，天将惨兮若悲。近榆钱兮妆翠靥，映杨柳兮颦愁眉。轻红拖裳，动则袅香，宛若郑袖，初见吴王。夜景皎洁，阒然秀发，又若嫦娥，欲奔明月。蝶散蜂寂，当闺脉脉，又若妲已，未闻裂帛。或开故楚，艳艳春曙，又若息妫，含情不语。或临金塘，或交绮井，又若西子，浣纱见影。玉露厌浥，妖红坠湿，又若骊姬，将谮而泣。或在水滨，或临江浦，又若神女，见郑交甫。或临广筵，或当高会，又若韩娥，将歌敛态。微动轻风，婆娑暖红，又若飞燕，舞于掌中。

---

① 《玉台新咏》卷九。

半沾斜吹，或动或止，又若文姬，将赋而思。丰茸旖旎，互交递倚，又若丽华，侍宴初醉。狂风猛雨，一阵红去，又若褒姒，初随戎虏。满地春色，阶前砌侧，又若戚姬，死于鞠域。[1]

文章先直接铺叙桃花开时的种种美好情态，继而连用郑袖、息妫、西子、骊姬等十三位姿容绝代却命运不幸女子的韵事来形容花落的景象。从自然物色和观照体验来讲，红颜的不幸遭遇同桃花之落确实有着相通的质素，一样的美丽脆弱，一样的令人怜惜，让人情不自禁地由此及彼，交互感伤。

历代以桃花之落写女子容颜易逝、爱情不遂的诗词创作很多，诸如《子夜四时歌》之“春桃初发红，惜色恐侬摘。朱夏花落去，谁复相寻觅”，[2]江总《闺怨篇》之“辽西水冻春应少，蓟北鸿来路几千。愿君关山及早度，念妾桃李片时妍”，[3]孟郊《杂感》之“夭桃花清晨，游女红粉新。夭桃花薄暮，游女红粉故。树有百年花，人无一定颜。花送人老尽，人悲花自闲”[4]等等。以至于在后兴的叙事文学领域，戏剧小说家往往将桃花之落与女子的命运紧密联系起来。孔尚任《桃花扇》中每每以桃花比喻李香君的美貌，以花事罹遭风雨形容侯李短暂的爱情，并借香君之口以“桃花命薄，扇底飘零”[5]道出主人公不幸的命运以及标题之旨。曹雪芹《红楼梦》中，虽有群芳对应众女儿，却又以桃花之落作为众花零落的中心：宝黛在桃花树下萌动爱情，一起埋葬桃花落瓣，黛玉《葬花吟》《桃花行》俱是见此花思薄命而吟，

① 《全唐文》卷七九六。
② 《乐府诗集》卷四四。
③ ［宋］李昉等编《文苑英华》卷三四六。
④ 《全唐诗》卷二〇。
⑤ ［清］孔尚任《桃花扇》第十回。

写美丽多情的尤三姐之死时也道“揉碎桃花红满地，玉山倾倒再难扶”[1]。综上种种，红颜薄命可说是桃花落意象最经典、最凄美的象征内涵。

（二）象征良辰美景消亡，繁华落尽，世事沧桑。

桃花不单姿色艳丽，生长浓密，且常常聚木成林，规模庞大，呈现出云蒸霞蔚之状，唐吴融《桃花》诗云：“满树和娇烂漫红，万枝丹彩灼春融。”[2]便是描述这种盛况。面对自然界巧夺天工的繁丽花朵，诗人会联想到人世间种种美好的人事，所以唐代张说在桃花园中道：“林间艳色骄天马，苑里秾华伴丽人。”[3]司马光《洛阳少年行》写：“铜驼陌上桃花红，洛阳无处无春风。”[4]然而，当春花中最锦绣绚丽的花朵纷纷飘落，这强烈的盛衰更迭看在诗人眼中，便会生出良辰不再、繁华过眼、世事无常的慨叹。

上述感慨，一种是出于对未来的忧怖，见桃花零落而想到自己未来命运的难料。身处在魏晋这样一个士人动辄得咎，难以苟全性命时代的阮籍，其《咏怀》组诗历来以寄托遥深著称，诗中数次涉及桃花之落，都隐含了对世事无常的担忧——

其五：

嘉树下成蹊，东园桃与李。
秋风吹飞藿，零落从此始。
繁华有憔悴，堂上生荆杞。

---

① ［清］曹雪芹《红楼梦》第六十六回。
② 《全唐诗》卷六八七。
③ ［唐］张说《桃花园马上应制》，《全唐诗》卷八九。
④ ［宋］司马光《传家集》卷四。

其十四：

岂知穷达士，一死不再生。

视彼桃李花，谁能久荧荧！

君子在何许，叹息未合并。

其二十一：

荧荧桃李花，成蹊将夭伤。

焉敢希千术，三春表微光。

自非凌风树，憔悴乌有常。[①]

李花与桃花同属蔷薇科落叶小乔木，虽小而繁茂，花团成簇，素雅缤纷。阮籍心中理想的状态是：桃李花开荧荧，树下成蹊。然而，在时间、风雨的摧折下，诗人心知好景不能常在，于是总为桃李的败落而担忧。魏晋作为中国历史上一个多灾多难、动荡不安的时代，君统异位，北族滋逼，内乱迭起，瘟疫频仍。死亡的震颤将士人抛入极度焦虑不安和阴森恐怖的氛围中，何晏诗云："常恐入罗网，忧祸一旦并。"[②]石崇说："感性命之不永，惧凋落之无期。"[③]阮籍在诗中为桃李花忧生惜落正是当时人们因外部环境严峻、朝不保夕而生出畏死恋生、忧怖未来的普遍心态。

另一种感慨则是出于对过去的追忆。在人们的记忆中，桃花盛开的时候往往是意气风发，幸福美好的，所以有对于"桃李春风花开日""人面桃花相映红"的无限回味。而桃花落去则意味着过往的一切风流云散，煊赫一时的富贵荣华黯淡收场，妙不可言的爱情期待豁然落空。

---

① ［魏］阮籍《咏怀》，［清］沈德潜辑《古诗源》卷六。

② ［魏］何晏《拟古》，［明］冯惟讷《古诗纪》卷二七，魏第七。

③ ［晋］石崇《金谷诗序》，［清］严可均《全晋文》卷三三。

站在现在回望过去，花开得越鲜艳，落下便越显得悽惶，往事越美好，追忆起来就越酸楚。陆游《钗头凤》写：“桃花落，闲池阁。山盟虽在，锦书难托。”[①]王沂孙《绮罗香》云：“疏枝频撼暮雨，消得西风几度，舞衣吹断。绿水荒沟，终是赋情人远。空一似、零落桃花，又等闲、误他刘阮。”[②]向滈《临江仙》也道：“流水青山依旧是，兰桡往事空寻。一番风雨又春深。桃花都落尽，赢得是清阴。”[③]

唐代刘禹锡有两首著名的“桃花”诗——

戏赠看花诸君子

紫陌红尘拂面来，无人不道看花回。

玄都观里桃千树，尽是刘郎去后栽。

再游玄都观

百亩庭中半是苔，桃花净尽菜花开。

种桃道士归何处，前度刘郎今又来。[④]

刘诗本意借桃花讽刺当政显贵——他们玩弄权柄，在自己被贬谪后青云直上，气焰嚣张，十四年后刘重归京都，昔日煊赫一时的当权者和新贵们已经树倒猢狲散，如同桃花“净尽”，可见歪门邪道纵然一时得逞却终不能持久。这两首讽刺诗创作间隔久远，有明显的世事无常、沧桑变幻意味，后人多忽略其隐讽内涵，而取“刘郎”并“桃花”之开落表现人事今昔之感。如晁补之《蓦山溪》：“刘郎莫问，去后桃花事。司马更堪怜，掩金觞、琵琶催泪。”[⑤]王道亨《桃源忆故人》：

① 《全宋词》卷二二四。

② 《全宋词》卷四九五。

③ 《全宋词》卷二一六。

④ 《全唐诗》卷三六五。

⑤ 《全宋词》卷六九。

“刘郎自是桃花主，不许春风闲度。春色易随风去，片片伤春暮。”[1]陆游《追感往事》：“世事纷纷过眼新，九衢依旧涨红尘。桃花梦破刘郎老，燕麦摇风别是春。”[2]张元干诗云：“把麾政尔人生贵，持橐终期间世才。莫问桃花今老矣，刘郎去后任渠栽。”[3]

上述关于桃花之落的慨叹，其他品种花朵在凋谢时也会激起类似情绪，而惟有桃花，其开格外妩媚娇艳，繁丽似锦，其落也缤纷华美，有如满天红雨，能给人以无比强烈的视觉冲击，故而成为最能映衬良辰美景，写照人心愁绪的花卉。

（三）桃花与桃源仙境相联系，蕴含仙隐意味。

《易纬》载：“惊蛰，大壮初九。候桃始华，不花，仓库多火。”[4]《吕氏春秋》记：“天子以雏尝黍羞，以含桃先荐寝庙。”[5]我国先民有以桃花占卜、桃果祭祀的悠久传统。民间也流传着西王母所居昆仑山广种桃树，并以蟠桃宴飨仙人的传说。于是长久以来，桃成为一种具有神话色彩、灵异功用的植物。东晋陶渊明作《桃花源记》：“缘溪行，忘路之远近。忽逢桃花林，夹岸数百步，中无杂树，芳草鲜美，落英缤纷，渔人甚异之。复前行……”[6]武陵人穷尽桃花林，见到了后来成为千古文人美政理想的桃花源。南朝宋刘义庆《幽明录》载有刘晨、阮肇入天台山采药，迷不得返，饥馁殆死，遇桃树采果而食，后逢仙女之事。

---

① 《全宋词》卷一三六。

② ［宋］陆游《剑南诗稿》卷四五。

③ ［宋］张元干《次韵文老使君宗兄见赠近体佳什两篇仆与公别四十馀年一旦邂逅情着于辞》其一，《芦川归来集》卷三。

④ ［汉］郑玄《易纬》通卦验，［宋］李昉等撰《太平御览》卷九六七。

⑤ ［战国］吕不韦《吕氏春秋》卷五，仲夏季第五。

⑥ 《全晋文》卷一一一。

图26 ［明］蓝瑛《桃花渔隐图》，故宫博物院藏。

图27 ［清］吴昌硕《仙源桃花图》

桃又成为世外仙境的一大标识。文人常常见桃花而思桃源，以蹋落桃之径，溯浮桃之流，当作寻觅世外洞天之途。

唐刘长卿《寻张逸人山居》诗云：“危石才通鸟道，空山更有人家。桃源定在深处，涧水浮来落花。”[1]诗人寻访隐者，经过艰难险阻，当他看到水中浮来的落花，想象深山中的人家一定有如陶潜笔下的桃花源，这也是作者内心憧憬的理想居所。宋柳永《合欢带》：“桃花零落，溪水潺湲，重寻仙径非遥。”[2]明浦源《题青山白云图》：“不识桃源在何处，但看流水落花来。”[3]及明僧憨山《山居偶成》：“莫谓桃源无路入，落花流水是知津”[4]等，都表现了诗人将桃花流水视作找寻理想世界路引的想法。

三、其他花落

花之王国有千娇百媚，落下的意态自然也各有千秋，梅桃之外还有很多种花卉，它们的谢落也令诗人们吟咏不绝。

（一）荷花之落

荷花，又称水芙蓉、芙蕖、菡萏、莲等，《周书》载：“薮泽已竭，即莲藕掘。”[5]《诗经》有“山有扶苏，隰有荷华”“彼泽之陂，有蒲菡萏”之句，可见在我国荷花很早就进入了先民的生产生活和文学创作中。

同其他花卉一样，荷花的零落也有着明显的时间意味，然而不同于惯有的落花伤春，荷花开于夏季的特殊节候让其成为少有的特用于

① 《全唐诗》卷一五〇。
② 《全宋词》卷七。
③ 《列朝诗集》甲集第二〇。
④ 《列朝诗集》闰集第三。
⑤ ［唐］欧阳询《艺文类聚》卷八二，草部下，芙蕖。

悲秋的落花意象。杜甫《曲江》写："曲江萧条秋气高，芰荷枯折随风涛。"[①]白居易《南湖晚秋》道："旦夕秋风多，衰荷半倾倒。"[②]元稹《景申秋》诗也有"竹垂哀折节，莲败惜空房"[③]之句。

其次，"莲"与"怜""恋"谐音，使得荷花与爱情、相思的关系尤为密切。孟郊《怨诗》写"试妾与君泪，两处滴池水。看取芙蓉花，今年为谁死。"[④]以独特的构思借荷花道出了思妇的深情。李清照《一剪梅》道："红藕香残玉簟秋，轻解罗裳，独上兰舟……花自飘零水自流。一种相思，两处闲愁。"[⑤]同样是由荷花之落引发了相思之愁。

再者，自三闾大夫行吟江畔，"制芰荷以为衣兮，集芙蓉以为裳"[⑥]起，荷花与士人的君子理想也结下不解之缘。古人多以荷花自况，以荷花之落喻自己"履洁怀芳"却无人爱赏，李白《古风》："秀色空绝世，馨香竟谁传。坐看飞霜满，凋此红芳年。结根未得所，愿托华池边。"[⑦]萧士赟注："谓君子有绝世之行，处于僻野而不为世所用。常恐老之将至，而所抱不见于所用，安得托身于朝廷之上而用世哉，是亦太白自伤之意也欤。"[⑧]贺铸《踏莎行》："杨柳回塘，鸳鸯别浦。绿萍涨断莲舟路。断无蜂蝶慕幽香，红衣脱尽芳心苦。"[⑨]以荷花深藏被人汲引之难喻指自己仕途之碍，花落莲心苦，诗人之心亦然。

---

① 《全唐诗》卷二〇六。
② 《全唐诗》卷四三三。
③ 《全唐诗》卷四一〇。
④ 《全唐诗》卷二〇。
⑤ 《全宋词》卷一二六。
⑥ [战国楚]屈原《离骚》。
⑦ 《全唐诗》卷一六一。
⑧ [宋]杨齐贤撰，[元]萧士赟补注《李太白集分类补注》卷二。
⑨ 《全宋词》卷六七。

图28 ［清］八大山人《莲石图》

此外值得一提的是，古人谓“梅令人高，兰令人幽，菊令人野，莲令人淡”[①]。因为莲花的气质冲淡自然，清洁出尘，凋落也无飘荡离索之感，且“翠盖裂残浑改色，红衣落尽尚馀香”[②]，其“风露清愁”较轻，往往令人体味到别具一格的落花之美。陆龟蒙《白莲》诗云：“还应有恨何人觉，月晓风清欲堕时。”[③]认为白莲翩然欲坠时格外有情动人。李商隐更道：“秋阴不散霜飞晚，留得枯荷听雨声。”[④]旅宿难眠之夜，静听秋雨打枯荷，别有一番冷清萧瑟的诗情，《红楼梦》中黛玉便独爱义山此句，而让宝玉留下了残荷来听雨。

（二）杨花之落

《尔雅·释木》与《说文》都解：“杨，蒲柳也。”杨花并非杨树之花，而应作“柳絮”解已是学界的共识。柳絮，是柳树的种子，上有白色茸毛，随风飞散如飘絮，因以称名。因为“杨花”非花，所以历代诗文作品中并没有关于它含苞或是开放的描述，又因“杨花”时逢暮春，生得轻薄缠绵，柔软多情，且含有柳树挽留惜别之意，于是成为人们眼中一类典型的“落花”意象，被历代迁客骚人、游子思妇用以寄托忧愁。

杨花之咏历史也颇久远，相传北魏胡太后曾作《杨白花》歌道：“阳春二三月，杨柳齐作花。春风一夜入闺闼，杨花飘荡落南家。含情出户脚无力，拾得杨花泪沾臆。秋去春还双燕子，愿衔杨花入窠里。”[⑤]诗以杨花巧妙双关，隐喻惧祸南逃的情人杨华，写出了失恋女子的娇慵之态和相思之情，胡太后其人其行姑且不论，其歌却可谓哀婉动人。

---

① ［清］张潮《幽梦影》第一三一则。

② ［明］李昌祺《题秋塘鹡鸰图》，《运甓漫稿》卷二。

③ ［唐］陆龟蒙《和袭美木兰后池三咏·白莲》，《全唐诗》卷六二八。

④ ［唐］李商隐《宿骆氏亭寄怀崔雍、崔衮》，《全唐诗》卷五三九。

⑤ ［清］沈德潜辑《古诗源》卷一四，北魏诗。

图 29　柳絮飞舞。图片来自网络。

大约同时期的南朝宋汤惠休也作有《杨花曲》三首，写女子对远方情人的相思，质朴而深情。到宋代，苏轼《水龙吟·次韵章质夫杨花词》可谓杨花之咏的千古绝唱，词首句“似花还似非花，也无人惜从教坠。”[①]恰如其分地道出了杨花的特点——应花季而生，因风飘远，而本质非花，且并不艳丽芬芳，故唐圭璋评价这两句“咏杨花确切，不得移咏他花。人皆惜花，谁复惜杨花者？”[②]此外书写杨花之落的佳句还有韦应物《叹杨花》之“空蒙不自定，况值暄风度。旧赏逐流年，新愁忽盈素”[③]，薛涛《柳絮》之“二月杨花轻复微，春风摇荡惹人衣。他家本是无情物，一任南飞又北飞”[④]，周邦彦《玉楼春》之“人如风后入江云，情似

① 《全宋词》卷四四。
② 唐圭璋选释《唐宋词简释》，上海古籍出版社 1981 年版，第 90 页。
③ 《全唐诗》卷一九一。
④ 《全唐诗》卷八三〇。

雨后黏地絮”[①]等等。

（三）牡丹之落

牡丹花大色艳、雍容华贵、优雅高洁，冠群芳之首，历来号称“国色天香”。唐人爱牡丹，更到了举国若狂的境地，他们盛赞其“唯有牡丹真国色，花开时节动京城”[②]“竞夸天下双无绝，独立人间第一香”[③]“牡丹妖艳乱人心，一国如狂不惜金”[④]。

牡丹花开，天下翕然共赏，当其花落，也尤为世人所怜惜。据白居易《牡丹芳》“共愁日照芳难驻，仍张帷幕垂阴凉”[⑤]，司空图《牡丹》“主人犹自惜，锦幕护春霜”[⑥]等诗之意，唐人为保牡丹不败，可谓用心良苦。王建《题所赁宅牡丹花》诗云：“且愿风留著，惟愁日炙燋。可怜零落蕊，收取作香烧。”[⑦]亦可见对于牡丹的爱惜。

所谓“牡丹最贵唯春晚”，牡丹花期较晚，在群芳斗艳的花季总是姗姗开迟，待其独断春光之际，便是一春花事将尽之时。诗人在欣赏牡丹的雍容华贵同时，也难免感伤美好事物的转瞬即逝。唐诗中吟咏牡丹的篇章有一百四十余首，多有惋惜牡丹花落之作。王维《牡丹花》诗云：“自恨开迟还落早，纵横只是怨春风。”[⑧]其《红牡丹》道：“花

---

① ［宋］周邦彦《玉楼春》（桃溪不作从容住），《全宋词》卷七二。

② ［唐］刘禹锡《赏牡丹》，《全唐诗》卷三六五。

③ 传为唐皮日休诗，《全唐诗》不见辑录，诗见彭大翼［明］《山堂肆考》卷一九七。

④ ［唐］王睿（一作王毂诗）《牡丹》，《全唐诗》卷五五〇，卷六九四。

⑤ 《全唐诗》卷四二七。

⑥ 《全唐诗》卷六三二。

⑦ 《全唐诗》卷二九九。

⑧ 《全唐诗·全唐诗逸》卷上，中华书局 1999 年版，第 10243 页。

图 30　张大千《西楼第一红》。

心愁欲断，春色岂知心。”[1]为美艳绝伦却开迟落早的牡丹花代言怨春。白居易《秋题牡丹丛》道：“晚丛白露夕，衰叶凉风朝。红艳久已歇，碧芳今亦销。幽人坐相对，心事共萧条。”[2]诗人在红艳久歇，碧芳尽销中，回想逝去的绚烂花季，倍起萧条之感。此外，尚有如白居易《惜牡丹花二首》《微之宅残牡丹》，刘禹锡《伤雨后牡丹》，李商隐《回中牡丹为雨所败二首》，李建勋《残牡丹》《晚春送牡丹》，孙鲂《牡丹落后有作》，徐夤《郡庭惜牡丹》等等。唐人对于牡丹花，可谓是爱之深，伤之切。

第三节　落花的两种经典组合

一、落花风雨更伤春：落花与风雨

“风雨”是我国古代文学中的一大惯用意象，从词语构成角度属于并列式，包含“风”和“雨”两种语素，由于自然界天气往往风雨交加，故而多并提。《诗经·郑风·风雨》开“风雨”意象吟咏之先河，诗中“凄凄”“潇潇”“如晦”为这一意象确立了凄楚悲凉的感情基调，并得到后世的广泛认可。一方面风雨令人感到寒冷，甚至带来疾病，或者令人行事不顺，乃至狼狈不堪；另一方面，风吹雨打使自然界的植物饱受摧残，常令人产生“同构心理”[3]。所以，即便在人类生产、生活中，“风雨”扮演着不可或缺的角色，诗人也多有“好风”“好雨”

① 《全唐诗》卷一二八。
② 《全唐诗》卷四三二。
③ “格式塔心理学的同构说认为，自然形式与人的身心结构发生同构反应，便产生审美感受。”见李泽厚《美学四讲》，三联书店 2004 年版，第 57 页。

图 31　雨打花残。图片来自网络。

之赞，如陶潜《读〈山海经〉》之“微雨从东来，好风与之俱”①，庾信《咏画屏风诗》之“今朝好风日，园苑足芳菲”②，杜甫《春夜喜雨》之“好雨知时节，当春乃发生”③等。然而总的来看，“风雨”意象终究以凄寒乃至惨戚的色调为主，文天祥《酹江月》写：“风雨牢愁无著处，那更寒虫四壁。”④辛弃疾《水龙吟》道：“可惜流年，忧愁风雨，

① 《古诗源》卷九，晋诗。

② ［南北朝］庾信《咏画屏风诗二十五首》其二十三，庾信撰，［清］倪璠注《庾子山集》卷四。

③ 《全唐诗》卷二二六。

④ 《全宋词》卷四七七。

树犹如此。”[1]刘基《次韵高则诚雨中》也说：“冷风凄雨不胜愁。”[2]

依自然规律而言，花落是植物新陈代谢的重要环节，是时节变化的必然结果，然而就人的直观感受来说，风雨则是香销瓣落的直接推手。不同于时间的潜移默化，它以一种直接激烈乃至摧枯拉朽的方式，宣告花事的终了。故而“落花”同“风雨”成为人们印象中联系极为密切的两种意象。或仅凭风雨推断花落，孟浩然《春晓》：“夜来风雨声，花落知多少。”[3]李清照《如梦令》：“昨夜雨疏风骤，浓睡不消残酒，试问卷帘人，却道海棠依旧。知否，知否，应是绿肥红瘦。”[4]或见花落便埋怨风雨，杜安世《贺圣朝》：“馨香艳冶，吟看醉赏，叹谁能留住。莫辞持烛夜深深，怨等闲风雨。”[5]赵子发《菩萨蛮》：“怨春风雨恶，二月桃花落。雨后纵多晴，花休春不成。”[6]“风雨”在多数文学作品中，扮演了花的“破坏者”角色，为人所不喜，这既是大自然的安排，也是文学经营的结果。鲁迅曾言：“悲剧是将人生有价值的东西毁灭给人看。”[7]花是自然界最美好的事物之一，却又短暂脆弱，轻易被风雨抹杀，这种美丽与毁灭的组合有着浓浓的悲剧美感，格外能带给人以心灵的震颤。

花开风雨催，人生光阴促，当风雨来临，花瓣纷纷落下，一年中最美好的春季便走到了尽头，落花和风雨意象组合的核心意蕴便是伤

---

① ［宋］辛弃疾《水龙吟·登建康赏心亭》，《全宋词》卷二五九。
② ［明］刘基《次韵高则诚雨中三首》其一，《列朝诗集》甲集前编第三。
③ 《全唐诗》卷一六〇。
④ 《全宋词》卷一二六。
⑤ ［宋］杜安世《贺圣朝》（牡丹盛拆春将暮），《全宋词》卷一九。
⑥ ［宋］赵子发《菩萨蛮》（闲庭草色侵阶绿），《全宋词》卷九六。
⑦ 鲁迅《坟·再论雷峰塔的倒掉》，《鲁迅全集》第一卷，第192页。

春之情。孟浩然《春晓》诗：

春眠不觉晓，处处闻啼鸟。夜来风雨声，花落知多少。

可谓是最脍炙人口的伤春诗，诗人惬意地春眠，忽由风雨引起对落花的叹息，平淡风味中有着爱极而伤之意。后人效仿之句则强化了这种惜春惆怅的情绪，如范仲淹《书酒家壁》："游子未归春又老，夜来风雨落花多。"[1]辛弃疾《婆罗门引·用韵别郭逢道》："中心怅而，似风雨、落花知。"[2]明梁以壮《报资寺题壁》："西园昨夜吹风雨，一径萧萧葬落花。"[3]

欧阳修《玉楼春》词：

残春一夜狂风雨。断送红飞花落树。人心花意待留春，春色无情容易去。

高楼把酒愁独语。借问春归何处所。暮云空阔不知音，惟有绿杨芳草路。[4]

人心花意眷念春光，无奈春色无情，风雨摧花，词人因此而有无限惆怅。"借问春归何处所"，痴痴一问，既为飘零残英，亦为登高独酌、茕茕孑立的自己。

花离枝好比人之去乡离友，失怙无着，风雨天既是归家道中的阻碍，又令孤独漂泊的游子感到分外凄凉寒苦。唐赵嘏《东归道中》诗写：

未明唤僮仆，江上忆残春。风雨落花夜，山川驱马人。

---

① ［宋］范仲淹《书酒家壁》，傅璇琮等主编，北京大学古文献研究所编《全宋诗》第 72 册第 1917 页。

② 《全宋词》卷二五九。

③ ［明］梁以壮《兰扁前集》卷八。

④ 《全宋词》卷一五。

星星一镜发，草草百年身。此日念前事，沧洲情更亲。[①]

此当为作者自京洛返乡途中所作，他为科第功名背井离乡，路见落花风雨，倍感凄清，因这“道中之可悯”，反思“往事之堪悲”[②]，愈发感到思乡心切。

寇准《江上送别》诗道：

浪叠春江远树微，落花风雨共凄凄。

愁人此际肠须断，况是登临更送归。[③]

送别之际，落花风雨的凄寒之景会加重离人内心的落寞悲伤，它们的飘忽不定更会令人感到前途未卜，世事难料，故而“愁人”见此断肠，离人更会情难自禁。再如元董恢《僦居》：“翠阁朱楼锁掩扉，寻巢燕子不能归。落花吹泥东风雨，绕遍芳檐无处依。”[④]杨宏道《寒食》：“年来年去催衰白，花落花开足叹嗟。风雨闭门无所适，心田方寸乱如麻。”[⑤]表现异乡人在风雨飘摇、落花纷飞中的无所适从之感。虞俦《寒食风雨呈林正甫》：“不住风和雨，思归日似年。他乡寒食泪，深院落花天。”[⑥]马臻《和山村见寄诗韵》：“不成一事鬓先皤，朋友偲偲喜琢磨。千里音书归雁少，满城风雨落花多。”[⑦]则表现游子在风雨落花之季，对家乡、亲人的深深思念。

人们常认为风雨是花的戕害者，故多有忧惧怨怼之词，如温庭筠《醉

---

① ［唐］赵嘏《东归道中二首》其二，《全唐诗》卷五四九。
② 引自《唐诗选脉会通评林》，见陈伯海编《唐诗汇评》下，第2518页。
③ ［宋］寇准《忠愍集》卷下。
④ ［清］陈衍《元诗纪事》卷五。
⑤ ［元］杨宏道《小亨集》卷四。
⑥ ［宋］虞俦《尊白堂集》卷二。
⑦ ［元］马臻《和山村见寄诗韵七首》其七，《霞外诗集》卷一〇。

歌》:“唯恐南国风雨落，碧芜狼籍棠梨花。”[①]赵翼《和友人落花诗》:“薄命生遭风雨妒，多情枉受蝶蜂怜。”[②]花被风雨摧折的苦楚，对应了人所受病痛死亡的折磨，同时风雨的阴冷会更加重生理上承受的痛苦，明黎遂球《漫述答人》诗云:“风雨潇潇更病中，隔帘从报落花红。”朱九江《无题和王子新》写到:“多病心情寒食后，小楼风雨落花时。”[③]更有甚者，因风雨之凌厉肃杀，落花之薄命萧索，它们在悼亡作品中直接对应了人的亡故，宋王世宁《临终作》:“人间风雨易分散，回首五陵空落花。”[④]何梦桂《吊岳文二公》诗云:“门前流水溪山在，帘外落花风雨多。”[⑤]明庞尚鹏《安化闻叠江伯兄讣》诗云:“长信江山流水远，那堪风雨落花深。”风雨落花恰似人如灯灭，与万古青山流水相对，更显出人生命的短暂与渺小。

在苦情悲歌之外，风雨落花其实也是自然界富有诗情画意的景致——风吹落瓣犹舞，雨打残英更艳，秉天地灵气而生的花，可谓“淡妆浓抹总相宜”。宋方岳《题八士图》写:“飞絮游丝芳草路，淡烟疏雨落花天。”[⑥]明王绂《四时绝句寄题皆山轩》道:“昨夜春归风雨送，满渠流水落花香。”[⑦]而在这风雨如晦的纷扰中，若还能沉静下一颗淡观花落的心，更称得上超凡脱俗，有林下之风了。元吴师道《和芊希曾宪史韵》:

---

① 《全唐诗》卷五七六。
② [清]赵翼《和友人落花诗》其一，《瓯北集》卷二二。
③ 《列朝诗集》丁集第七。
④ [宋]阮阅《诗话总龟》卷四五，神仙门下。
⑤ [宋]何梦桂《吊岳文二公二首》其二，《潜斋集》卷二。
⑥ [清]吴之振等编《宋诗钞》，《秋崖小藁钞》。
⑦ [明]王绂《王舍人诗集》卷五。

高步青霄计未差，征途祇暂走尘沙。

烟波江上吟芳草，风雨城东看落花。

揽辔欲追千载士，扣门肯向五侯家。

遥知斋阁清无事，满架残书整复斜。[①]

把江上吟芳草，风雨看落花，视作清贞隐士的做派。同时期安熙《鹊桥仙》词："也非学圃，也非怀土。静看落花风雨。安排便买钓鱼蓑，底是、沧浪深处。"[②]郭天锡《三月十日寄了即休》诗："一悟空中色，相忘定外禅。裹茶来竹院，风雨落花前。"[③]都以自然界中落花风雨的纷扰反衬出人内心的宁静自守，显现出遗世独立的超脱之志。

二、流水落花春去也：落花与流水

落花与流水堪称文学史上一对经典的意象组合。自孔子于川上叹逝者如斯，屈原于江畔行吟骚怨，流水便被赋予了惜时叹逝、幽怨感伤的色彩，这与人们的落花之愁不谋而合。南朝梁江淹《去故乡赋》："北风片兮绛花落，流水散兮翠茚疏。"[④]简文帝萧纲《倡楼怨节》："上林纷纷花落，淇水漠漠苔浮。"[⑤]落花与流水常出现在同一情境中，又有着相仿佛的时间、生命意味，自古便在文学艺术作品中频繁相伴出现，共同蕴藉着丰富的内涵。

春水潺潺，落花点点，是一派令人赏心悦目的清丽景致。刘沧《赠天台隐者》："天开宿雾海生日，水泛落花山有风。"[⑥]储光羲《答王

---

① 《元诗选》初集，吴礼部师道。

② ［元］安熙《默庵集》卷五。

③ 《元诗选》二集，郭掾郎天锡。

④ ［清］严可均《全梁文》卷三三。

⑤ 《玉台新咏》卷九。

⑥ 《全唐诗》卷五八六。

十三维》："落花满春水，疏柳映新塘。"[1]便是写流水与落花共构的怡人风光。戴叔伦《雨》："啼鸟云山静，落花溪水香。"[2]刘脊虚《阙题》："时有落花至，远随流水香。"[3]赏落花翩跹，嗅春水染香，更别有情致。再有若"野客漱流时，杯粘落花片"[4]"朝盘香积饭，夜瓮落花泉"[5]"山碓舂流水，茶铛煮落花"[6]，诗人亲身感受水浸落花后的清香甜润，可谓情思巧妙，意趣风雅。

图 32　落花流水。图片来自网络。

然而从另一角度，花落水中，又是一种玷污糟践，令人心生不忍。

---

① 《全唐诗》卷一三八。
② 《全唐诗》卷二七三。
③ 《全唐诗》卷二五六。
④ ［唐］顾况《石窦泉》，《全唐诗》卷二六七。
⑤ ［唐］戴叔伦《寄禅师寺华上人次韵三首》其一，《全唐诗》卷二七三。
⑥ ［清］朱孔照《游天井涧寺》，徐世昌辑《晚晴簃诗汇》卷二七。

柳永《雪梅香》："雅态妍姿正欢洽，落花流水忽西东。"[1]丘逢甲《济良所》："长安落花日日多，不忍落花付流水，欲落不落扶之起。"[2]都有无限惋惜之意。《红楼梦》中黛玉制止了宝玉以水葬花的举动，认为难料水中"脏的臭的混倒，仍旧把花糟蹋了"，故需"一抔净土掩风流"，不能叫落花"污淖陷渠沟"[3]。以此恻隐之心与身世之感观之，落花流水之景则又可悲可叹了。

落花的漂泊对应了羁旅的游子，流水送走落花，也送走了远行之人，此情此景，格外触动诗人的离愁别绪。冯时行《点绛唇》："歌声里，落花流水，明日人千里。"[4]向子諲《减字木兰花·政和癸巳》："欢心未已，流水落花愁又起。离恨如何，细雨斜风晚更多。"[5]即是以流水落花写离人之恨。

陆机《文赋》云："遵四时以叹逝，瞻万物而思纷。悲落叶于劲秋，喜柔条于芳春。"[6]四季的风物变化，尤能引发诗人伤时之感。春去秋来，流水冲花是时序更迭的自然规律，既象征着芳春的逝去，又令人感到美好年华的消减。古人多有以落花流水送春之句，如赵长卿《鹧鸪天》之"真个去，不恢留。落花流水一春休。自怜不及春江水，随到滕王阁下流"[7]，赵以夫《二郎神》之"便系日绳长，修蟾斧妙，教驻韶华未许。白白红红多多态，问底事、东皇无语。但碧草淡烟，落花流水，

---

① ［宋］柳永《雪梅香》（景萧索），《全宋词》卷七。
② ［清末民初］丘逢甲《岭云海日楼诗钞》卷一一。
③ 《红楼梦》第二十三、二十七回。
④ ［宋］冯时行《点绛唇》（十日春风），《全宋词》卷一六八。
⑤ ［宋］向子諲《减字木兰花·政和癸巳》，《全宋词》卷一三一。
⑥ ［晋］陆机《陆士衡文集》卷一。
⑦ ［宋］赵长卿《鹧鸪天》（送春），《全宋词》卷二四九。

不堪回伫"[1]等。更不乏以之叹光阴过隙，岁月无情之言，如唐张生妻《梦中歌》道"劝君酒，君莫辞。落花徒绕枝，流水无返期。莫恃少年时，少年能几时？"[2]敦煌变文中有"浮生岁月如流水，世露光阴似落花"[3]之句，都言水东流不复回，花落枝不再开，人的青春与生命亦是如此。

落花往往象征着昔日的美好与繁华，随水而流，则意味着这一切风流云散。于是，诗人或以之怀旧人，似刘辰翁《虞美人》之"江山画出古今愁。人与落花何处、水空流"，[4]高观国《喜迁莺》之"绮陌断魂名在，宝箧返魂香远。此情苦，问落花流水，何时重见"[5]；或以之怀旧事，如杨基《桃花》诗之"流水落花成怅望，舞裙歌袖是因缘"，[6]汤恢《倦寻芳》之"宿粉残香随梦冷，落花流水和天远"[7]；甚至以之怀旧国，若唐无名氏句之"亡国空流水，孤祠掩落花"，[8]李煜《浪淘沙》之"落花流水春去也，天上人间"[9]。自然界中，年年落花流水不变，于看客而言，或许已是沧桑辗转。落花流水，也就平添了世事悲喜、千般如梦的况味。苏轼写："酒醒梦断何所有，落花流水空青山。"[10]王旐《桃花岩》："一代客随流水去，三春梦逐落花飞。"[11]

---

① ［宋］赵以夫《二郎神》（次方时父送春），《全宋词》卷三五一。

② 《全唐诗》卷八六八。

③ 《妙法莲华经讲经文》，《敦煌变文集新书》卷二。

④ ［宋］刘辰翁《虞美人》（情知是梦无凭了），《全宋词》卷四六五。

⑤ ［宋］高观国《喜迁莺》（代人吊西湖歌者），《全宋词》卷三一六。

⑥ ［明］杨基《梅杏桃李·桃花》，《眉庵集》卷八。

⑦ ［宋］汤恢《倦寻芳》（饧箫吹暖），《全宋词》卷四〇九。

⑧ ［唐］齐己《风骚旨格》引，《全唐诗》卷七九六。

⑨ ［南唐］李煜《浪淘沙》（帘外雨潺潺），《全唐诗》卷八八九。

⑩ ［宋］苏轼《追饯正辅表兄至博罗，赋诗为别》其二，《东坡全集》卷二三。

⑪ ［民国］徐世昌辑《晚晴簃诗汇》卷一二〇。

便是此意。

落花离枝投水是为有心，流水沉花送远则显得不解风情，“落花有意，流水无情”是历来为人所乐道的俗语。唐诗中白居易《过元家履信宅》有“落花不语空辞树，流水无情自入池”[1]之句，杜牧《金谷园》诗亦道“繁华事散逐香尘，流水无情草自春”[2]。至南宋初年，禅宗士珪禅师以“落花有意随流水，流水无情恋落花”[3]为佛偈喻释禅理，告诫世人勿以眼见之“落花”追随真心之“流水”。然而此句同世人对理想、爱情的追逐与失意不谋而合，成为后世叙事文学中一句经典串词，仅中华书局本《明人杂剧·六十种曲》中，便有《焚香记·辞婚》《霞笺记·烟花巧赚》《荆钗记·执柯》等十出戏，以此唱词表男女间一人有心，一人无意之情状。其余古典戏曲、小说中，此句更是数见不鲜，几成窠臼，足证其深入人心。

---

① 《全唐诗》卷四五〇。

② 《全唐诗》卷五二五。

③ 语出《续传灯录·温州龙翔竹庵士珪禅师》。

第四章　落花的主题意蕴

春秋代序，花落花开，是大自然循环往复的生命节奏。所谓“人禀七情，应物斯感，感物吟志，莫非自然。”[①]孕育在农耕文明中，崇尚天人合一的中国先民格外能够理解自然界的花草树木，并与之发生生命的共感。它们的荣落盛衰已经远远不只是一种自然现象，而是古人心目中凝聚着特定情感和生命意味的文化语码，能够带给人无限的情思诗兴。历史悠久而吟咏不绝的落花意象便是如此，在历代文人墨客不断的踵事增华中，积累下丰富的内涵意蕴。

第一节　春恨——伤时叹逝

综观中国古典文学，因时光匆匆、年华流逝而生出的惆怅伤感，是诗人们难解的情结。时间的改变悄无声息，而人之所以常有明确的时间意识和紧迫的忧患感，一则是感受到自身由壮及老、由盛而衰的生命体征；另一方面，即是自然界动植物新陈代谢、推移变迁的生命现象所带来的启示与警惕。曾大兴在论述物候与生命意识关系时道：“人是自然界的一分子，人的生命，与自然界的动植物的生命是异质同构的。人的生老病死，与动植物的生长荣枯一样，都体现了自然生命的

---

① 《文心雕龙》卷六，《明诗》篇。

节律。”[①]故而一年之始、万物勃发的春天无论对人还是动植物而言都是弥足珍贵的，它是生命最富有生机活力的时节，更象征着短暂一生中最年轻美好的阶段。春天的离去格外牵动人们对于时间流逝的伤感乃至痛苦。在自然界千端万象中，最能为春天代言，最与春天同呼吸、共命运的花朵，它们的凋落自然饱含着浓浓的伤春惜时、伤时叹逝之感。日本学者青山宏就曾指出，中国诗歌中的伤春、惜春之情“频频因落花而触发起来，或借着落花一起咏叹起来”[②]。

在文学作品中，对于落花意象的关注晚于伤春意绪的抒发，二者直到南朝梁代才结合起来迸发火花。这一时期，萧绎《春日》云：“独念春花落，还以惜春时。”[③]甄固《奉和世子春情》写：“今朝见桃李，不啻数花飞。已愁春欲度，无复寄芳菲。”[④]萧子范《罗敷行》道：“春风若有顾，惟愿落花迟。”[⑤]春时无迹，春花可寻，二者虚实对应，于是诗人们在春花的飞落中叹息春光的流逝。此后的唐诗宋词中以落花伤春伤时的创作便十分普遍了。晚唐李商隐《落花》诗写：

高阁客竟去，小园花乱飞。参差连曲陌，迢遰送斜晖。

肠断未忍扫，眼穿仍欲归。芳心向春尽，所得是沾衣。[⑥]

诗人以曲终人散比喻春天归去，一个“竟”字，便含无限喟叹惋

---

① 曾大兴《物候与文学家的生命意识——论气候影响文学的途径》，《学术研究》2015年第6期。

② ［日］青山宏《中国诗歌中的落花与伤惜春的关系》，王水照、［日］保苅佳昭编选，邵毅平、沈维藩等译《日本学者中国词学论文集》，上海古籍出版社1991年版，第86页。

③ 《玉台新咏》卷七。

④ 《玉台新咏》卷八。

⑤ 《乐府诗集》卷二八。

⑥ 《全唐诗》卷五三九。

惜，花是春天的化身，目送花飞，落而不扫，恋春之情可谓深矣。从来伤惜春之情，非独物候，总关人事，春逝也意味着大好青春的流逝，诗人耗费心力，却时乖运舛，抱负难伸，如晚春之落花般零落无着，故而泪下沾巾，此泪为落花，为残春，更为自己的命运。

北宋欧阳修《蝶恋花》词道：

> 庭院深深深几许，杨柳堆烟，帘幕无重数。玉勒雕鞍游冶处，楼高不见章台路。
>
> 雨横风狂三月暮，门掩黄昏，无计留春住。泪眼问花花不语，乱红飞过秋千去。[①]

毛先舒分析末句道："因花而有泪，此一层意也；因泪而问花，此一层意也；花竟不语，此一层意也；不但不语，且又乱落、飞过秋千，此一层意也。"[②]正是这般"层深而浑成"，使得花与人合而为一，节令与际遇融为一体。对于高楼望断的深闺女子而言，想要留住的春天不仅仅是青春年华，还有昔日新婚燕尔的甜蜜幸福，然而雨横风狂下春将尽，心伤亦如遭风雨痛击，落花无言，人却知道，过往的琴瑟在御、静好时光都已经一去不返。

同样怜花伤春的意绪，在诗词作品中往往表现出不同的婉转情思。有人因花落伤心，思不若晚开、不若不开，或开而不愿见。杜牧《和严恽秀才落花》诗云："无情红艳年年盛，不恨凋零却恨开。"[③]辛弃疾《摸鱼儿》词道："匆匆春又归去。惜春长怕花开早，何况落红无数。"[④]

---

① 《全宋词》卷一五。

② 《古今词论》引，见唐圭璋《宋词三百首笺注》，人民文学出版社 2013 年版，第 32 页。

③ 《全唐诗》卷五二四。

④ 《全宋词》卷二五九。

《红楼梦》中写林黛玉“天性喜散不喜聚”，认为“那花开时令人爱慕，谢时则增惆怅，所以倒是不开的好。”[1]恰恰解释了人们因惜花而生的怨花之情。还有人不愿花落春去，千方百计相留。沈炯《幽庭赋》写：“故年花落今复新，新年一故成故人。那得长绳系白日，年年日月但如春。”[2]薛昂夫《卜算子》词道：“屈指数春来，弹指惊春去。蛛丝网落花，也要留春住。”[3]又或者将怨怼之情发泄在春风春雨上，韩愈《落花》诗：“已分将身著地飞，那羞践踏损光晖。无端又被春风误，吹落西家不得归。”[4]白居易《惜落花赠崔二十四》云：“漠漠纷纷不奈何，狂风急雨两相和。晚来怅望君知否，枝上稀疏地上多。”[5]凡此种种，莫不体现春去花落带给人的惆怅与失落之感，这种不满藉由不同的切入点入诗，产生了丰富的联想和情味。

花朵春荣秋谢的变化体现着万物盛衰的过程，人自然不会例外，伴随春光一起流逝的不独落花，还有人的青春。自古美人与名将，不许人间见白头。然而岁月最是无情，有盛时的明艳不可方物，便躲不开迟暮的辛酸无奈。花朵日渐枯萎终于落下枝头，正如同生命力在人身体里的渐渐消磨。只不过，“花有重开日，人无再少年”，一轮轮花开花落间，烈士暮年，美人苍颜，物是人已非，嗟老之叹便每每出现在落花伤春的作品中。岑参《蜀葵花歌》道：“今日花正好，昨日花已老。始知人老不如花，可惜落花君莫扫。”[6]白居易《晚春酤酒》诗写：

---

① 《红楼梦》第三十一回。

② ［清］严可均《全陈文》卷一四。

③ ［宋］薛昂夫《卜算子》（泛西湖坐间寅斋同赋），《全宋词》卷三一六。

④ ［唐］韩愈《游城南十六首·落花》，《全唐诗》三四三。

⑤ 《全唐诗》卷四三九。

⑥ 《全唐诗》卷一九九。

"百花落如雪，两鬓垂作丝。春去有来日，我老无少时。"[1]春去花落已堪怜惜，而人的青春不返较之花的来年重开显得更加沉痛和悲伤。再若萧衍《东飞伯劳歌》之"三春已暮花从风，空留可怜谁与同"[2]，俞若耶《睡起诗》之"暗数落花浑是恨，容华消损为何人"[3]等，因花卉与女子间格外密切的联系，春尽花落与红颜老去间更是妙合无垠，引人忧怜伤感。

平凡人尚且惜时如金，伤春伤时，对于胸怀家国、壮志未酬的志士们而言，由春日迟暮，落红满地，联想到自己欲挽大厦之将倾却出师未捷身先老，这样沉痛的无奈与悲哀，较之一般青春的挽歌更厚重，也更令人扼腕唏嘘。辛弃疾《摸鱼儿》词道：

更能消、几番风雨、匆匆春又归去。惜春长怕花开早，何况落红无数。春且住。见说道、天涯芳草无归路。怨春不语。算只有殷勤，画檐蛛网，尽日惹飞絮。

长门事，准拟佳期又误。蛾眉曾有人妒。千金纵买相如赋，脉脉此情谁诉？君莫舞，君不见、玉环飞燕皆尘土！闲愁最苦。休去倚危栏，斜阳正在、烟柳断肠处。

其词作于淳熙六年（1179）春，时辛弃疾四十岁，南归已有十七年之久，这期间，他受尽排挤打压，接连改官六次，始终不得重用。在前往湖南担任主管钱粮的小吏、同僚为他摆酒送别之际，辛弃疾触景生情，吐出了长期积郁于胸的苦闷之情。词写风雨中春事将阑，暗示了偏安一隅的南宋王朝国事的艰危，作者惜春、欲留春，却无奈力

---

① 《全唐诗》卷四二九。

② 《古诗源》卷一二，梁诗。

③ ［清］梁章巨《闽川闺秀诗话》卷一。

不从心，只能面对落红无数，怨春不语。“惜春长”的担忧，唤“春且住”的尝试，“尽日惹飞絮”的努力最终都付诸东流。大好年华，在志不得伸，功业无成的蹉跎中随春去春来而消磨殆尽，此间的落红，是春的逝去，年华的逝去，更是词人人生理想、家国抱负的幻灭。吴熊和在《唐宋词通论》中评价这一类辛词道：“借伤春伤别的闲愁，寄托着对国事的忧惧，摧刚为柔，心危词苦”[①]，落花蛾眉等意象，由壮士写来，确实别有一番情软志坚，刚柔并济之味。

第二节　伤悼——花落人亡

夫大块既载我以形，奈何息我以死？人类文明自滥觞之始，每个人自懂事之初，死亡的阴影便笼罩在头顶，令人心生忧怖。面对身边人的死亡，人们追思逝者，痛陈伶仃，“伤悼”成为一种重要的文学主题。在这一类作品中，也出现了诸多与人之亡故有关的惯用意象话语，如落花、松柏、孤琴等。其中花朵的盛衰枯荣与人之生老病死相值相取，更在性别的比附上堪为女子的化身，使得“落花”意象在伤悼主题文学尤其悼念女子的作品中频繁出现，被赋予了浓重的死亡色彩和生命悲剧意味。

令花落与人亡形成对应关系的最主要因素，是花与人之间生命的同构共感以及生活上的息息相关。叶嘉莹曾以“大生命”的共感解释“物之感人”和人之“应物斯感”的问题——“‘我’之中有此生命之存在，‘物’之中亦有此生命之存在。因此我们常可自此纷纭歧异的‘物’之中，

① 吴熊和《唐宋词通论》，商务印书馆2003年版，第244页。

获致一种生命的共感。”[①]万象杂呈的众生中，花落离枝与人生命的陨落基于这样一种“生命的共感”而获得统一，人在花的孕育、成长、含苞、绽放、凋零中窥见了自己生命的轨迹，那么花事的终了自然便意味着生命的结束。植物中花朵的特质又与人类女子尤为契合，二者俱是娇美其外，弱质其中，盛时美艳动人却难以持久，总被宠爱怜惜却命不由己，于是有了“美人如花”这一惯性的比类模式。故在描述女性亡故时常有“芳魂”“葬花”“香消玉殒”等说，以花比人，似写花事了，实道佳人殁。我国伤悼主题文学中特指悼念已去世妻妾的悼亡作品中，便大量运用了“落花”意象。在汉武帝刘彻所作我国文学史上第一篇悼亡赋《李夫人赋》中便运用了花落人亡的象征模式——

秋气憯以凄泪兮，桂枝落而销亡。

托沈阴以圹久兮，惜蕃华之未央。[②]

回忆中的繁花未谢对应人之风华正茂，当下的桂花落枝则喻指爱妃的离世，文末乱曰：“佳侠函光，陨朱荣兮。”李夫人光彩照人，却如秋日的鲜花般凋零，而这悲凉的秋色也隐喻着武帝如秋意般浓郁的哀伤。

西晋开悼亡体制之先河的潘岳《悼亡赋》写：

伊良嫔之初降，几二纪以迨兹。遭两门之不造，备荼毒而尝之。婴生艰之至极，又薄命而早终。含芬华之芳烈，翩零落而从风。神飘忽而不反，形焉得而久安？袭时服于遗质，表铅华于余颜……[③]

---

① 叶嘉莹《几首咏花的诗和一些有关诗歌的话》，《迦陵论诗丛稿》，第 266 页。

② ［清］严可均《全汉文》卷三。

③ ［清］严可均《全晋文》卷九一。

二十多岁的妙龄少女薄命早终，正如花朵在盛放得正是芬芳秾艳的时候，罹遭风霜零落。花与人都是如此，一切美好、憧憬都会随着生命的消亡戛然而止。在另一篇不属悼亡的《皇女诔》中，潘岳也道："猗猗春兰，柔条含芳。落英凋矣，从风飘飏。"[①]同样以落花哀悼了离世的女子。

南宋词人吴文英作悼亡词甚多，密丽精工，情深意挚，且十分密集地使用了落花意象。据夏承焘《吴梦窗系年》，梦窗在苏州曾纳一妾，后遣去；在杭州亦纳一妾，后亡故。对去姬亡妾的深深眷念，是吴文英词的一大主题。吴在杭州生活期间与姬妾鱼水相得近十载，离开杭州后一直念念不忘，曾重回故地寻访，却不意佳人已故，吴伤痛欲绝，写下大量悼亡之作。最具代表性有被陈廷焯在《白雨斋词话》中赞为"全章精粹，空绝千古"的《莺啼序》：

残寒正欺病酒，掩沉香绣户。燕来晚、飞入西城，似说春事迟暮。画船载、清明过却，晴烟冉冉吴宫树。念羁情、游荡随风，化为轻絮。

十载西湖，傍柳系马，趁娇尘软雾。溯红渐招入仙溪，锦儿偷寄幽素，倚银屏、春宽梦窄，断红湿、歌纨金缕。暝堤空，轻把斜阳，总还鸥鹭。

幽兰旋老，杜若还生，水乡尚寄旅。别后访、六桥无信，事往花委，瘗玉埋香，几番风雨。长波妒盼，遥山羞黛，渔灯分影春江宿。记当时、短楫桃根渡，青楼仿佛，临分败壁题诗，泪墨惨淡尘土。

---

① 《全晋文》卷九三。

危亭望极，草色天涯，叹鬓侵半苎。暗点检、离痕欢唾，尚染鲛绡，亸凤迷归，破鸾慵舞。殷勤待写，书中长恨，蓝霞辽海沉过雁。漫相思、弹入哀筝柱。伤心千里江南，怨曲重招，断魂在否？[①]

《莺啼序》为词调中最长者，吴文英以赋体入词，铺叙尽致，顺逆离合，章法有度，虽篇幅长而不显冗杂，雕缋满眼而实有呕心之情。该词一遍写伤春之情，二遍回忆历历往事，至三遍重访故地，行走在两人曾携手漫游的六桥上，已是物是人非。“幽兰旋老，杜若还生”，道尽流年无情；“事往花委，瘗玉埋香”，以落花象征佳人的亡殁，以葬花形容香魂归于尘土。斯人已逝，却无法忘记当日明眸顾盼生姿，眉若远山含黛的面容；临行题诗，泪墨相融的惨别之景又浮现在心头。继而在第四遍中点检旧物，怨曲寄相思。整首词情感之真挚，意境之绵邈，在古今伤悼词作中可谓独树一帜。

吴文英《高阳台·落梅》词道：

宫粉雕痕，仙云堕影，无人野水荒湾。古石埋香，金沙锁骨连环。南楼不恨吹横笛，恨晓风、千里关山。半飘零，庭上黄昏，月冷阑干。

寿阳空理愁鸾。问谁调玉髓，暗补香瘢。细雨归鸿，孤山无限春寒。离魂难倩招清些，梦缟衣、解佩溪边。最愁人，啼鸟清明，叶底青圆。

开篇即写梅花在阒寂的野水荒湾凋谢，埋葬在古石之下，以锁骨

① 《全宋词》卷三九一（本节所引吴文英词作俱出于此）。

菩萨之典[1]，暗示此词并非纯粹吟咏落梅，而是借此怀恋一位出身风尘，却有梅花高洁的美丽女子。又因有关山难越之阻隔，无奈令梅落孤庭，冷清寂寥。怀想梅花坠落，正可助妆添色，于佳人而言，却又有“谁适为容”之无奈。词中拟楚人招魂之意，更见其一往情深，阴阳暌隔而不减。

此外，《梦窗词》中以落花表现悼亡意绪的词句可谓不胜枚举——

《瑞鹤仙》（晴丝牵绪乱）：晴丝牵绪乱。对沧江斜日，花飞人远……凄断。流红千浪，缺月孤楼，总难留燕。

《浣溪沙》（门隔花深梦旧游）：落絮无声春堕泪，行云有影月含羞。

《惜黄花慢》（送客吴皋）：翠香零落红衣老，暮愁锁、残柳眉稍。念瘦腰。沈郎旧日，曾系兰桡。

《澡兰香》（淮安重午）：为当时曾写榴裙，伤心红绡褪萼。

《风入松》（听风听雨过清明）：听风听雨过清明。愁草瘗花铭。

《青玉案》（短亭芳草长亭柳）：翠阴曾摘梅枝嗅，还忆秋千玉葱手。红索倦将春去后，蔷薇花落，故园蝴蝶，粉薄残香瘦。

---

① ［宋］李昉等编纂《太平广记》卷一一〇：“昔延州有妇人，白皙颇有姿貌，年可二十四五。孤行城市，年少之子悉与之游，狎昵荐枕，一无所却。数年而殁，州人莫不悲惜，共醵丧具为之葬焉，以其无家，瘗于道左。大历中，忽有胡僧自西来，见，墓遂趺坐，具敬礼焚香，围绕赞叹数日。人见谓曰：‘此一纵女子，人尽夫也，以其无属，故瘗于此，和尚何敬邪？’僧曰，‘非檀越所知，斯乃大圣，慈悲喜舍，世俗之欲，无不徇焉。此即锁骨菩萨，顺缘已尽，圣者云耳。不信，即启以验之。’众人即开墓，视遍身之骨，钩结如锁状，果如僧言。”

《绛都春》（南楼坠燕）：丹青谁画真真面。便只作、梅花频看。更愁花变梨霙，又随梦散。

《高阳台·丰乐楼分韵得如字》：飞红若到西湖底，搅翠澜、总是愁鱼。莫重来、吹尽香绵，泪满平芜。

吴梦窗对落花意象的情有独钟，是男性作者们视女子如花，借花落悼亡的集中体现。毋庸置疑，花落人亡的对应关系尤其侧重女性群体，但综观历代文人的创作实践，这一模式也并不仅限于女性。唐人颜令宾《临终召客》吟："气馀三五喘，花剩两三枝。话别一尊酒，相邀无后期。"[①]在感到时日无多之际，以花将落尽的残枝自况。明佘翔《挽果轩叔》云："身名遗草在，世事落花空。"[②]不以落花直接比人，而用以形容人亡之后的万事成空。明人沈周共作《落花诗》五十首，一般认为有一部分是为悼念死去的长子。近代连横《莫愁湖吊粤军战死者墓》道："英雄碧血女儿香，管领湖山各擅场。春水绿添新字碣，落花红渍旧征裳。"[③]道落花之红实乃英雄碧血，更是出脱于女儿情态，物虽绵软，情却铿锵。

同构对应之外，"花落"与"人亡"间，还存在着其他联系。首先，植物的花期是短暂的，少者不过半日，有"昙花一现""朝开暮落"之说，一般至多者也不过三两月，所以俗语说"花无百日红"。花开花落，来去匆匆，仿佛是人类生命的缩影，诗人常以舜华之花比照千古不变的青山江河，表现个人生命在永恒时间纬度上的倏忽短暂，如宋何梦桂《吊岳文二公》诗云："如此光阴冉冉何，青萍失手意蹉跎。门前流

---

① 《全唐诗》卷八二〇。

② ［明］佘翔《挽果轩叔二首》其二，《薜荔园诗集》卷二。

③ ［清末民初］连横《剑花室诗集》卷一。

水溪山在，帘外落花风雨多。”[①]明庞尚鹏《安化闻叠江伯兄讣》道：“长信江山流水远，那堪风雨落花深。”

其次，落花之景往往是萧索悲凉的，春去秋来，阳尽阴生，万物从欣欣向荣到归于沉寂，落花正是最鲜明的体现。诗人依照天人合一、物我不分的传统思维，自然也就将伤悼人亡的哀愁寄托在自然界的一次次沉寂中。唐人刘商有《代村中人悼亡》诗二首：

一

花落茅檐转寂寥，魂随暮雨此中销。

迩来庭柳无人折，长得垂枝一万条。

二

虚室无人乳燕飞，苍苔满地履痕稀。

庭前唯有蔷薇在，花似残妆叶似衣。[②]

自然界总是欣然轮转，不关人事，很多物是人非的描述已令人唏嘘，当诗人以伤心泪眼体察外物，自然仿佛着“我”之色彩而显得草木同悲时，感伤之情便更甚了。物在却已残，昔日此间的人已经不复存在，看似景物写真，人格化的萧索花木却能传递出深沉的孤凄怅惘和悲伤哀悼之感。

另外从现实角度而言，人的亡故会是花木萧条的直接原因。曾经因悉心打理而茂盛蓊郁的园林庭院，在主人离开后常常变得萧条、散乱，亡者已是无能为力，未亡人也不愿睹物伤情而放弃照看，草木杂生，花落无人收，既仿佛草木通晓人情而显得萎靡，又确是人去圃空，花自开落无人问津的现实写照。明李昌祺《挽集方陈处士》：“寂寂空

① ［宋］何梦桂《潜斋集》卷二。

② 《全唐诗》卷三四〇。

林长薜萝，集芳园里落花多。幽堂有石铭先泐，旧宅无人客独过。”[①]曹义《挽沈学士度》：“蕙帐夜空孤鹤怨，薇垣春去落花深。”[②]陈繗《挽征士》：“那堪樽酒联诗处，花落花开鸟自啼。”[③]昔人在时，花好月明，高朋满座，诗酒风流；人去后，则是物在侣失，物亦伤情。

花落人亡，可谓是落花意象所蕴藉的最为沉重、悲哀的意味，诗人沉痛的缅怀之情，伴随着柔弱不禁，生命短暂的落花，呕心吟出了一曲曲哀婉凄绝、感人至深的伤悼之歌。

第三节　羁旅——漂泊思归

羁旅怀归是中国古代文学中又一重要主题。王立曾将古代文人离乡漂泊的原因大致归为六点：“一为征戍徭役，二为求仕求学，三为战乱（灾荒）流离，四为迁徙移民，五为经商远行，最后是现实坎坷导致的失意无着。”[④]基于这些因素，加之交通不便，音书阻隔，流落异乡的羁旅者常有强烈的思乡之情。所谓“人禀七情，应物斯感”，自然界的西风寒雨、远山江流、鸟啼花落等萧条景物格外易于触发乃至增添游子们内心漂泊的孤苦和对家乡的思念，成为他们羁旅主题创作的常见意象。

自古有“春女善怀，秋士易感”之说，羁旅属于“士感”，早期多

---

① ［明］李昌祺《运甓漫稿》卷五。

② ［明］曹义《默庵诗集卷》卷四。

③ ［明］陈繗《挽征士》其三，海南地方文献丛书编纂委员会汇纂《海南先贤诗文丛刊·唾馀集》，海南出版社 2006 年版，第 122 页。

④ 《中国古代思乡文学主题的历时性检视》，《大连大学学报》，2003 年第 3 期。

与悲秋主题相联系，常用“落木”“落叶”“落草”等意象，如宋玉《九辩》“悲哉！秋之为气也。萧瑟兮，草木摇落而变衰。憭栗兮，若在远行。登山临水兮，送将归”[①]；刘彻《秋风辞》“秋风起兮白云飞，草木黄落兮雁南归”；[②]曹丕《燕歌行》“秋风萧瑟天气凉，草木摇落露为霜”[③]……而自中唐以后，文人豪气消减，幽怨加深，且喜作闺音，较之秋天刚健肃杀的木叶，他们更倾向于在绵软的春花中找寻自我的映照，落花意象便越来越频繁地出现在古人羁旅怀归之作中。从作为萧条风物的角度而言，朱熹在《楚辞集注》中对悲秋之草木摇落的解释同样适用于落花春愁：“一岁之运，盛极而衰，素纱寒凉，阴气用事，草木零落，百物凋悴之时……在远行羁旅中而登高望远，临流叹逝，以送将归之人，因离别之怀，动家乡之念，可悲之甚也。”[④]花朵的谢落是一种令人感伤的场景，暮春的风雨夹带着寒意，曾经美丽的鲜花失去生机，落红残枝显得萧索凄凉。况且与落花相伴随的往往还有冷夜寒窗、孤馆残灯，一系列萧条风物，与羁旅游子的心境融合，格外容易触物伤怀。司空图《花上》云：“五更惆怅回孤枕，犹自残灯照落花。”[⑤]戴叔伦《暮春感怀》道：“杜宇声声唤客愁，故园何处此登楼。落花飞絮成春梦，剩水残山异昔游。”[⑥]刘基《宿蜡烛庵俊上人房》写：“斜日远天归雁急，薄寒孤馆落花稠。青灯不放还乡梦，一夜肠回一万周。”[⑦]

---

① ［清］严可均《全上古三代文》卷一〇。

② 《全汉文》卷三。

③ 《古诗源》卷五，魏诗。

④ ［宋］朱熹撰《楚辞集注》卷六。

⑤ ［唐］司空图《花上二首》其一，《全唐诗》卷六三三。

⑥ 《全唐诗》卷二七三。

⑦ 《列朝诗集》甲集前编第三，刘诚意基。

漂泊者们在春寒料峭、落花飞絮的清冷孤寂中，倍添乡愁。

落花作为物候现象，是一种时间的标识。四季中以春秋气候宽和，适宜远行，古代繁重的徭役也是此时征发，所以人们多在此时离家。对于游子们而言，若能够在来年落花之前返乡是再好不过了，便如崔湜《喜入长安》所言："赖逢征客尽，归在落花前。"[①]然而世事多不遂人愿，直到次年乃至多年以后的暮春花落，很多人依然归期渺茫，不但错过了一次次本该阖家团聚的佳节，还在年复一年的漂泊中感到岁月蹉跎，年华老去。这些怀有强烈眷土思归情绪的人们对于自然界时间变化的标识有着特殊的敏感，《诗经》中《小雅·采薇》道："昔我往矣，杨柳依依。今我来思，雨雪霏霏。"《小雅·出车》道："昔我往矣，黍稷方华。今我来思，雨雪载涂。"先民正是出于这种敏感而借自然景观的变化体现季节的轮换和时间的流逝。花之开落中蕴含着强烈的时间意味，既标志着又一年春去岁改，又可视作时光荏苒中个人生命的缩影。诗人们面对落花，意识到离乡之久，人生之短，感今怀昔，忧愁来日，所以王勃《羁春》诗道："客心千里倦，春事一朝归。还伤北园里，重见落花飞。"[②]元卢琦《寄张子震》诗云："南浦多芳草，东风又落花。相思频入梦，见说欲回家。奇字从人问，新醅为客赊。自惭羁旅者，犹滞锦江涯。"[③]

周紫芝《忆王孙·绝笔》词道：

梅子生时春渐老。红满地、落花谁扫。旧年池馆不归来，又绿尽、今年草。

---

① 《全唐诗》卷五四。

② 《全唐诗》卷五六。

③ [元]卢琦《圭峰集》卷上。

思量千里乡关道。山共水、几时得到。杜鹃只解怨残春，也不管、人烦恼。[①]

周是安徽宣城人，晚年居于江西庐山，他一生热衷功名，却屡试不中，直到六十一岁才谋得一官半职，自谓“命薄官如虱，年多鬓似银”[②]。在这首绝笔词中，词人由春残之景而生乡关之思，自然界花落去，草新绿，新陈轮替，年复一年，人却在蹉跎中走到生命的尽头，时日无多，以至千里乡关，旧时池馆都遥不可及，年迈游子无法落叶归根的“烦恼”令人唏嘘。

落花意象同羁旅主题的关系还在于它同羁旅主体之间有着一种形象的同构。心理学观点认为一些无意识的事物往往也有表现性，“一块陡峭的岩石、一棵垂柳、落日的余晖、墙上的裂缝、飘零的落叶、一泓清泉，甚至一条抽象的线条、一片孤立的色彩或是银幕上起舞的抽象形状——都和人体具有同样的表现性，在艺术家眼睛里也都具有和人体一样的表现价值，有时候甚至比人体还更加有用。”[③]落花本身虽不与人类似，但它的离根失怙，飘荡无着恰好对应了漂泊在外的游子们背井离乡，颠沛流离，无所依靠的情状，而令诗人们自然而然地推导联想，等量齐观。唐代陈子良《于塞北春日思归》诗道：

我家吴会青山远，他乡关塞白云深。
为许羁愁长下泪，那堪春色更伤心。
惊鸟屡飞恒失侣，落花一去不归林。

---

① 《全宋词》卷一一四。

② ［宋］周紫芝《问题》，《太仓稊米集》卷二一。

③ ［美］鲁道夫·阿恩海姆《艺术与视知觉》，中国社会科学出版社1984年版，第623页。

如何此日嗟迟暮，悲来还作白头吟[①]。

失去伴侣的孤鸟，飘离根系的落花，让离乡出塞的诗人生出同病相怜之感，不禁悲从中来，怀乡更甚。

唐刘言史《别落花》诗云：

风艳霏霏去，羁人处处游。明年纵相见，不在此枝头。[②]

落花与羁人，同样的颠沛流离，前路未卜，诗人看似意态轻松地与落花作别，却在一个“羁”字中泄露了对自己居无定所、四处漂泊的无奈。

此外，如元刘秉忠《南乡子》：“游子绕天涯。才离蛮烟又塞沙。岁岁年年寒食里，无家。尚惜飘零看落花。”[③]沈周《落花》：“无方漂泊关游子，如此衰残类老夫”等，都以意象勾连心像，以花落不定对应游子的漂泊无根，正是“落花别枝，飘零随风；客无所托，悲与此同”。

值得一提的是，我国古代一些闺怨题材的作品，往往也可视作羁旅主题的一部分，朱奇志在论述游子情结的闺怨部分时作出了两点解释：“其一，‘闺怨’虽是思妇的叹息，但几乎都是‘他拟’角度，是游子代思妇立心立言；其二，‘闺怨’是游子流浪生涯的心理补偿。”[④]那么从这一角度，一些写女子因落花伤时自怜、怀想良人的诗词作品，诸如李白《独不见》之“忆与君别年，种桃齐蛾眉。桃今百馀尺，花落成枯枝。终然独不见，流泪空自知”，[⑤]储泳《齐天乐》之“待寄与

① 《全唐诗》卷三九。
② 《全唐诗》卷四六八。
③ ［元］刘秉忠《藏春集》卷五。
④ 朱奇志《论中国古代诗歌中的游子情结》，《长沙大学学报》2000 年第 3 期。
⑤ 《全唐诗》卷一六三。

深情，难凭双燕。不似杨花，解随人去远”，[1]吴师道《落花行》之“青春不复回，游子不顾期。美人掩泪长相思，恨身不似花能飞。花飞终恨沾尘泥，安能与花飞去阳关西”[2]等等，也可以视作落花意象在羁旅主题文学作品中的表现。

第四节　女伤——生命悲剧

我国文学自《诗经》起就奠定了花与女子间的隐喻关系，《周南·桃夭》唱：“桃之夭夭，灼灼其华。”《召南·何彼襛矣》歌：“何彼襛矣，华如桃李。”英国作家王尔德也认为“第一个把花比作美人的是天才”。可见这组隐喻跨越文化背景的殊异，得到了普世的共鸣。花朵供人玩赏、鲜艳妩媚却易于凋零，古时候女子附庸于人、美丽多情却红颜易老，这些相似点让二者之间产生了十分契合的“同构反应”，这种审美感受在长期的文学艺术创作中形成了“女人如花”的传统定式。

既然“女人如花”，那么“落花”在狭义上意指女子的亡故[3]，从广义上说，便象征着种种女性生命的悲剧。在我国古代表现女子生活状态和情感体验的文学作品中，时常有落花的踪影。南北朝邓铿《月夜闺中诗》写：“开帷伤只凤，吹灯惜落花。谁能当此夕，独处类倡家。”[4]隋丁六娘《十索》诗也说：“君言花胜人，人今去花近。寄语落花风，

① 《全宋词》卷三九八。

② 《元诗选》初集中，己集，吴礼部师道。

③ 落花悼亡部分前文已述，本节不再赘言，仅论述其他类女性生命悲剧。

④ 《玉台新咏》卷八。

莫吹花落尽。”[1]相比豆蔻年华的少女，少妇与倡家女子们对落花格外敏感和畏惧，那似乎是自己色衰爱弛、孤独寂寞人生的缩影。无独有偶，在一些国外闺情诗歌中，落花也常常对应着女性的悲剧命运，朝鲜李桂生《春思》诗写："东风三月时，处处落花飞。绿绮相思曲，江南人未归。”另一首道："竹院春深曙色迟，小庭人寂落花飞。瑶筝能弹江南曲，万斛愁怀一片诗。”[2]日本藤原兴风所作和歌也说："花开千万种，都似薄情人。开落无朝夕，谁能不恨春。”[3]那么，落花与女子的幽怨之间究竟有着怎样千丝万缕的勾连而可以如此古今相通，中外共感呢？

首先，花卉是女性特殊生活坏境中的重要元素。古时候男性有着"正位乎外”的社会角色定位，可以在家庭以外的广阔社会中追求建功立业、出将入相乃至致君尧舜的人生理想，故而他们交游广泛，视野开阔，笔下的文学意象也无比丰富——高山巍峨，江流豪迈，茂林修竹，深潭小涧，亦或骏马嘶鸣，野猿哀啼……无不可以形诸笔端。而在男权社会礼法桎梏下的女性，生活坏境则狭窄逼仄，她们被要求"大门不出，二门不迈”，必须"些小事，莫出门”、"遇生人，就转身”[4]，终身困顿在深闺、深院乃至深宫之中，看不到外面的大千世界。这些女性视野所及的方寸之地，不外乎卷帘绮户，秋千院落，多单调乏味，一成不变。而生长枯荣变化着的花朵，可以飞出院外，可以流出宫墙，

① ［明］田艺蘅《诗女史》第五卷。

② ［朝鲜］李桂生《梅窗集》，见《朝鲜时代女性诗文集全编·上》，凤凰出版传媒集团 2011 年版，第 209、212 页。

③ ［日］藤原兴风《宽平帝时后宫歌会时作》，［日］纪贯之编《古今和歌集》，复旦大学出版社 1983 年版，第 27 页。

④ 《女儿经》，作者不详，约撰于明代。

图 33 ［明］陈洪绶《对镜仕女图》，清华大学美术学院藏。

图 34　［清］顾洛《梅边吟思图》，南京博物院藏。

对于困守一隅的女性来说，已经算是富有生机活力和新鲜感了。她们爱花，也与这些花朝夕相伴，她们簪花、贴花为妆，与娇花争妍比美，舞动在花树之下，因“姹紫嫣红开遍”而失落，因怜花惜花而葬花，风雨后不看也知花会“绿肥红瘦”，还常常希望花能成为自己的知音……从这一层面讲，与其说是自古女子偏宜落花，不若说这些流连花间的可怜人，几乎没有更多的选择。对于作“闺音”的男性诗人来说，印象里最与女子们形影不离、息息相关的，也可谓舍花而其谁。

其次，花朵美丽而短暂的生命恰如人世间红颜易老，美人迟暮。许总在《宋诗史》中说：“一见春花，立即联想到衰老之身，由伤春到自伤在情感冲突的瞬间完成……因而送春犹如自送生命之旅。”[①]我们在前文已论述过，人出于一种大生命的通感，会由伤春惜花而伤时叹逝。花谢离枝，预示着青春韶华一去不返，接踵而至的是衰老和消亡，由此生出感伤是人之常情，而青春格外短暂的女性们，对于这种年华的消减则更加敏感和伤痛。古时候男性十五岁治学尚且不迟，六七十岁还可以老当益壮，不坠青云之志，不乏大器晚成者此时才建功立业，社会惟才惟德，对他们年纪的包容度很高。然而对于女性而言，从初长成的豆蔻年华到摽梅之期，顶多不过十年，至三十岁，便算是半老徐娘了。男权社会以姿色和生育功能作为对女性价值的评判依据，而这两项的退化要远远早于身体本身的老去。所以女性对于青春流逝格外敏感，关于红颜易老的悲叹也格外多。梁武帝萧衍《东飞伯劳歌》写：“女儿年几十五六，窈窕无双颜如玉。三春已暮花从风，空留可怜谁与同。”[②]抒发的便是三春已暮，年方十五六岁的少女坐愁芳华流逝

① 许总《宋诗史》，重庆出版社 1992 年版，第 132 页。
② 《玉台新咏》卷九。

的感慨。卢照邻乐府诗《芳树》道："风归花历乱，日度影参差。容色朝朝落，思君君不知。"[①]思妇心中对容颜早逝的担忧与对征人的思念交织，害怕良人归来太晚，自己已经不复昔日容颜。温庭筠《春晓曲》："笼中娇鸟暖犹睡，帘外落花闲不扫。衰桃一树近前池，似惜红颜镜中老。"[②]女子色衰爱弛，百无聊赖，惟有同衰残的桃花一道相知相惜。《红楼梦》里林黛玉在《葬花吟》最后说："试看春残花渐落，便是红颜老死时。一朝春尽红颜老，花落人亡两不知！"更从风雨摧花落中，预见了如花少女们脆弱、短暂、不可逆转的悲剧宿命。

花朵是自然界的弱者，娇嫩柔软，经不起风雨的冲击，落下的花瓣随风飘荡，或陷泥淖，或入沟渠，无法决定自己的落脚点。古代女子则是社会中的弱者，为礼法桎梏，没有安身立命的凭藉，只能仰仗在男子的鼻息之下，"幼从父、嫁从夫、夫死从子"，一生都不能自主决定自己的命运。同样命不由己的生命历程，让落花格外能够代女子陈情。魏晋时翔风《怨诗》写：

> 春华谁不美，卒伤秋落时。突烟还自低，鄙退岂所期。
>
> 桂芳徒自蠹，失爱在蛾眉。坐见芳时歇，憔悴空自嗤。[③]

王嘉《拾遗记》载：

> 石季伦爱婢名翔风，魏末于胡中得之。年始十岁，使房内养之，至十五，无有比其容貌，特以姿态见美。妙别玉声，巧观金色……石氏侍人，美艳者数千人，翔风最以文辞擅爱……及翔风年三十，妙年者争嫉之，或者云"胡女不可为

① 《全唐诗》卷四二。

② 《全唐诗》卷八九一。

③ ［明］冯惟讷《古诗纪》卷四〇，晋第一〇。

群”，竞相排毁。石崇受谮润之言，即退翔风为房老，使主群少，乃怀怨而作五言诗。[1]

翔风自幼开始被教养成石崇的姬妾，在最好的年华以色侍人，竭力逢迎，三十岁便失宠被弃，退为房老。这样的人生轨迹，是古代千千万万名分卑微的女子们命运的集中体现，她们曾如花般美好，也不能避免如花落般老去，色衰爱弛，便被无情抛弃，等不到，挽不回，离不开，只能守在原地，愁看新人换旧人，自怨自叹，自伤自怜，等待她们余生的，是无尽的孤苦与灰暗，然而，一切都无法改变。

宋代营妓严蕊《卜算子》词写：

不是爱风尘，似被前缘误。花落花开自有时，总赖东君主。

去也终须去，住也如何住！若得山花插满头，莫问奴归处。[2]

相传南宋理学家朱熹曾以有伤风化之罪将严蕊下狱，严刑拷问，直到岳霖继任提点刑狱，才将其释放，问其归宿，严蕊写下此词。词中申辩并非她自甘堕落风尘，只是身不由己，正如花朵的开落由司春之神决定，自己的命运也掌握在当权者手中，无法自主。词人说“莫问奴归处”，其实她又何尝知道自己的归处呢。

萧绎《代旧姬有怨诗》：“那堪眼前见，故爱逐新移。未展春花落，遽被凉风吹。”[3]黄庭坚《忆帝京》：“万里嫁、乌孙公主。对易水、明妃不渡。泪粉行行，红颜片片，指下花落狂风雨。”[4]凡此种种，

---

① ［南北朝］王嘉《拾遗记》卷九。

② 《全宋词》卷二三七。

③ 《玉台新咏》卷七。

④ ［宋］黄庭坚《忆帝京》（赠弹琵琶妓），《全宋词》卷五六。

无不清楚地表明，不论身份地位几何，拳拳心意几许，女子的青春与命运都如同这一派暮春之中，风雨摧折之下的花朵，身不由己的飘零，无能为力的断送，徒留一曲曲“我命由人不由我”的哀歌。

女人与花，同样美丽的生灵，在方寸的空间中，在倏忽的时间里，共同经历着被操控、被掌握、力不从心的一生，正是这无比相似的生命与轨迹，使得落花成为女性生命悲剧的最佳映照。

第五章　叙事文学中的落花意象

杨义在《中国叙事学》中指出："中国叙事文学是一种高文化浓度的文学，这种文化浓度不仅存在于它的结构、时间意识和视觉形态之中，而且更具体而真切地容纳在它的意象之中。"[1]我国文化里，"意象"概念的生成和内涵的丰富首先是在绘画和诗歌领域完成的，随后才逐步进入小说、戏曲等叙事文体。虽然叙事文学的兴起要晚于诗词文等体裁，然而古代文学发展到中古三段以后，可谓硕果累累，不少体裁的创作技巧、艺术美质都趋于炉火纯青，作者们立足深厚的文化土壤，广泛汲取各方面艺术经验，使得戏曲、小说接连成为时代之文学，涌现出为数众多的精良之作。"意象"正是叙述者们所博采的"诗家之长"，当其泛化到叙事文学作品中，往往能为传统的叙事部分增添诗化程度和审美浓度，从而渐渐成为这类创作中极其重要的艺术成分。故而"研究中国叙事文学，必须把意象以及意象叙事方式作为基本命题之一，进行正面而深入地剖析，才能贴切地发现中国文学有别于其他民族文学的神采之所在、重要特征之所在。"基于这样的认识，"落花"作为诗词创作中一大历史悠久、内涵丰富的意象，它进入叙事文学，并于其间大放异彩，便十分值得细究考量。

---

① 杨义《中国叙事学》，人民出版社 1997 年版，第 267 页。

第一节　落花意象的本体特征及叙事功能

杨义分析指出，叙事文学中意象的选择应基于两点原则——其一，“是关于它的本体的，它应该具有特异的，鲜明的特征”；其二，“涉及意象本体与叙事肌理的关系，它应该处在各种叙事线索的结合点上，作为叙事过程关心的一个焦点，发挥情节纽带的作用”[①]。在叙事文学，尤其才子佳人、爱情类题材作品中，落花意象之所以能频繁出现，便是因为它妩媚柔弱的美感特质往往能切合作者烘托氛围、点染人物、展开情节等需要，从而在叙事过程中扮演重要角色。

花卉是自然造物精奇的杰作，它的体貌、姿态、芳香都令人迷醉不已，于是作者们纷纷用美丽的花来比照人世间最美好的事物，它们象征着青春的韶光，映衬着美好的容颜、隐喻着理想的姻缘。相应的，当故事中主人公的处境陷入困顿、爱情遭遇挫折，当他们相思日久、寂寞难赖、日渐憔悴时，花之落便成为这些美丽哀愁的最佳写照。汤显祖《牡丹亭》中杜丽娘见“姹紫嫣红开遍，似这般都付与断井颓垣”[②]而感到韶光轻贱，春心难遣。王实甫《西厢记》里崔莺莺由“花落水流红”而感到“闲愁万种，无语怨东风”[③]。那些爱在花间流连、貌美如花的女子们往往也如花般薄命，落花的物伤之美与女性生命悲剧间的对应，总令怜香惜玉的风流文士们感慨不已，他们往往以名花喻美人，用花谢红残指代美人们的玉殒香消。诗歌中，李白赋西施浣纱事云：“昔

---

① 杨义《中国叙事学》，第 278—279 页。

② ［明］汤显祖《牡丹亭还魂记》第五出《惊梦》。

③ ［元］王实甫《西厢记》第一出《佛殿奇逢》。

时红粉照流水，今日青苔覆落花。”[①]杜牧《金谷园》咏绿珠事道：“日暮东风怨啼鸟，落花犹似堕楼人。”[②]吴融《华清宫》感杨妃事写：“惆怅眼前多少事，落花明月满宫秋。”[③]小说创作中，曹雪芹《红楼梦》以群花对应众女儿，以花落隐喻所有女子悲惨的命运，主人公对于落花的爱护、怜惜，实则是对于生命悲剧沉痛的感伤。近代陈蝶仙极力模仿红楼所作《泪珠缘》，也安排了秦府女眷们咏落花、吊落花的活动，并创作了大量的落花诗，这些诗歌写照了作者们的心曲和命运，并含有诗谶意味。可以说，落花意象的悲剧性美感，是令其能在叙事文学中发挥作用的重要特质。

此外，花及落花还是一类既平易近人，又含高情雅趣的意象。花卉在生活中随处可见，推窗即得，俯拾即是，无论对于深闺院墙内的女性，还是玩世潇洒的男子，不管在花园、路旁、湖畔，山间、空谷……几乎任何主人公所在之处都有它作为背景，并因它而显得景色优美，格调雅致。百花集聚的花园，更因书生小姐们在此一见钟情、传诗递柬、互通款曲、私定终身……几乎成为男女互生情愫的胜地乃至情爱的象征，伴随时间、情节的推进，花开花谢自然成为此间最恰当不过的妆点。同时，花卉自古便是美丽风雅的象征，叙事作品的主人公才子佳人们，多出身世家名门或者书香门第，人物俊俏风流，行事端庄有礼，日常读书、游园、品花、赏月、吟诗、作画……花月一类清雅秀美的物象十分契合他们的审美情趣，因而受到格外的钟情。这些痴男怨女们心思细腻多情，对身边环境的变化十分敏感，容易牵惹情丝，当风吹瓣落，

---

① ［唐］李白《送祝八之江东，赋得浣纱石》，《全唐诗》卷一七六。

② 《全唐诗》卷五二五。

③ 《全唐诗》卷六八五。

图35 ［明］姜隐《芭蕉美人图》

图36 ［明］陈洪绶《仕女图》，辽宁省博物馆藏。

春愁如海之时，他们往往做出惜落花、咏落花、扫落花、葬落花等举动。这些行为，又成为他们多愁善感、风雅情致的最好体现。故而，才子佳人类叙事作品常常叙说主人公怜惜落花伤情、吟咏落花诗词、以及收纳、埋葬落花等事，以此来体现才子佳人们生活的诗情画意和高雅情趣。可见，落花平易且高雅的特点，也是其受到叙事作者们青睐的重要原由。

第二节　落花意象在叙事文学中的表现形式

叙事文学作品较长的篇幅与相对复杂的结构，使得落花作为叙事意象有着多种多样的表现形式——

一、落花作为环境背景出现。一方面，对应着时间的变化流逝；另一方面，既体现场景的清幽雅致，又使之隐隐透出淡淡的伤感。明袁于令《隋史遗文》写宫苑春色："玉阶红雨，落花阵阵堪怜；绣陌轻霜，飞絮纷纷无定。"[①]明冯梦龙《醒世恒言·郑节使立功神臂弓》写后生乘兴游山所见之景："轻烟淡淡，数声啼鸟落花天；丽日融融，是处绿杨芳草地。"落花与飞絮、啼鸟、绿杨、芳草等充满春日气息的物象一道，构成了一派怡人春色。柯丹丘《荆钗记》第三十六出《夜香》写："花落黄昏门半掩，明月满空阶砌。嗟命薄，叹时乖。华月在，人不见，好伤怀！"投江殉节的玉莲被钱载和救起后，虽然生活无忧，却郁郁寡欢，她自言："昔恨时乖赴碧流，重蒙恩相得相留。深处闺门重闭户，花落花开春复秋。"落花之景是玉莲命途多舛的写照，也是

① ［明］袁于令编撰，冉休丹点校《隋史遗文》，中华书局1996年版，第161页。

令她在深闺中感到岁月流逝的时间标识。第四十一出《上路》，讲钱员外夫妇在李成的陪同下前往吉安投奔女婿王十朋，途中弃舟登岸，见村野三月春色，悲喜交集，唱词道："灞水桥东回首处，美人亲卷帘钩，落花几阵入红楼。行云归处，水流鸦噪枝头。"绿水汀州春光好，落花昏鸦行者愁，落红成阵给三春秀色抹上了悲凉的色彩，也切合了钱氏夫妇以为女儿已经身故的哀怨心境，显得情景交融。王实甫《崔莺莺待月西厢记》第一本中写夜色"颤巍巍花梢弄影，乱纷纷落红满径"，爱情的开篇可谓诗情画意。到孙飞虎事件、老夫人赖婚、波澜乍起时，写景"落红成阵，风飘万点正愁人""云敛晴空，冰轮乍涌；风扫残红，香阶乱拥；离恨千端，闲愁万种"。写情则"落红满地胭脂冷，休辜负了良辰美景"，分别后"昨宵爱春风桃李花开夜，今日愁秋雨梧桐叶落时"，曾是"玉精神，花模样"的莺莺"从今后玉容寂寞梨花朵，胭脂浅淡樱桃颗""废寝忘食，香消玉减，花开花谢"，直到"人比黄花瘦"……花开花落之中附着人的情感，烘托出了既美且忧的意境，王实甫不愧为"善假于物"的高手。

二、落花意象作为故事情节中的道具，进行诗情画意的点染，甚至成为事件经过里的一个焦点，发挥情节纽带的作用。在《醒世恒言·三孝廉让产立高名》的开篇，冯梦龙讲述了一个兄弟失和，紫荆树随之枯萎，受到感化后家人重归于好，其树"枝枯再活，花萎重新，比前更加烂熳"的故事。紫荆仿佛通晓人情，明白事理，为分家而落败，为家和而重新。落花意象既是事态发展的映射，又成为引发情节回转的关键，作者用一种理想浪漫的方式，呈现出了自然与人相通共感的状态。

曹雪芹《红楼梦》六十二回"憨湘云醉眠芍药裀"，是全书中画境极美、极为人所称道的桥段之一。史湘云香梦沉酣间——

> 四面芍药花飞了一身，满头脸衣襟上皆是红香散乱，手中的扇子在地下，也半被落花埋了，一群蜂蝶闹穰穰的围着他，又用鲛帕包了一包芍药花瓣枕着。

周身环绕的落花，使得湘云的随性醉卧丝毫不显得狼狈、轻浮，而呈现出一种既娇俏妩媚，又洒脱豪放的倜傥风流之感。此外《红楼梦》中，林黛玉为落花设冢、与宝玉一道葬花、委屈之下悲歌《葬花吟》等情节，都借对落花的怜惜之情凸显了宝黛二人细腻多情的人物个性，互为知音的人物关系，更以人花同构的形式构建了贯穿全书的巨大隐喻。

元代白朴《董秀英花月东墙记》有一幕：

> （生上，云）我正坐间，只见落花飞于帘下，此花待败也。正是：坐见落花长叹息，又疑春老树南枝。这花必定是董府尹后园里飞过来的，我起去望咱。（做望科）

书生马文辅见落花纷飞，便想瞧瞧这花来自何处，原是人之常情，而这一瞧之下，正好撞见了董家小姐，瞧出了墙里墙外两处相思，一段姻缘。清代松云氏《英云梦传》叙书生王云与吴梦云、许英娘间的婚姻故事，两方题有《落花诗》的绫帕被当作爱情信物，并成为串联情节的关键线索。王云先拾取了梦云所遗的落花诗帕，又得英娘赠予一方，无意间诗帕混淆，后梦云、英娘藉此相认，互诉款曲。两方落花诗帕既体现了佳人的才情，也勾连起了各种因缘巧合，在情节推动中发挥了不可或缺的功用。

三、叙事作品中的人物见花之开落而思及他事或直接以落花喻其他，发表自己的主观感受或者议论之辞。宋乐史《杨太真外传》中写："上持荔枝于马上谓张野狐曰：‘此去剑门，鸟啼花落，水绿山青，无非助朕悲悼妃子之由也。’”[1]当初名花倾国两相欢，如今孤灯挑尽难成眠，鸟啼花落让玄宗回忆起香消玉殒的贵妃，勾起了生者关于逝者的伤悲。元关汉卿《望江亭中秋切鲙旦》中谭记儿道：“我为甚一声长叹，玉容寂寞泪栏杆。则这落花里外，竹影中间，气吁的纷纷花似雨，泪洒的珊珊青竹滴残斑。”[2]对于一个丈夫亡故，无所依靠，寡居在道观中的苦命女子而言，身边的落花竹影并不能让她生出良辰美景之感，花雨似喘，竹斑如泪，思忖着香闺少女的嫩色娇颜，而自己凤只鸾单，粉谢脂残，更觉愁情无限。再如清荻岸散人编次《平山冷燕》十四回中，平如衡以花喻美人，又以落花等喻美人迟暮，大发议论道：“至於花谢柳枯，莺衰燕老，珠黄玉碎当斯时也！则其美安在哉！必也美而又有文人之才，则虽犹花柳，而花则名花，柳则异柳……”这里的“花谢”，是对青春老去的美人的含蓄表达，也是人们每每论及此惯有的思维定式。清末潘昶《金莲仙史》叙写修道成仙的故事，第六回王重阳见金秋时节“肃风微起，霜露初降，金菊绽黄篱畔，芙蓉艳丽园中”，即兴咏诗，其中有“花残叶落韶光去，树老枝枯霜雪逢。欲使根原长不死，劝君急早觅金公”之句，以芙蓉虽娆艳美丽，难免树老花落之苦点化世人，孙氏女子便由此顿悟，决心修道。第十七回长春真人丘处机携众人游山时，见“和风拂面，香气逼人；鱼跃鸢飞，水流花放”之景，也心花开放，点拨众人道：“光阴易迈，佳景难遇。花落到有复发之期，人死鲜见回阳之客。一息不来，命非已有，肉化清风，骨化污泥，荣

① ［宋］乐史《杨太真外传》，中华书局 1991 年版，第 12 页。
② ［元］关汉卿著，吴晓铃等注释《大戏剧家关汉卿杰作集》，中国戏剧出版社 1958 年版，第 24 页。

华富贵，总成幻梦也。”可见花之开落间，也往往蕴藉玄妙，令人观化体道。

四、落花意象出现在引端诗词中，或者借故事主人翁之口吟咏相关诗词。这种情况最为多见，伴随着叙事文学的渐趋成熟，由说话文学转化为案头文学，文人对创作的参与使得叙事文学作品在更大程度上受到诗学传统的影响，越来越多的诗词曲夹杂其间，到后期才子佳人小说大行其道之时，作者们常常借机逞才，甚至连篇累牍地吟诗作词。明代李唐宾杂剧《李云英风送梧桐叶》第一折，任继图离家从军，不期京师沦陷，家眷音讯渺茫，愁思之下口占一词，以写思家离别之怀：“等闲离别，一去故乡音耗绝。祸结兵连，娇凤雏鸾没信传。落花风絮，杜鹃啼血伤春去。过客愁闻，伫立东风欲断魂。”落花风絮的飘零无依，正是如任生和云英般乱世中人命运的写照。清代青心才人编次《金云翘传》第二回里王翠翘梦写回文断肠词十题，中有《苦零落》一首道：“苦零落，一身无处着。落花辞树自东西，孤燕失巢绕帘幙。绕帘幙，苦零落。”这些词，既显云翘之才，又通过落花等悲怆意象揭示了她颠沛流离，“断肠部中人”的命运。清魏秀仁《花月痕》中韩荷生对于娼门中那些身染风尘、心若琉璃的女子真心爱护，常思“上达绿章，为花请命”。他与名妓红卿留别时作《金缕曲》一阕，其中写“转眼风流歇。乍回头、银河迢递，玉萧呜咽。毕竟东风无气力，一任落花飘泊”。[①]韩在获悉秋痕不幸遭遇后给韦痴珠的覆信中引了自己的旧作《浪淘沙》词，中有“树头树底觅残红。只恐落花飞不起，辜负东风”[②]之语，这些词句清晰体现了韩荷生怜香惜玉的心迹。此外，褚人获《隋唐演义》

---

① 第三回《忆旧人倦访长安花 开饯筵招游荔香院》

② 第二十五回《影中影快谈红楼梦 恨里恨高咏绮怀诗》

第二十回，宣华夫人被放出宫，致隋炀帝《长相思》词云：“红已稀，绿已稀，多谢春风着地吹，残花难上枝。得宠疑，失宠疑，想像为欢能几时，怕添新别离。”邗上蒙人《风月梦》第三十一回，双林在袁猷弥留之际决心以身相殉，其《永诀行》开篇即道：“游丝万丈从何起，随风飘荡无定止。妾家本籍住盐城，弱质无依失怙恃。宛如柳絮逐狂风，不啻桃花随逝水。”两个身不由己的女子都选择了以落花自拟，表现自己对命运的无可奈何。再者，如明罗懋登《三宝太监西洋记通俗演义》中孟沂与美人以落花为题饮酒赋诗；清吴航野客《驻春园小史》里黄玠与欧阳颖在船舱中作词拨闷，拈《醉落花》一调；阿阁主人《梅兰佳话》记桂蕊见海棠茂豫思及“物犹如此，人何以堪”，口占两绝落花诗；吟梅山人《兰花梦奇传》叙张山人绘《落花蝴蝶图》，并题落花词一首……可见落花主题的诗词作品在叙事文学作品中出现十分之频繁，它们的存在为这些通俗小说注入了浓重的文化气息和风雅情调。

落花作为叙事意象的各种表现形式往往不是割裂的，如花之人，落花景致，其诗其论常常共存于一篇叙事文学作品中，使其言其论、其文其事都显得诗意浓郁、圆润浑融。

第三节　《红楼梦》中的落花意象运用

众所周知，曹雪芹的《红楼梦》是一部象征意味极强的作品，哪怕其中惊鸿一瞥的小道具，都常常别有深意。而在整部书中，几乎无处不在、无时不有的花，更是整个红楼意象系统之关键——它贯穿故事的始终，是悲欢离合故事上演的背景，是形形色色女儿生命的映射，还是富贵簪缨世家锦绣生活的写照。然而，透过表面的浮华光鲜，我们看到这些开在封建末世“花园”中的花朵，时时都笼罩在谢落的阴影之下，于是有了贯穿全文始终的巨大隐喻——“落花”——它是那些美好如花的女儿们最终命运的象征，更是那看似鲜花着锦实则腐朽透骨世道的缩影。

一、落花隐喻

《红楼梦》的意象系统中，以花喻女子是最基本的意象引申。第五回写宝玉在太虚幻境见到金陵十二钗的册页，便多以花表现一个女子，如袭人的画上是“一簇鲜花，一床破席”，判词道“枉自温柔和顺，空云似桂如兰”；香菱的画上是“一株桂花，下面有一池沼，其中水涸泥干，莲枯藕败”，后书“根并荷花一茎香，平生遭际实堪伤”；李纨的画上有“一盆茂兰，旁有一位凤冠霞帔的美人”，判云“桃李春风结子完，到头谁似一盆兰”……以及六十三回《寿怡红群芳开夜宴》中大观园众女儿“占花名”消遣，宝钗掣出牡丹签，上题“艳冠群芳”，黛玉抽到芙蓉花签，题着“风露清愁”，余者探春掷杏花，李纨摇老梅，湘云掣海棠……再有众女儿数次集社作诗，多有咏花之句，各述心曲，即便题目相同，情致也迥然相异。花与众女子，有着一样的秀美之色、洁异之质、柔弱之躯、短限之时，花有万紫千红，人也非千篇一律，曹雪芹匠心独运，让不同风骨的花对应不同品貌的女子，人花相映，物我浑融，让花沾染了人的情愫，人也因有了花的意态更显得不胜娇袅且风骨清奇。

后人苦心琢磨，为红楼群芳确定了各自对应的花种：

园中诸女，皆有如花之貌。即以花论，黛玉如兰，宝钗如牡丹，李纨如古梅，熙凤如海棠，湘云如水仙，迎春如梨，探春如杏，惜春如菊，岫烟如荷，宝琴如芍药，李纹、李绮如素馨，可卿如含笑，巧姐如荼蘼，妙玉如薝蔔，平儿如桂，香菱如玉兰，鸳鸯如凌霄，紫鹃如蜡梅，莺儿如山茶，晴雯如芙蓉，袭人如桃花，尤二姐如杨花，三姐如刺桐梅。[①]

一众如花女子令人称赏，然而从一开始，这些娇艳的芳花便笼罩在深重的悲剧阴影下，最明艳时，依然可以预见最悲怆的结局。

第五回“司人间之风情月债，掌尘世之女怨男痴”的警幻仙姑一出场便唱“春梦随云散，飞花逐水流”，以“飞花逐水”昭示“众儿女”的悲剧结局。太虚幻境内各司以“痴情”“结怨”“朝啼”“夜怨”“春感”“秋悲”命名，可见人间风月之事大抵情深缘浅，难得善终。随后宝玉看到的那些令人触目惊心的画册与判词，预示这些或风流灵巧或温柔和顺，或精明志高或金闺玉质的女子们，下场俱是堪怜堪悲。有人因谤寿夭，有人终陷淖泥，有人悲赴黄粱，有人遁入空门……太虚幻境中，香名“群芳髓（碎）”，茶称“千红一窟（哭）”，酒号“万艳同杯（悲）”，此间《红楼梦曲·虚花悟》又道：

说什么，天上夭桃盛，云中杏蕊多。到头来，谁把秋捱过？则看那白杨村里人呜咽，青枫林下鬼吟哦。更兼着，连天衰草遮坟墓。这的是，昨贫今富人劳碌，春荣秋谢花折磨。

再多夭桃杏蕊，都捱不过秋意肃杀，凋谢的落花与林下之鬼、衰草坟墓并置，营造出一种阴森可怖的死亡氛围。宝玉在太虚幻境所遭遇的桩桩件件，无不为日后的众花零落埋下了伏笔，作出了预示。

《红楼梦》的季节里没有绝对的春天，盛放的鲜花始终与落花相

① 诸联《红楼评梦》，见一粟《红楼梦资料汇编》，中华书局1964年版，第119页。

图37 [清]费丹旭《红楼梦十二金钗图·史湘云》，故宫博物院藏。

伴随出现，这一点既契合自然界的规律，又传递出作者一些幽微隐晦的暗示意味。如第十七、十八回《大观园试才题对额　荣国府归省庆元宵》中对大观园景观的描写可谓极尽渲染之能事，其间藤萝掩映，佳木茏葱，并且鲜花烱灼，异彩纷呈，单论其花就有梨花、芭蕉、杏花、茶花、荼蘼、木香、牡丹、芍药、蔷薇、桃花、豆蔻、西府海棠十二种之多。然而即便此时两府风光正盛，大观园竣工初成，也依然可见落花的身影，先是见“落花浮荡”，之后“水上落花愈多，其水愈清，溶溶荡荡，曲折萦迂”。胜景之中的落花可谓别有深意，庚辰本脂批云：“至此方完大观园工程公案，观者则为大观园费尽精神，余则为若许笔墨，却只因一个葬花冢”[1]。也就是说，浓墨重彩地描绘大观园，不过是为“葬花冢”做铺垫，一般读者尚在艳羡此处的风流繁华，深谙作者心理的脂砚斋已经窥见了这繁华的实质，看到了辉煌热闹所无法掩盖的危机与暗流。事实上，《红楼梦》里宝玉读《会真记》见落花成阵、黛玉“埋香冢飞燕泣残红”、史湘云“沉酣红香乱”等突出的落花情节都发生在三四月间，春夏之交，绿叶成荫，尚且是莺歌燕语，蜂飞蝶舞的韶华景象，作者却在其中频繁呈现红败香残、零落衰飒的落花意象，从而不断深化和凸显其隐喻的悲剧内涵。

再者，《红楼梦》以花意象喻女子，落花自然便意指女子的离世。第二十七回《滴翠亭杨妃戏彩蝶　埋香冢飞燕泣残红》中，林黛玉肩荷花锄、手提锦囊黯然葬花时哭诉出了一曲《葬花吟》，其诗以落花为中心意象，道：“试看春残花渐落，便是红颜老死时。一朝春尽红颜老，花落人亡两不知。”春残花落与红颜老死紧密交织在一起，这样的模式也体现在很多具体的情节中。第十一回秦可卿病入膏肓时，凤姐领人探望后见园中的景致：“黄花满地，白柳横坡……石中清流激湍，篱落飘香……”第六十六回尤三姐一面退还柳湘莲的定礼，一面引剑自刎，曹雪芹形容：“揉碎桃花红满地，玉山倾倒再难扶。”第七十七回提及晴雯的去世，宝玉道：“这阶下好好的一株海棠花竟无故的死了半边，我就知道有异事，果然应在他身上”。可以说，花开花落对应着《红楼梦》中女子们生命的轨迹。一幕幕女儿们死亡的悲剧，伴随着落花意象演绎而出，在作者感性的笔触下，落花这一无情的物象拥有了无限的生命力，也包含了沉重的死亡危机意味，它与主人公的品貌、情感、

① 朱一玄编《中国古典小说名著资料丛刊·〈红楼梦〉资料汇编》，南开大学出版社 2012 年版，第 289 页。

命运紧密地联系在一起，成为女儿们生命的象征，命运的投射。

二、葬（落）花

（一）葬花本事

“葬花”因《红楼梦》而为世人所熟知，事实上，这并非曹雪芹的突发奇想，而是有着深远的历史渊源。

相传南北朝庾信曾经写作一篇《瘗花铭》，瘗，说文解字注“幽埋也”，也就是“隐而埋之”，“瘗花”即葬花。此文被认为是“葬花”意象的滥觞，很多资料指出南宋吴文英《风入松》词中著名的“听风听雨过清明，愁草瘗花铭”[①]之句即来源于此，然而《瘗花铭》一文不见于《庾子山集》，或已亡佚，这一观点从何而来尚未找到依据。

《全唐诗话》卷三载有杨虞卿《过小妓英英墓》一诗，其中写：“凌晨骑马出皇都，闻说埋花在路隅。别我已为泉下土，思君犹似掌中珠。”诗中已经将亡故女子的埋葬称之为埋花。这与唐无名氏之“一日碎花魄，葬花骨，蜂兮蝶兮何不知，空使雕阑对明月。”[②]宋李甲《幔卷绸》之“绝羽沈鳞，埋花葬玉，杳杳悲前事”[③]等句相近，都是以埋花喻人亡。而唐代韩偓《哭花》诗之“曾愁香结破颜迟，今见妖红委地时。若是有情争不哭，夜来风雨葬西施。”[④]周邦彦《六丑·蔷薇谢后作》之“为问花何在？夜来风雨，葬楚宫倾国”[⑤]等句则以人喻花，葬人即指葬花。

---

① [宋]吴文英《风入松》（听风听雨过清明），《全宋词》卷三九一。

② 无名氏《伤春曲》，《全唐五代词》卷二。注：[宋]洪迈《夷坚三志己·吴女盈盈》记此曲为吴地妓女盈盈所作，[明]王世贞《艳异编》卷三〇妓女部亦持此论。

③ [宋]李甲《幔卷绸》（绝羽沈鳞），《全宋词》卷六五。

④ 《全唐诗》卷六八三。

⑤ 《全宋词》卷七二。

在很长的一段时间里，“葬花”仅仅是文人墨客用以形容花落或者人亡的比拟辞藻，只出现在诗词文赋中。

直到明代的唐寅，不但惜花成癖，写作四十余首《落花诗》，还身体力行了葬花之事。据《六如居士外集》卷二记载：

> 唐子畏居桃花庵。轩前庭半亩，多种牡丹花，开时邀文徵仲、祝枝山赋诗浮白其下，弥朝浃夕，有时大叫恸哭。至花落，遣小僮一一细拾，盛以锦囊，葬于药栏东畔，作《落花诗》送之。

俞平伯先生在《红楼梦辨》中逐字句参较唐寅与林黛玉葬花的步骤、神情、诗歌，认为“黛玉底葬花，系受唐六如底暗示”，“黛玉底诗，深受唐六如底影响”[①]，这一点应该是无可指摘的。稍晚的冯梦龙在《醒世恒言·灌园叟晚逢仙女》中写秋先葬花：

> 不舍得那些落花，以棕拂轻轻拂来，置于盘中，时尝观玩。直至干枯，装入净瓮，满瓮之日，再用茶酒浇奠，惨然若不忍释。然后亲捧其瓮，深埋长堤之下，谓之“葬花”。

小说中葬花同对花眠、礼敬花、“浴花”等行为一道表现秋先之“花痴”。稍晚的叶绍元《续窈闻》中泐大师与叶小鸾有一段对话：

> 师又审意三恶业……“曾犯痴否？”女云：“曾犯。勉弃珠环收汉玉，戏捐粉盒葬花魂。”[②]

同样把“痴”与葬花的行为联系起来，与《红楼梦》中宝黛二人的“痴病”已经意绪相仿。可见在叙事文学的传统中，“葬花”并不是一种常规的活动，只有爱花到“痴”的程度，才会生出这样的想法，

---

① 俞平伯《红楼梦辨》，商务印书馆 2010 年版，第 226 页。

② ［清］褚人获辑撰《坚瓠集》，上海古籍出版社 2012 年版，第 295 页。

做出这样的举动。

正如俞平伯先生所言："《红楼梦》虽是部奇书，却也不是劈空而来的奇书"[1]，其中的核心情节"葬花"便是在沿袭前人前事的基础上进行的加工与升华，曹雪芹苦心孤诣，赋予了"葬花"行为更丰富而深刻的内涵，从而令后人反复咀嚼，回味无穷。

（二）红楼葬花

1．葬花事

脂砚斋谓："埋香冢葬花，乃诸艳归源。"[2]白盾也指出："《红楼梦》就是曹雪芹建构的'葬花冢'。"[3]毋庸置疑，落花是《红楼梦》全书的核心意象，葬花则是这部"千秋血泪篇"的核心象征情节——花之开，女儿之聚，都笼罩在落与散的阴影之下，都是为"三春去后诸芳尽""一抔净土掩风流"所埋下的伏笔。"葬花"在《红楼梦》中出现了三次：第二十三回宝黛共葬桃花，第二十七、二十八回黛玉"埋香冢飞燕泣残红"，第六十二回宝玉花葬夫妻蕙与并蒂菱。三次葬花重而不冗，各有深意，蕴藉耐人寻味。

以花喻女儿是《红楼梦》的基本象征，以此推之，葬花也就是"哀悼薄命的女儿们"。大观园中的女孩儿秉天地灵气而生，如花般鲜艳明媚，生活在花柳繁华之地，行簪花斗草、种花赏花、咏花葬花之事，可谓与花生息相伴。不幸的是她们也如花般柔软纤弱，青春短暂，命不由己，逃不过"三春去后诸芳尽"的宿命。脂砚斋评："埋香冢葬花，乃诸艳归源"，男女主人公的葬花行为，明确地预示了此间女儿未来的

① 俞平伯《红楼梦辨》，商务印书馆 2010 年版，第 228 页。
② 朱一玄编《〈红楼梦〉资料汇编》，南开大学出版社 2001 年版，第 416 页。
③ 白盾《悟红论稿：白盾论红楼梦》，文化艺术出版社 2005 年版，第 12 页。

命运，也是为她们所预演的一场诗意的祭奠。

从更深广的层面上讲，百花齐放的大观园也是这些女儿们所处社会环境的投射。千红凋落，万艳萧散的悲剧在大观园上演，而这处花园本身又何尝不是花花世界、滚滚红尘中开出的一朵奇葩。当其花开，鲜花着锦，烈火烹油；当其落时，繁华成空，风流云散。林黛玉在春日尚好，气象升平之际，敏感而清醒地意识到人事将同花事一般的无常，如花美眷，似水流年，逃不过春残花落，红颜老死。宝玉对花同女儿爱之深，哀之切，听见黛玉的悲歌，他思接千载，推己及人，由人及物，感受到自然荣枯代序，人事盛衰起伏的恒远悲哀。“群芳之首”与“诸艳之冠”，他们的葬花，葬的不仅仅是鲜花，是个人的命运，甚至是一个盛极难继，笼罩在“树倒猢狲散”阴影下的末世。

2．葬花人

贾宝玉和林黛玉是《红楼梦》的男女主人公，三次葬花也是由他们一道或者分别完成的。葬花情节对于他们性格的体现，形象的塑造以及命运的预示，都起到了至关重要的作用。

林黛玉

林黛玉的前身是西方灵河岸上三生石畔受天地精华，得雨露滋养的一株绛珠仙草，被称作“阆苑仙葩”，现世中又是“以兰为心，以玉为骨，以莲为舌，以冰为神”（第八回批语）的“群芳之首”。她有着如花般的生命体验，美丽却青春短暂，柔弱无力。“一年三百六十日，风刀霜剑严相逼”，是她在拘束压迫困境下的无可奈何；“明媚鲜妍能几时，一朝飘泊难寻觅”，是她对未来难以预测命运的深深忧怖；“泪眼观花泪易干，泪干春尽花憔悴”，则是她与花心曲相通、命运与共的细腻情思。林黛玉更有着名花的高洁品性，群芳夜宴中曹雪芹让黛玉抽到了芙蓉签，芙蓉带水泣露，“出淤泥而不染，濯清涟而不妖”，正切合了黛玉的多愁善感，高洁出尘。她自作《咏白海棠》：“半卷湘帘半掩门，碾冰为土玉为盆。”《咏菊》：“一从陶令平章后，千古高风说到今。”《问菊》：“孤标傲世偕谁隐？一样花开为底迟。”都体现出她玉洁冰清，不染俗尘，心性高逸，遗世自持的高尚精神品格。可以说，林黛玉本人便是百花之中最风华绝代也最娇袅柔弱的花，她与花心意相通，形神相仿，葬花对于她来讲，就是葬己。

惜花的方式有很多，有人布帘帐遮风挡雨，有人烧高烛照红妆，而黛玉从来不曾试图护花、留花，她明白时间和命运的轮盘无法扭转，“一声杜宇春归尽”是注定的结局。她也不愿落花随水而去，当宝玉提出把花“撂在那水里”，她反对道：“在水里不好。你看这里的水干净，只一流出去，有人家的地方脏的臭的混倒，仍旧把花遭塌了。”她知道在大观园之外再难找到一方净土，只要花离开，便将陷入尘世的污淖。富察明义在《题〈红楼梦〉绝句》中写：“伤心一首葬花词，似谶成真自不知。”[①]事实上，黛玉岂会不知？她的无限哀愁正是因为无比的清醒，《葬花吟》中“试看春残花渐落，便是红颜老死时。一朝春尽红颜老，花落人亡两不知”，便是清楚地意识到死亡的宿命，也心知命运的不可抗拒，于是在这样无法排解的深深忧怖中，行葬花事，唱葬花歌。林黛玉通过葬花，表达出“希望以一种纯洁的死亡来坚守自己的灵魂，以坚守自己的灵魂来延续实质上已经死亡的生命”[②]的心愿。

---

① ［清］富察明义《绿烟琐窗集》，文学古籍刊行社影印本 1955 年刊印，第 111 页。

② 苏涵、虞卓娅《〈红楼梦〉落花意象论》，山西师大学报（社会科学版），1998 年第 1 期。

她“既自然地恐惧死亡，又从容地走向死亡；既走向死亡，又不愿死在龌龊肮脏的俗世之中，而宁愿随花飞向遥远的天边，葬身于不染尘滓的香丘，用一抔净土遮掩了生命和灵魂，使其永远保持着纯洁、孤傲、崇高的本质”。[①]

图 38 ［清］改琦《红楼梦图咏·林黛玉》

① 苏涵《民族心灵的幻象：中国小说审美理想》，人民文学出版社 2000 年版，第 183 页。

既然未来的遭遇无法预知，死亡的结局不可逆转，想到或许日后无人埋葬，又或者所葬者不是理想中的人，所用的不是理想的方式，对于以生命捍卫着精神纯洁的黛玉而言，无疑是一种亵渎。与其如此，不如借另一个自己——花，用最理想的方式预演一场自己的葬礼。可以说，埋葬落花，是林黛玉面对困境与宿命时，在精神层面所作最后的期待与顽抗，从中，我们看到了这个美丽生命的柔弱与忧伤，更看到了这个高洁灵魂的刚烈与坚守。

贾宝玉

“红楼葬花”的核心人物是林黛玉，围绕此事的研究也多从黛玉的角度展开，而不应被忽视的是，曹雪芹将贾宝玉设定为为三次葬花活动的参与者或者见证者，这一事件对其形象的塑造与揭示，都起到了十分重要的作用。

首先，葬花活动凸显了宝玉身上的女性化特征。贾宝玉虽是男子之身，却有女儿情态，是曹雪芹在塑造这一形象时反复强调的。从成长经历上看，宝玉自幼“得贾妃手引口传”，承欢贾母、王夫人膝下，是受女性的教养；他先是跟姊妹、丫头们在内帏厮混，后搬入大观园，更是身处一个“女儿国”中。在这个女儿国中，宝玉的存在没有丝毫格格不入，因为他貌若女子——“面若中秋之月，色如春晓之花，鬓若刀裁，眉如墨画，眼如桃瓣，睛若秋波”（第三回）；行事作风更似女子——他打扮细致，衣着讲究，喜爱玩花弄草，甚至吃女孩唇上的胭脂，讨女孩身上的镜子；他温柔细腻的性情也同女子一般——为晴雯捂手，替麝月篦头，与香菱等人斗草，帮着丫头们淘漉胭脂膏子，更是常常因琐事伤心落泪。然而，凡此种种无非显示宝玉像女孩，葬花一事则让他的多情比寻常女子更甚一筹。为花立冢虽是黛玉的主意，

图 39　赵成伟绘《红楼梦》人物之贾宝玉。

不忍落花被践踏而葬之却是宝玉自发的行为，第二十三回写他：

> 看到“落红成阵”，只见一阵风过，把树头上桃花吹下一大半来，落的满身满书满地皆是。宝玉要抖将下来，恐怕脚步践踏了，只得兜了那花瓣，来至池边，抖在池内。那花瓣浮在水面，飘飘荡荡，竟流出沁芳闸去了。

宝玉的水葬虽比不得黛玉的土葬，其宛转的心思却是即便在大观园的众女儿间，也找不出第三人了，毕竟葬花的举动在香菱看来都是“鬼鬼祟祟使人肉麻的事”（第六十二回）。在传统社会性别角色的规范中，男孩有着与女孩大相径庭的行为范式，宝玉非但不遵照这些金科玉律，反而总是一副女儿做派，甚至做出葬花这种连女孩儿都不会做的事，他对于传统性别角色、社会约法的反叛，可见一斑。

同时，葬花活动突出强调了宝玉的多情性格。我们说，葬花一事比寻常女子更显得女儿态，究其根源，便在于宝玉身上所体现出的多情与深情。据脂批显示，曹雪芹在《红楼梦》末回编排了一个情榜，今虽佚失，但可知对贾宝玉的考语乃“情不情”，也就是说，这位“多情公子”“情哥哥”不单对身边的有情人用情，更能以不情为情，用情于不情。所以宝玉能和鱼燕说话，能对星月吁叹，会见“绿叶成荫子满枝”，却思辜负了杏花；“见一只雀儿飞落于杏树”，想它“今见无花空有叶，故也乱啼……但不知明年再发时，这个雀儿可还记得飞到这里来，与杏花一会了”（第五十八回）。惟有如此多情的宝玉会去葬落花，会理解葬花的黛玉，甚至，他的理解比之自怜自伤的黛玉，更博大，更深远——

> 试想林黛玉的花颜月貌，将来亦到无可寻觅之时，宁不心碎肠断！既黛玉终归无可寻觅之时，推之于他人，如宝钗，香菱，袭人等，亦可到无可寻觅之时矣。宝钗等终归无可寻觅之时，则自己又安在哉？且自身尚不知何在何往，则斯处，斯园，斯花，斯柳，又不知当属谁姓矣！（第二十八回）

如果说，黛玉的通透是因切身之苦，宝玉的悲恸则是一种伤世之痛，他用情至深至广而能推人于物、于大千世界，于是为自然之荣枯代序，人事之盛衰无常而深深的伤情。

尤为重要的是，以宝玉作为葬花的主人公，也契合了他的多重身份。宝玉的前身是仙界赤瑕宫神瑛侍者，曾以甘露灌溉绛珠草，使之脱却草胎木质，得换人形，也就是说，前世他便是护花、惜花之人。下世后的贾宝玉别号怡红公子，绛洞花王，怡红者，因女儿而乐，也令女儿乐，花王者，则可谓“诸艳之冠”（庚辰本十七回总批）。从曹雪芹为宝玉所作的角色设定来看，他是全书唯一的男主人公，是大观园众女儿们的知己，是真正懂得尊重、欣赏、怜惜她们的人，又因为他终究不是女子，所以能以旁观者的姿态见证她们的命运，以及整个封建末世大家族的命运。这样身份的宝玉，他的葬花，便显得格外的意味深长。他所埋下的落花，是他一生挚爱的美好事物，是他倾心相护的女孩儿们的宿命，是他一心抵触的这个不堪的时代，更是洋洋大观世界绚烂至极后的必然岑寂。

曹雪芹在《红楼梦》中建构了一座美丽的大花园，又在花园之上笼罩下悲剧的阴影，注定所有正艳的花朵都将零落。如果说，以花喻女子尚属窠臼，那么用众花比众女儿则显其如椽大手笔，而以落花言宿命，借葬花寄情怀，并能贯穿始终，统摄全篇，则是独属于曹雪芹、独属于《红楼梦》的伟大建构，其至美至悲，焱绝焕炳。

结 语

“落花”是中国古代文学中重要的意象和题材，虽不如“月”“柳”“梅”等突出，但其自诗骚滥觞以来，吸引了历代文人墨客踵事增华，渐成文苑佳题，蔚为大观。作为一类特殊的植物意象，“落花”不以色、香引人注目，而以其强烈的时间流逝、生命凋逝意味，令人与之生息共感，触景情生，无限回味。落花意象被文人们形诸笔端，在漫长的创作积累过程中，在诗、词、曲、赋、小说等各类文体里，既确立了相对稳定的经典内涵，又常有别开生面的新巧之辞，可谓蕴藉隽永。时至今日，落花景象依然常常触及人们的情思雅兴，并在各种文学创作以及影像作品中屡见不鲜，可谓余绪不绝。

古人善体物于微，故常感花溅泪，闻鸟惊心，窥见花中世界，叶中如来。在日益喧嚣浮躁的当下，追溯前人神交自然的心路，咀嚼先贤含蕴真味的英华，或能帮我们归于宁静，找回初心。

征引书目

说明：

一、凡本文征引书籍均在其列，以书名汉语拼音字母顺序排列；

二、所引现代报刊论文仍见当页脚注，此处从省。

1.《白雨斋词话》，[清]陈廷焯撰，上海古籍出版社，2009年。

2.《鲍参军集注》，[南朝]鲍照撰，钱仲联增补集校，上海古籍出版社，2003年。

3.《笔精》，[明]徐㶿撰，《影印文渊阁四库全书》本。

4.《薜荔园诗集》，[明]佘翔撰，《影印文渊阁四库全书》本。

5.《栟榈集》，[宋]邓肃撰，明正德刻本。

6.《藏春集点注》，[元]刘秉忠撰，李昕太等注，花山文艺出版社，1993年。

7.《朝鲜时代女性诗文集全编》，张伯伟主编，凤凰出版传媒集团，2011年。

8.《诚斋集》，[宋]杨万里撰，《四部丛刊》景宋写本。

9.《楚辞》，林家骊译注，中华书局，2013年。

10.《楚辞集注》，[宋]朱熹集注，上海古籍出版社，1979年。

11.《楚辞补注》，[宋]洪兴祖注，凤凰出版社，2007年。

12.《楚辞章句补注·楚辞集注》，[汉]王逸注，岳麓书社，2013年。

13.《楚风补校注》，[清] 廖元度选编，湖北省社会科学院文学研究所校注，湖北人民出版社，1998 年。

14.《传家集》，[宋] 司马光撰，吉林出版集团出版社，2005 年。

15.《船山全书》，[明] 王夫之著，船山全书编辑委员会编校，岳麓书社，1996 年。

16.《船山师友记》，罗正钧纂，岳麓书社，1982 年。

17.《词话丛编》，唐圭璋撰，中华书局，1986 年。

18.《大戏剧家关汉卿杰作集》，[元] 关汉卿著，吴晓铃等注释，中国戏剧出版社，1958 年。

19.《杜臆》，[明] 王嗣奭撰，上海古籍出版社，1983 年。

20.《敦煌变文集新书》，潘重规编著，文津出版社，1994 年。

21.《尔雅》，[晋] 郭璞注，中华书局，1985 年。

22.《风月梦》，[清] 邗上蒙人撰，朱鉴珉点校，北京师范大学出版社，1992 年。

23.《弗告堂集》，[明] 于若瀛撰，明万历刻本。

24.《古今和歌集》，[日] 纪贯之编，复旦大学出版社，1983 年。

25.《古今图书集成》，[清] 陈梦雷编，中华书局武英殿本影印本。

26.《古诗纪》，[明] 冯惟讷撰，《影印文渊阁四库全书》本。

27.《古诗源》，[清] 沈德潜辑，商务印书馆，1936 年。

28.《圭峰集》，[元] 卢琦著《影印文渊阁四库全书》本。

29.《海南先贤诗文丛刊》，海南地方文献丛书编纂委员会汇纂，海南出版社，2006 年。

30.《汉书》，[汉] 班固撰，岳麓书社，2008 年。

31.《鹤林玉露》，[宋] 罗大经撰，中华书局，1983 年。

32.《恒轩诗》，[清] 归庄撰，清康熙刻本。

33.《红楼梦》，[清] 曹雪芹著，人民文学出版社，2014 年。

34.《红楼梦辨》，俞平伯著，商务印书馆，2010 年。

35.《红楼梦资料汇编》，一粟编，中华书局，1964 年。

36.《〈红楼梦〉资料汇编》，朱一玄编，南开大学出版社，2001 年。

37.《后村集》，[宋] 刘克庄撰，《四部丛刊》景旧钞本。

38.《湖湘文库·沅湘耆旧集》，[清] 邓显鹤编纂，岳麓书社，2007 年。

39.《花月痕》，[清] 魏秀仁著，杜维沫校点，人民文学出版社，1982 年。

40.《迦陵论诗丛稿》，叶嘉莹著，中华书局，2005 年。

41.《坚瓠集》，[清] 褚人获撰，上海古籍出版社，2012 年。

42.《剑南诗稿校注》，[宋] 陆游著，钱仲联校注，上海古籍出版社，1985 年。

43.《姜斋诗文集》，[清] 王夫之撰，《四部丛刊》景《船山遗书》本。

44.《金莲仙史》，[清] 潘昶著，上海古籍出版社，1990 年。

45.《金云翘传》，[清] 青心才人编次，春风文艺出版社，1983 年。

46.《荆钗记》，[元] 柯丹邱著，中山大学明清传奇校勘小组整理，中华书局，1959 年。

47.《旧唐书》，[后晋] 刘昫等撰，中华书局，1997 年。

48.《康熙字典》，[清] 张玉书等编，上海古籍出版社，2009 年。

49.《兰扁前集》，[明] 梁以壮著，清康熙六十一年刻本。

50.《兰花梦奇传》，[清] 吟梅山人撰，李申点校，岳麓书社，1985 年。

51.《礼记》，[汉] 郑玄注，[唐] 陆德明音义，《四部丛刊》景宋本。

52.《李虚中命书》，［唐］李虚中撰，中华书局，1985 年。

53.《历代赋汇》，［清］陈元龙辑，《影印文渊阁四库全书》本。

54.《历代赋评注》，赵逵夫主编，巴蜀书社 2010 年。

55.《莲山诗文集点注》，［清］陈衍虞著，曾楚楠主编，中华诗词出版社，2006 年。

56.《两汉文学史参考资料》，北京大学中国文学史教研室选注，中华书局，1962 年。

57.《列朝诗集》，［清］钱谦益辑，上海三联书店，1989 年。

58.《岭云海日楼诗钞》，丘逢甲著，上海古籍出版社，2009 年。

59.《芦川归来集》，［宋］张元干著，上海古籍出版社，1978 年。

60.《鲁迅全集》，鲁迅著，人民文学出版社，1981 年。

61.《陆士衡文集校注》，［晋］陆机著，凤凰出版社，2007 年。

62.《吕氏春秋》，［秦］吕不韦撰，杨坚点校，岳麓书社，1989 年。

63.《绿烟琐窗集》，［清］富察明义著，文学古籍刊行社影印本，1955 年刊印。

64.《毛诗类释》，［清］顾栋高著，《影印文渊阁四库全书》本。

65.《毛诗注疏》，［汉］郑玄笺，上海古籍出版社，2013 年。

66.《眉庵集》，［明］杨基撰，《四部丛刊》三编景明成化刻本。

67.《梅兰佳话》，［清］阿阁主人著，时代文艺出版社，2001 年。

68.《美学四讲》，李泽厚著，三联书店，2004 年。

69.《闽川闺秀诗话》，［清］梁章巨撰，清道光二十九年刻本。

70.《明诗话全编》，吴文治主编，江苏古籍出版社，1997 年。

71.《莫砺锋诗话》，莫砺锋著，北京大学出版社，2012 年。

72.《墨子》，［战国］墨翟著，清毕沅校注，上海古籍出版社，

2014 年版。

73.《默庵集》，[元] 安熙撰，《影印文渊阁四库全书》本。

74.《默庵诗集卷》，[明] 曹义撰，《影印文渊阁四库全书》本。

75.《牡丹亭还魂记汇校》，[明] 汤显祖著，[日] 根山彻编校，山东大学出版社，2015 年。

76.《牧斋有学集》，[清] 钱谦益撰，《四部丛刊》景清康熙本。

77.《女儿经》，作者不详，约撰于明代。

78.《瓯北集》，[清] 赵翼著，李学颖、曹光甫校点，上海古籍出版社，1997 年。

79.《欧阳文忠公集》，[宋] 欧阳修撰，《四部丛刊》景元本。

80.《埤雅》，[宋] 陆佃撰，中华书局，1985 年。

81.《平山冷燕》，[清] 荻岸山人编次，环生点校，中华书局，2000 年。

82.《潜斋集》，[宋] 何梦桂撰，《影印文渊阁四库全书》本。

83.《钦定四库全书荟要 李太白集分类补注》，[唐] 李白撰，[宋] 杨齐贤撰，[元] 萧士赟补注，吉林出版集团有限责任公司，2005 年。

84.《青箱杂记》，[宋] 吴处厚撰，李裕民点校，中华书局，1985 年。

85.《清代诗文集汇编》，《清代诗文集汇编》编纂委员会编，上海古籍出版社，2001 年。

86.《清诗纪事》，钱钟联主编，江苏古籍出版社，1987 年。

87.《全清词》，南京大学中国语言文学系《全清词》编纂研究室编，中华书局，2002 年。

88.《全上古三代秦汉三国六朝文》，[清] 严可均校辑，中华书局，1958 年。

89.《全宋词》，唐圭璋编，中华书局，1965 年。

90.《全宋诗》，傅璇琮等主编，北京大学古文献研究所编，北京大学出版社，1998 年。

91.《全唐诗》，[清] 彭定求等编，上海古籍出版社，1986 年。

92.《全唐诗逸》，[日] 上毛河世宁辑，中华书局，1985 年。

93.《全唐文》，[清] 董诰等辑，中华书局，1983 年。

94.《全唐五代词》，曾昭岷等编，中华书局，1999 年。

95.《全元曲杂剧》，[明] 李唐宾著，学院音像出版社，2004 年。

96.《饶宗颐二十世纪学术文集》，饶宗颐著，新文丰出版股份有限公司，2003 年。

97.《日本学者中国词学论文集》，王水照、[日] 保苅佳昭编选，邵毅平、沈维藩等译，上海古籍出版社，1991 年。

98.《三宝太监西洋记通俗演义》，[明] 罗懋登著，上海古籍出版社，1985 年。

99.《三国志》，[晋] 陈寿撰，中华书局，1959 年。

100.《三袁随笔》，[明] 袁宗道、袁宏道、袁中道著，四川文艺出版社，1996 年。

101.《山堂肆考》，[明] 彭大翼著，《影印文渊阁四库全书》本。

102.《沈周年谱》，陈正宏著，复旦大学出版社，1993 年。

103.《诗话总龟》，[宋] 阮阅编，人民文学出版社，1987 年。

104.《诗经植物图鉴》，潘富俊著，吕胜由摄影，上海书店出版社，2003 年。

105.《诗女史》，[明] 田艺蘅编，明嘉靖三十六年刻本。

106.《石田诗选》，[明] 沈周撰，《影印文渊阁四库全书》本。

107.《拾遗记》，[南北朝] 王嘉撰，中华书局，1991 年。

108.《史记》，[汉] 司马迁著，岳麓书社，1988 年版。

109.《输寥馆集》，[明] 范允临撰，清初刻本。

110.《说文解字》，[汉] 许慎著，天津古籍出版社，1991 年。

111.《宋词三百首笺注》，唐圭璋注，人民文学出版社，2013 年。

112.《宋代咏物词史论》，路成文著，商务印书馆，2005 年。

113.《宋濂全集》，[明] 宋濂著，人民文学出版社，2014 年。

114.《宋诗钞》，[清] 吴之振等选编，中华书局，1986 年。

115.《宋诗史》，许总著，重庆出版社，1992 年。

116.《苏东坡全集》，[宋] 苏轼著，上海仿古书店，1936 年版。

117.《隋史遗文》，[明] 袁于令编撰，冉休丹点校，中华书局，1996 年。

118.《隋唐演义》，[清] 褚人获著，岳麓书社，1993 年。

119.《台湾文献史料丛刊》，孔昭明编，台湾大通书局，1987 年。

120.《太仓稊米集诗笺释》，[宋] 周紫芝著，江西人民出版社，2015 年。

121.《太平广记》，[宋] 李昉等编纂，中华书局，1961 年。

122.《太平御览》，[宋] 李昉等撰，中华书局，1960 年。

123.《唐伯虎全集》，周道振、张月尊辑校，中国美术学院出版社，2002 年。

124.《唐诗汇评》，陈伯海编，浙江教育出版社，1995 年。

125.《唐诗纪事》，[宋] 计有功辑，上海古籍出版社，2013 年。

126.《唐宋词简释》，唐圭璋选释，上海古籍出版社，1981 年。

127.《唐宋词通论》，吴熊和著，商务印书馆，2003 年。

128.《桃花扇》，[清] 孔尚任著，翁敏华评点，华东师范大学出版社，

2006年。

129.《晚晴簃诗汇》，徐世昌辑，中国书店，1988年。

130.《王船山史论选评》，嵇文甫选，中华书局，1962年。

131.《王舍人诗集》，[明]王绂著，《影印文渊阁四库全书》本。

132.《围炉诗话》，[清]吴乔著，中华书局，1985年。

133.《文心雕龙》，[梁]刘勰撰，上海古籍出版社，1984年。

134.《文苑英华》，[宋]李昉等编，中华书局，1966年。

135.《文征明年谱》，周道振、张月尊纂，百家出版社，1998年。

136.《文子》，[战国]辛钘撰，中华书局，1935年。

137.《悟红论稿：白盾论红楼梦》，白盾著，文化艺术出版社，2005年。

138.《西厢记》，[元]王实甫著，浙江古籍出版社，2011年。

139.《霞外诗集》，[元]马臻撰，清文渊阁《四库全书》本。

140.《先秦汉魏晋南北朝诗》，逯钦立辑校，中华书局，2006年。

141.《闲情偶寄》，[清]李渔著，浙江古籍出版社，2011年。

142.《相山集》，[宋]王之道撰，《影印文渊阁四库全书》本。

143.《小亨集》，[元]杨宏道著，清文渊阁《四库全书》本。

144.《新订〈人间词话〉广〈人间词话〉》，王国维原著，佛雏校辑，华东师范大学出版社，1990年。

145.《新唐书》，[宋]欧阳修，宋祁撰，中华书局，1975年。

146.《醒世恒言》，[明]冯梦龙编，阳羡生校点，上海古籍出版社，1998年。

147.《续传灯录》，[明]圆极居顶撰，大正新修大藏经本。

148.《荀子》，[战国]荀子著，朱砚夫编，中华书局，1963年。

149. 《盐铁论逐字索引》，何志华执行编辑，台湾商务印书馆股份有限公司，1996 年版。

150. 《艳异编》，[明] 王世贞编，上海古籍出版社，1994 年。

151. 《杨太真外传》，[宋] 乐史著，中华书局，1991 年。

152. 《夷坚志》，[宋] 洪迈著，何卓点校，中华书局，1985 年。

153. 《艺术与视知觉》，[美] 鲁道夫·阿恩海姆，中国社会科学出版社，1984 年。

154. 《艺文类聚》，[唐] 欧阳询撰，汪绍楹校，上海古籍出版社，2007 年。

155. 《瀛奎律髓》，[元] 方回编，上海古籍出版社，1993 年。

156. 《幽梦影》，[清] 张潮撰，中州古籍出版社，2008 年。

157.《庾子山集》,[北周] 庾信撰，清倪璠注，商务印书馆，1935 年。

158. 《玉台新咏》，[南北朝] 徐陵辑，上海古籍出版社，2007 年。

159. 《玉芝堂谈荟》，[明] 徐应秋撰，上海古籍出版社，1993 年。

160. 《元诗纪事》，陈衍辑撰，上海古籍出版社，1987 年。

161. 《元诗选》，[清] 顾嗣立编，上海古籍出版社，1993 年。

162.《袁中郎中牍》，范桥、张明高编，中国广播电视出版社，1991 年。

163. 《缘督集》，[宋] 曾丰撰，明万历十一年詹事讲刻本。

164. 《运甓漫稿》，[明] 李昌祺撰，《影印文渊阁四库全书》本。

165. 《乐府诗集》，[宋] 郭茂倩编撰，聂世美、仓阳卿校点，上海古籍出版社，1998 年。

166. 《震泽集》，[明] 王鏊撰，《影印文渊阁四库全书》本。

167. 《中国古典小说名著资料丛刊·〈红楼梦〉资料汇编》，朱一玄编，南开大学出版社，2012 年。

168.《中国梅花审美文化研究》，程杰著，巴蜀书社，2008 年。

169.《中国美学史资料选编》，于民主编，复旦大学出版社，2008 年。

170.《中国文学理论批评史资料选》，张少康主编，卢永璘、汪春泓等选注，北京大学出版社，2013 年。

171.《中国叙事学》，杨义著，人民出版社，1997 年。

172.《忠愍集》，[宋] 寇准著，《四部丛刊》三编景明本。

173.《驻春园小史》，[清] 吴航野客编次，上海古籍出版社 1990 年。

174.《庄子》，[战国] 庄周著，[晋] 郭象注，上海古籍出版社，1989 年。

175.《尊白堂集》，[宋] 虞俦撰，《影印文渊阁四库全书》本。

后　记

逝者如斯，光阴荏苒，转眼已在南师学习生活近三载。历历往事，恍如昨日，一路行来，需要感谢的人太多太多。

首先，我要特别感谢我的导师程杰教授。从入校起，程老师便时常耳提面命，希望我们多阅读、多积累、多思考，尽早确定论文选题，而由于自己检索查阅文献的疏忽以及对困难的预估不足，在准备开题时还面临着很大的难题，彼时程老师的宽容谅解与拨冗指点令我感念至今。在随后的论文写作阶段，大到框架的展开，小至字句的锤炼，程老师都给予了很多细致入微的建议，在此由衷地感谢。其次，我要感谢三年来所有的任课老师，他们的倾力相与，传道授业，令我获益良多，无论是专业知识，亦或师者风范，都将余泽来日。此外，我要感谢我的父母，他们一直是我坚强的后盾；我要感谢我的朋友们，有她们相伴，才有这三年充实而愉悦的时光。

又是一年花开复谢时，无比庆幸当初在程老师的建议下选择“落花”作为论题，两年里与花相伴，含英咀华，妙不可言，如今结稿在即，犹觉齿颊留香，心悦陶然。论文中的“落花”历经一番磨砺“正是花成子就时”，此后人生长路漫漫，相信三年的南师生活，将若含芳的香泥，护佑、滋养我人生的蓓蕾直到“绿叶成阴子满枝”。

周正悦

2016 年 5 月